机械工人必备知识

主编　王增荣

副主编　王冕

机械工业出版社

本书包含了机械工人必备的各种知识和技能，是一本指导机械工人学习和实践的小百科全书。全书通过由浅入深的编排、通俗易懂的语言和丰富的图表，对机械基础知识进行了全面介绍，便于读者学习和掌握。全书内容包括材料、机械制造常用数学知识、机械制图与公差、常用制造工艺、常用机床切削方法、常用机械零件、动力机械与工作机械、自动化。

　　本书适合机械制造的操作工人学习使用，也可作为相关专业大中专、职业院校师生的参考书。

图书在版编目（CIP）数据

机械工人必备知识/王增荣主编．—北京：机械工业出版社，2015.9（2023.1重印）
ISBN 978-7-111-51454-1

Ⅰ.①机⋯　Ⅱ.①王⋯　Ⅲ.①机械制造–基本知识
Ⅳ.①TH

中国版本图书馆CIP数据核字（2015）第212742号

机械工业出版社（北京市百万庄大街22号　邮政编码 100037）
策划编辑：王晓洁　责任编辑：王晓洁
版式设计：霍永明　责任校对：佟瑞鑫
封面设计：张　静　责任印制：单爱军
北京虎彩文化传播有限公司印刷
2023年1月第1版第2次印刷
184mm×260mm · 12.25印张 · 368千字
标准书号：ISBN 978-7-111-51454-1
定价：59.80元

电话服务	网络服务
客服电话：010-88361066	机　工　官　网：www.cmpbook.com
010-88379833	机　工　官　博：weibo.com/cmp1952
010-68326294	金　书　网：www.golden-book.com
封底无防伪标均为盗版	机工教育服务网：www.cmpedu.com

前　言

经过几十年的发展，中国制造业已跻身世界制造大国前列，对技术工人的素质要求越来越高。为了使广大机械工人能方便系统地学习到机械制造方面的知识，帮助他们提高自身的素质，我们精心策划编写了本书。与同类书相比，本书具有自己鲜明的特色：

首先，内容广博。机械工人应知应会的知识和技能在这本书里几乎都有所介绍。从这个意义上来说，它很象一本机械工人用的小百科全书。

第二，注重实用。在书的各个部分都十分注意传授实际工作中常用的技能，如工量具的用法，刀具、工件的夹紧，识图等，其中包括现场实践中积累下来的一些可贵经验。

第三，强调广泛的基础知识。书中用了很大篇幅介绍材料的内部结构，公差配合，机器零件，液压，气动，自动化，动力机械等知识。对于各行各业的机械工人来说，这些知识都是不可缺少的。

第四，大量使用图表。书中文字比较简练，有些内容不用文字，而是用图来说明，形象直观，生动易懂。

本书适合机械制造的操作工人学习使用，也可作为相关专业大中专、职业院校师生的参考书。全书通过由浅入深的编排、通俗易懂的语言和丰富精美的图表，对机械基础知识进行了全面介绍，便于读者学习和掌握。全书内容包括材料、机械制造常用数学知识、机械制图与公差、常用制造工艺、常用机床切削方法、常用机械零件、动力机械与工作机械、自动化。读者通过阅读本书，能够对机械相关知识有全面、清晰的了解。

本书由王增荣担任主编，王冕担任副主编，李万春、杨振平、王英、郑耘、黄春永参与了编写。在编写过程中，参阅了大量的参考书和教材，在此向原作者致以衷心的感谢。

由于编者水平有限，书中错误之处在所难免，敬请广大读者批评指正。

编　者

目 录

前言

安全操作 ……………………………… 1

安全着装 ……………………………… 2

第1章 材料 …………………………… 3
1.1 导论 ………………………………… 3
  1.1.1 材料导论 …………………………… 3
  1.1.2 材料的物理性能 …………………… 3
  1.1.3 材料的工艺性能 …………………… 4
  1.1.4 材料的力学性能 …………………… 5
1.2 钢铁材料 …………………………… 5
  1.2.1 铸铁 ………………………………… 6
  1.2.2 钢及合金钢 ………………………… 6
  1.2.3 钢铁材料牌号表示法 ……………… 7
  1.2.4 热处理知识 ………………………… 13
1.3 非铁金属材料 ……………………… 14
  1.3.1 铝及铝合金 ………………………… 14
  1.3.2 铜及铜合金 ………………………… 16
  1.3.3 锌及锌合金 ………………………… 17
  1.3.4 镁及镁合金 ………………………… 18
  1.3.5 锡及锡合金 ………………………… 18
  1.3.6 铅及铅合金 ………………………… 19
1.4 非金属材料 ………………………… 19
  1.4.1 塑料 ………………………………… 19
  1.4.2 橡胶 ………………………………… 21
  1.4.3 陶瓷 ………………………………… 22
1.5 材料的力学性能与试验 …………… 23
  1.5.1 材料的力学性能 …………………… 23
  1.5.2 力学和工艺性能试验 ……………… 24
  1.5.3 拉伸试验 …………………………… 25
  1.5.4 硬度试验 …………………………… 26
  1.5.5 缺口冲击试验 ……………………… 26

第2章 机械制造常用数学知识 ……… 27
2.1 数学基础知识 ……………………… 27
2.2 三角函数 …………………………… 27
2.3 弯曲件长度计算 …………………… 28
2.4 常用图形的面积和表面积 ………… 29
2.5 规则形体的体积 …………………… 31
2.6 圆、椭圆的周长 …………………… 33
2.7 弦长（多边形边长）……………… 33
2.8 质量 m、密度 ρ …………………… 33

第3章 机械制图与公差 ……………… 35
3.1 机械图样基本知识 ………………… 35
  3.1.1 图纸幅面和格式 …………………… 35
  3.1.2 机械图样的比例 …………………… 35
  3.1.3 机械图样的图线 …………………… 35
  3.1.4 投影的基本知识 …………………… 37
  3.1.5 机件的表达方法 …………………… 38
  3.1.6 尺寸标注 …………………………… 42
  3.1.7 技术要求 …………………………… 43
  3.1.8 标题栏 ……………………………… 43
3.2 极限与配合及表面结构 …………… 44
  3.2.1 极限与配合的基本概念 …………… 44
  3.2.2 标准公差与基本偏差 ……………… 45
  3.2.3 配合 ………………………………… 46
  3.2.4 配合制度 …………………………… 47
  3.2.5 几何公差 …………………………… 48
  3.2.6 表面结构 …………………………… 49
3.3 常用检验与测量 …………………… 51
  3.3.1 长度检验 …………………………… 51
  3.3.2 角度检验 …………………………… 53
  3.3.3 表面位置检验 ……………………… 53
  3.3.4 表面检验 …………………………… 53

第4章 常用制造工艺 ………………… 55
4.1 铸造 ………………………………… 55
4.2 轧、拉、压 ………………………… 56
4.3 锻压 ………………………………… 58
4.4 弯曲 ………………………………… 61

4.5 校正 …… 62	第6章 常用机械零件 …… 107
4.6 冲压 …… 64	6.1 轴 …… 107
4.7 剪切 …… 65	6.2 弹簧 …… 109
4.8 冲裁 …… 67	6.3 零件的密封 …… 110
4.9 钳工基本操作 …… 67	6.4 轴承 …… 111
4.9.1 划线 …… 68	6.4.1 滑动轴承 …… 111
4.9.2 錾削 …… 69	6.4.2 滚动轴承 …… 114
4.9.3 锯削 …… 70	6.5 联轴器和离合器 …… 117
4.9.4 锉削 …… 71	6.6 齿轮传动 …… 120
4.9.5 刮削和研磨 …… 72	6.7 链传动 …… 125
4.10 孔加工（钻孔、锪孔、铰孔）…… 73	6.8 摩擦轮传动 …… 127
4.11 螺纹加工 …… 74	6.9 带传动 …… 128
4.11.1 螺纹的形成 …… 74	6.10 液压与气压传动 …… 132
4.11.2 螺纹的几何参数 …… 74	6.10.1 液压传动 …… 132
4.11.3 螺纹的牙型 …… 75	6.10.2 气压传动 …… 133
4.11.4 螺纹的标记 …… 75	
4.11.5 常用螺纹紧固件 …… 76	第7章 动力机械与工作机械 …… 135
4.11.6 螺纹加工 …… 78	7.1 能量转换 …… 135
4.11.7 螺纹连接 …… 80	7.2 功率、效率 …… 136
4.11.8 螺纹防松 …… 80	7.3 蒸汽动力机械 …… 136
4.12 气割 …… 81	7.4 活塞式内燃机 …… 139
4.13 焊接 …… 81	7.5 燃气轮机 …… 141
4.14 铆接 …… 82	7.6 水轮机 …… 142
4.15 粘结（金属、塑料）…… 83	7.7 液压泵和液压缸 …… 143
4.16 键、销连接 …… 85	7.7.1 液压泵 …… 143
4.16.1 键连接 …… 85	7.7.2 液压缸 …… 145
4.16.2 销连接 …… 87	7.8 空气压缩机和气缸 …… 146
4.17 装配知识 …… 87	7.9 起重搬运机械 …… 148
4.17.1 装配概述 …… 87	
4.17.2 装配工作的主要内容 …… 88	第8章 自动化 …… 152
4.17.3 装配的组织形式与结构 …… 89	8.1 概述 …… 152
4.17.4 装配方法的选择 …… 91	8.2 伺服控制系统 …… 153
	8.3 程序控制系统 …… 154
第5章 常用机床切削方法 …… 92	8.4 数字控制 …… 156
5.1 机床切削基础 …… 92	
5.2 车削 …… 95	附录 常用数学表 …… 159
5.3 磨削 …… 99	
5.4 铣削 …… 100	参考文献 …… 188
5.5 刨削和插削 …… 104	
5.6 拉削 …… 105	

安 全 操 作

安 全 第 一　时 刻 牢 记

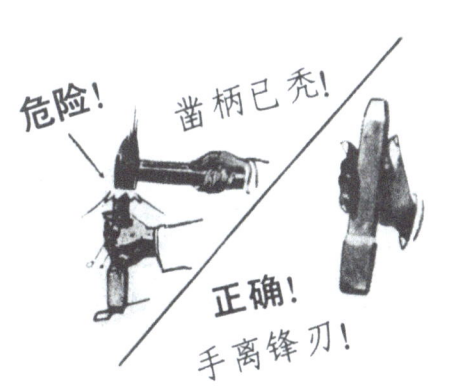

在碎屑飞溅和闪光刺眼处须戴保护眼镜！

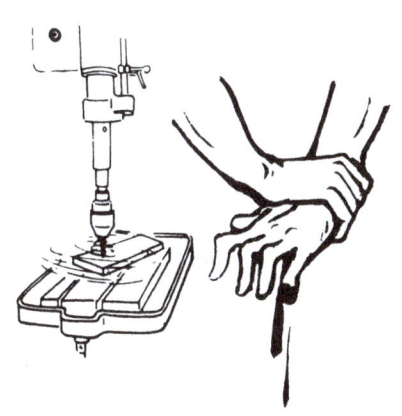

用台虎钳、钻模或压板夹紧工件，以免工件旋转伤人。

很多事故都是处理不当、轻率马虎和无知失误造成的。

上面举出的不过是从千千万万在工作现场可能发生的危险中挑选出来的几个例子。汲取别人的经验比自己亲尝痛苦的经验更好。

因此，每个机械加工操作人员都必须严格遵守安全操作规范。

安 全 着 装

领口的纽扣必须扣上，避免切屑飞入，烫伤肌肤

下摆的纽扣必须扣上，防止被机床卷入

必须穿防砸鞋，防止被重物意外落下砸伤脚

 女员工留长发 ✓

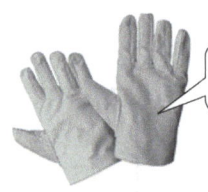 禁止戴手套操作机床，避免卷入机床折断手臂 ✗

 留长发的女员工必须将头发盘好并用发夹夹紧 ✓

 禁止穿短裤上岗操作，避免飞溅的切屑烫伤暴露的肌肤 ✗

 禁止穿裙子操作机床，避免裙子边被卷入机床，造成事故 ✗

 正确戴上工作帽，避免头发被旋转的机床卷入 ✓

 禁止穿高跟鞋上岗，避免工作时被绊倒，酿成事故 ✗

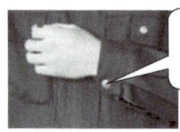 袖口纽扣必须扣紧，避免袖子带入机床将手折断 ✓

 粉尘切削必须戴口罩，避免粉尘侵入呼吸道，伤害身体 ✓

 禁止穿凉鞋、拖鞋上岗，避免切屑割伤肌肤，伤及筋骨 ✗

 断续、粉尘切削必须戴防护眼镜，避免切屑及粉尘飞入眼睛，造成伤害 ✓

 禁止穿背心上岗操作，避免飞溅的切屑烫伤暴露的肌肤 ✗

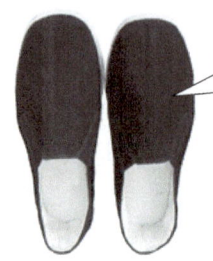 禁止穿布鞋上岗，避免重物意外落下砸伤脚 ✗

第1章 材　　料

1.1 导论

1.1.1 材料导论

金属加工工业所涉及的材料有各种金属和非金属。借助于各种工具和机器对这些材料进行加工，制成各种工件。加工过程中还需要各种辅助材料，如磨料、冷却剂、抛光材料。材料又可分为可锻材料（通过压力加工而形成的材料）、可铸材料、可焊材料和可切削材料。

材料的使用：人们最早使用的是天然材料。其中有些材料来源于动物（羊毛、丝、皮革、角质物等），有些来源于植物（木材、树脂等），有些是矿物原料（玻璃、石头和黏土等）现代工程材料大部分是人工制作的（钢、轻金属、塑料等）。所有这些材料都是由存在于地壳或大气层中的元素组成的。右图表示塑料以及部分金属材料的生产情况。

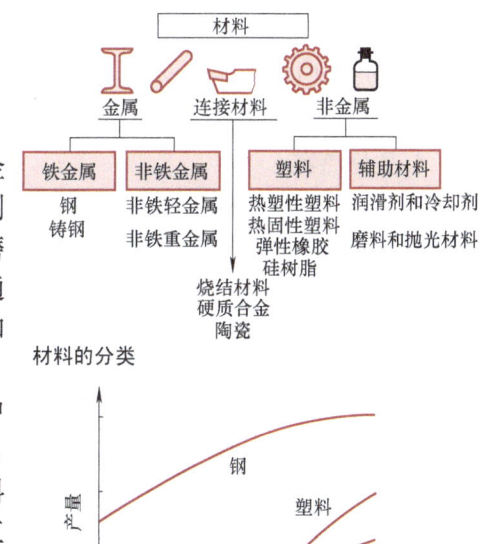

材料的分类

塑料以及部分金属材料的生产情况

1.1.2 材料的物理性能

金属材料的物理性能包括熔点、密度、线膨胀系数、质量热容、热导率、电阻率等。

1. 熔点

熔点是指固体由固态转变（熔化）为液态时的温度，熔点和凝固点是同一温度。液体冷却时，微粒动能减小，重新排列，逐渐恢复到固体状态。这个过程中放出大量热量，从而使温度在短时间内保持为常数。

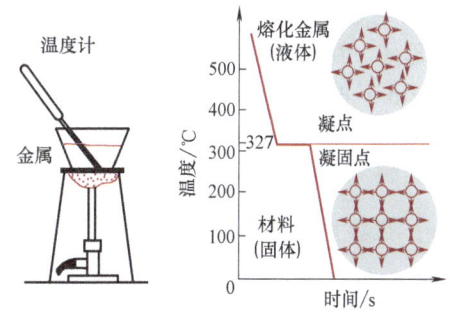

熔化和凝固

2. 密度

在物理学中，把某种物质单位体积的质量称为密度，符号为 ρ，国际单位为 kg/m^3，常用单位还有 g/cm^3。密度是物质的一种特性，同种物质的密度是永远不变的。

3. 线膨胀系数

单位温度变化引起的单位长度试样的线膨胀量称

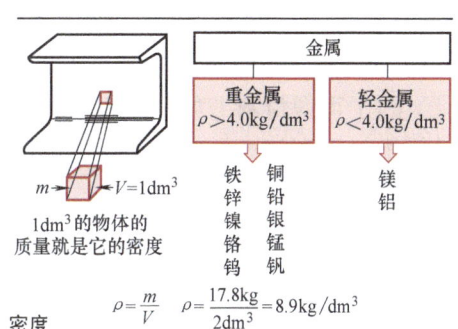

密度　　$\rho=\dfrac{m}{V}$　　$\rho=\dfrac{17.8kg}{2dm^3}=8.9kg/dm^3$

为线膨胀系数。当温度从开始温度 t_1 变化到终止温度 t_2 时,试样的长度从初始长度 L_1 变到受热膨胀后的长度 L_2,材料在该温度区间的平均线膨胀系数 α 用式 $\alpha = \dfrac{L_2 - L_1}{L_1(t_2 - t_1)} = \dfrac{\Delta L}{L_1 \Delta t}$ 表示,ΔL 为试样长度变化量,单位为 mm;Δt 为试样温度变化量,单位为℃。

生活中的热胀冷缩技术

4. 质量热容

质量热容是单位质量物体改变单位温度时吸收或释放的内能。质量热容是表示物质热性质的物理量,用符号 c 表示。在国际单位制中,能量、功、热量的主单位统一为焦耳(J),温度的主单位是开尔文,质量热容的国际单位为 J/(kg·K),常用单位为 J/(kg·℃)、J/(g·℃)、kJ/(kg·℃)等。

海水和沙子的温差

5. 热导率

热导率是物质导热能力的量度,是物质内部垂直于导热方向取两个相距 1m、面积为 $1m^2$ 的平行平面,若两个平面的温度相差 1K,则在 1s 内从一个平面传导至另一个平面的热量就规定为该物质的热导率,其单位为瓦特/(米·开)[W/(m·K)]。

6. 电阻率

电阻率是用米表示各种物质电阻特性的物理量。用某种材料制成的长 1m、横截面积为 $1mm^2$ 的导线在常温下(20℃时)的电阻,称为这种材料的电阻率。电阻率的常用单位是欧姆·米(Ω·m)。

在温度一定的情况下,有公式 $R = \rho \dfrac{l}{S}$,其中 R 为导体电阻,单位为 Ω;ρ 就是导体的电阻率,单位为 Ω·m;l 为导体的长度,单位为 m;S 为导体的横截面积,单位为 m^2。

1.1.3 材料的工艺性能

(1)**可锻材料** 如钢、铜、黄铜,可通过压力加工方法(像轧制、弯曲、拉伸、锻造)成形。

(2)**可铸材料** 如灰口铸铁、铅、锌、塑料,可在模具中浇注成形。

(3)**可焊材料** 如钢、塑料,在热状态

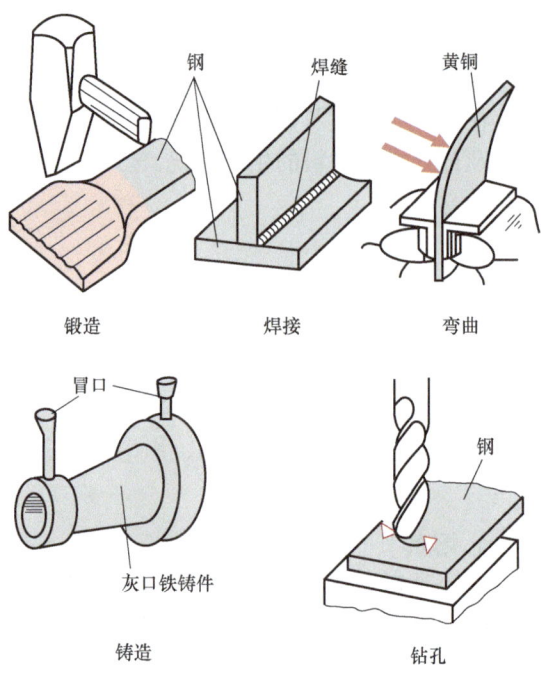

材料的各种工艺性能

下通过熔融焊或压力焊彼此连接。

(4)**可切削材料** 所有钢和非金属都可通过镗、锉、锯、车、铣等进行切削加工。

(5)**冷作材料** 如铜、锌、钢、铝,可以轧、辗、弯和拉。

1.1.4 材料的力学性能

材料在外力作用下会产生运动、变形或破坏。

（1）**强度** 材料抵抗变形和断裂的能力称为材料的强度。外力可以是拉力、压力、弯曲力和扭转力。材料在任何外力作用下均产生与加载方式相应的内应力，如拉伸应力、压缩应力和弯曲应力。

（2）**变形** 变形分永久变形（塑性变形）和非永久变形（弹性变形）两类。

（3）**脆性材料** 脆性材料是非弹性材料，如玻璃、灰口铸铁。脆性材料在没有明显的永久变形时便断裂，并且不能产生塑性变形。

（4）**韧性材料** 韧性材料可承受塑性变形和弹性变形。如韧性钢在外力作用下一直可拉伸到断裂为止。

（5）**硬性材料** 硬性材料指对其物体的"侵入"（压入、刻划）有很大抵抗力的材料。许多切割工具，如凿子、锯子和钻头，必须是很硬的。一定的硬度可以避免运动部件很快磨损（球轴承）。硬性材料有：淬火钢、硬质合金、冷硬铸铁、金刚石等。

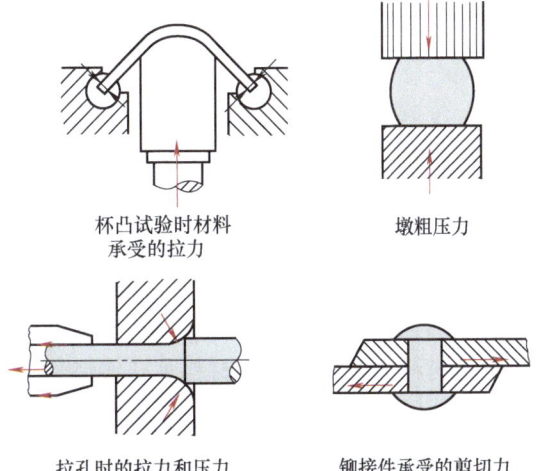

杯凸试验时材料承受的拉力　　墩粗压力

拉孔时的拉力和压力 各种加工状态下工件产生的应力　　铆接件承受的剪切力

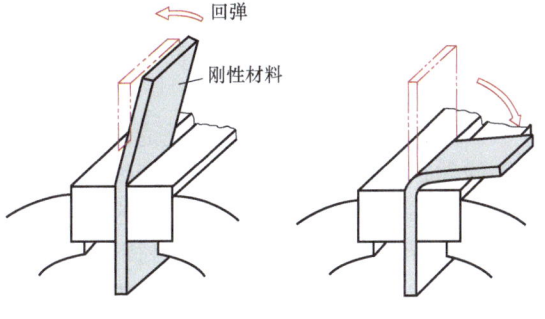

弯曲时的弹性变形和塑性变形

1.2 钢铁材料

钢与铁不同，钢具有可锻性，含碳量低，纯度高，有延展性和韧性，熔点高。

炼钢原料是白口铁，其碳质量分数为 3%～4%，大部分铁与碳化合生成 Fe_3C，还有少量硫、磷、锰、硅及杂质。杂质使铁变硬、变脆和容易断裂，必须去除。钢的含碳量不同，性能也不同，碳对生铁和钢的性能影响如下图所示。

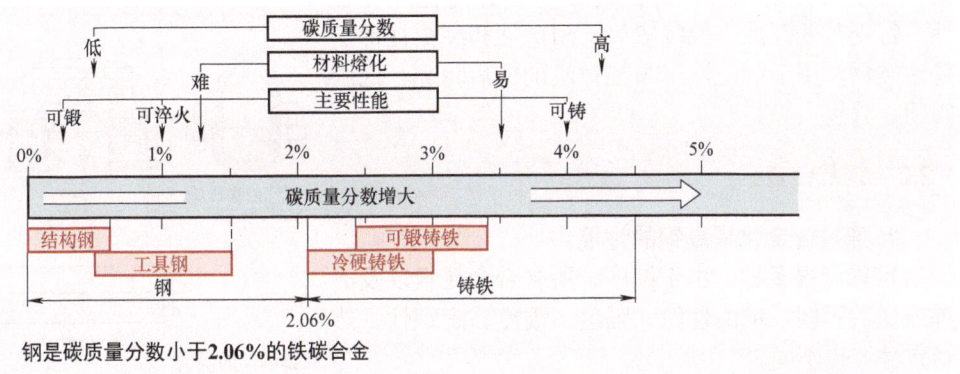

钢是碳质量分数小于 **2.06%** 的铁碳合金

1.2.1 铸铁

> 铸造材料是指其性能适宜于浇铸成铸件的各种合金。

铸造材料应具有好的流动性，熔点不宜过高，冷却时不发生收缩，强度高且有良好的加工性能。

灰铸铁、球墨铸铁、冷硬铸铁和可锻铸铁，都属于铸造材料。大多数铸造材料是在铸造车间用冲天炉熔炼的，炉身高10m左右。

（1）灰铸铁 其碳质量分数超过2%，实际上不能拉伸。断面呈现灰色，因为绝大部分碳以石墨形式析出。具有一定的强度和硬度，良好的减振性、耐磨性、高导热性，好的耐疲劳能力，良好的铸造工艺性能及优异的可加工性能，生产简便、成本低，广泛应用于工业和民用生活。

（2）球墨铸铁 球墨铸铁是通过球化和孕育处理得到的球状石墨，有效地提高了铸铁的力学性能，特别是提高了塑性和韧性，从而得到比碳钢还高的强度。球墨铸铁是一种高强度铸铁材料，其综合性能接近于钢，已成功地用于铸造一些受力复杂，强度、韧性、耐磨性要求较高的零件。球墨铸铁应用十分广泛，仅次于灰铸铁。

（3）冷硬铸铁和表面硬化铸铁 这类铸铁通过添加锰和铁水迅速冷却的方法获得。冷却的作用是使碳以碳化物析出。冷硬铸铁的强度比灰铸铁高、硬且耐磨。

（4）可锻铸铁 经过退火热处理，又称为马铁，虽然称为"可锻"，但却不可锻造。由一定化学成分的铁液浇铸成白口坯件，再经退火而成的铸铁，有较高的强度、冲击韧度和较好的塑性，可以部分代替碳钢。与灰口铸铁相比，可锻铸铁有较好的强度和塑性，特别是低温冲击性能较好，耐磨性和减振性优于普通碳钢。用于制造汽车与拖拉机的前后轮壳、低压阀门、管接头等。

1.2.2 钢及合金钢

1. 通过合金化提高钢的性能

钢材有很多种。由于纯度、所含合金元素以及冶炼方法的不同，钢的性能（强度、硬度、耐蚀性、热稳定性）也不同。

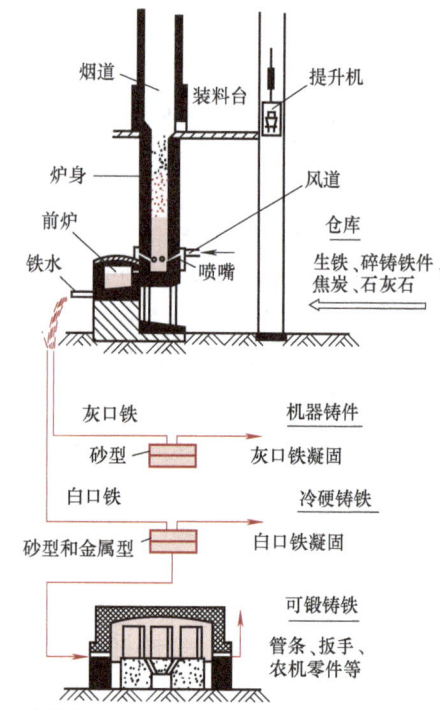

冲天炉
由于熔化金属成分不同而得到各种不同铸件，冷硬铸铁和可锻铸铁

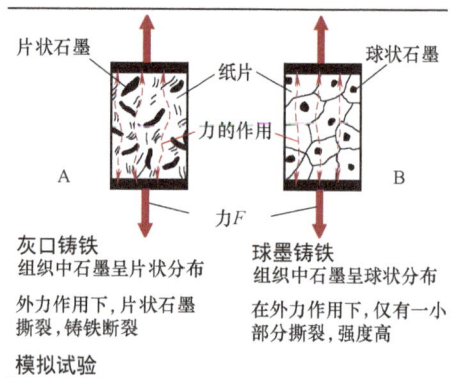

灰口铸铁
组织中石墨呈片状分布
外力作用下，片状石墨撕裂，铸铁断裂

球墨铸铁
组织中石墨呈球状分布
在外力作用下，仅有一小部分撕裂，强度高

模拟试验

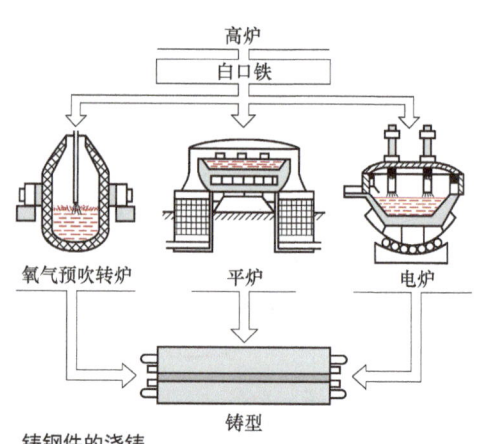

铸钢件的浇铸

钢可以锻造、轧制、铸造,也可以进行切削加工和无切屑加工。

大到大型钢结构,小到一根针、手表发条,都是用钢制成的。制作锅炉的钢板要承受很高的水和蒸汽的压力,作为齿轮材料的钢起传递力的作用。

2. 非合金钢和合金钢

钢的精制是指钢的精炼、渗碳(达到指定的含碳量)、合金化(通过冶炼提高钢的品质)。

(1)**非合金钢** 合金元素(C除外)的质量分数不超过下列数字:0.5%Si、0.8%Mn、0.1%Al 或 0.1%Ti 或 0.25%Cu。

(2)**低合金钢** 合金元素的总质量分数不超过5%。

(3)**高合金钢** 合金元素的总质量分数超过5%,但是磷和硫的总质量分数不应超过0.045%。

(4)**优质钢** 所有合金钢以及质地均匀、非金属杂质含量很低(磷、硫的总质量分数低于0.035%)的优质非合金钢。这些钢材是精心冶炼的,组织特别均匀。

按应用分,有渗碳钢、调质钢、高速钢、耐热钢、耐蚀钢、不锈钢和弹簧钢。

(5)**铸钢** 在铸型中浇铸的钢。铸钢的机械强度比灰铸铁和可锻铸铁高。对于要求较高的工件,在炉料中要添加合金元素。铸钢的收缩率(2%)是灰铸铁的两倍,铸钢件截面必须均匀,铸型必须光滑。

3. 合金元素对钢材性能的影响

碳只影响钢材的硬度,而其他合金元素决定钢材的其他工艺性能。

(1)**硅** 增加弹性,特别是增加淬透性,改善耐酸性能。硅的质量分数超过 0.2% 时,可锻性和可焊性显著变差。可用来制作弹簧、硅钢片、阀门等。

(2)**镍** 细化晶粒,提高钢的韧性、强度,改善抗腐蚀性能。可用来制作曲轴、齿轮、食品、耐酸容器、耐热金属线材、电阻丝等。

(3)**锰** 提高钢的耐酸性,但使加工性能变差,并对热处理敏感,某些情况下锰可代替镍。可用来制作链条、轮箍、铁路道尖、无畸变工具钢等。

(4)**铬** 提高强度和硬度,改善抗腐蚀性能,提高热稳定性和刀具寿命。可用来制作阀门、刀具、轧辊、耐酸容器等。

(5)**钴** 提高硬度和热稳定性。可作高速钢合金成分。

(6)**钒和钼** 提高硬度、耐热性和韧性,改善抗腐蚀性能。可用来制作锻模、冲模、高级工具(螺母扳手)等。

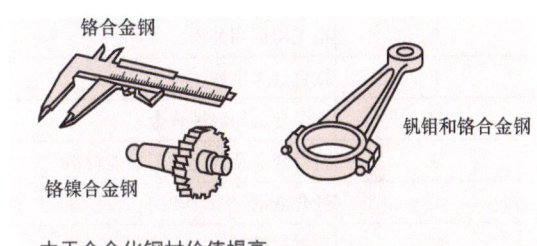

由于合金化钢材价值提高

(7)**钨** 提高韧性和强度,提高抗腐蚀能力和热稳定性。可作高速钢成分,用来制作冲压模、压铸模等。

1.2.3 钢铁材料牌号表示法

1. 钢铁材料牌号代号体系

钢铁产品牌号一般采用汉语拼音字母、化学元素符号和阿拉伯数字相结合,表示钢材产品名称、用途、特性和工艺的方法。

字母和数字的编排由国家标准统一规定。

(1)**统一数字编排原则**

1)统一数字代号由固定的6位符号组成,左边第一位用大写的拉丁字母作前缀,后接5位阿拉伯数字。为了避免与数字"1"和"0"混淆,不使用"I"和"O"。

2)每一统一数字代号只适用于一个产品牌号;反之每一产品牌号也只对应于一个数字代号。当产品牌号取消后,原对应的统一数字代号不再分配给另一产品牌号。

3)凡纳入国家标准和行业标准的钢铁及

合金产品都有统一数字代号，与产品牌号相互对照，两种表示方法均为有效。

（2）钢铁材料的类型与统一数字代号 钢铁材料的类型由一个大写拉丁字母代表，构成统一数字代号的第一个符号，见下表。

钢铁材料的类型与统一数字代号

代号的第一位	钢铁及合金的类型
A	合金结构钢
B	轴承钢
C	铸铁、铸钢及铸造合金
E	电工用钢和纯铁
F	铁合金和生铁
H	高温合金和耐蚀合金
J	精密合金及其他物理性能材料
L	低合金钢
M	杂类材料
P	粉末及粉末材料
Q	快淬金属及合金
S	不锈、耐蚀及耐酸钢
T	工具钢
U	非合金钢
W	焊接用钢及合金

2. 钢铁材料牌号表示法

（1）生铁牌号表示法 生铁牌号由字母和数字两部分组成。

1）第一部分是一位或两位大写汉语拼音。

字母部分

生铁名称	采用字母	备注	
		采用汉字	拼音
炼钢用生铁	L	炼	Lian
铸造用生铁	Z	铸	Zhu
球墨铸铁用生铁	Q	球	Qiu
耐磨生铁	NM	耐磨	NaiMo
脱碳低磷粒铁	TL	脱粒	TuoLi
含钒生铁	F	钒	Fan

2）第二部分是两位阿拉伯数字。

数字部分

生铁名称	主要元素质量分数（以千分之几计）	举例
炼钢用生铁	硅元素平均含量	Z30 表示硅的平均质量分数在 3.0% 左右的铸造用生铁
铸造用生铁		
球墨铸铁用生铁		
耐磨生铁		
脱碳低磷粒铁	碳元素平均含量	TL14 表示碳的平均质量分数在 1.4% 左右的脱碳低磷粒铁
含钒生铁	钒元素平均含量	F04 表示钒的平均质量分数在 0.4% 左右的含钒生铁

（2）铸铁牌号表示法

1）铸铁牌号一般用力学性能、化学成分或两种共同表示。在牌号的开头均用代表该类铸铁的字母来表示。

铸铁名称及代号

铸铁名称	代号	铸铁名称	代号
灰铸铁	HT	耐蚀球墨铸铁	QTS
奥氏体铸铁	HTA	蠕墨铸铁	RuT
冷硬灰铸铁	HTL	可锻铸铁	KT
耐磨灰铸铁	HTM	白心可锻铸铁	KTB
灰铸铁	HTR	黑心可锻铸铁	KTH
耐蚀灰铸铁	HTS	球光体可锻铸铁	KTZ
球墨铸铁	QT	白口铸铁	BT
奥氏体球墨铸铁	QTA	抗磨白口铸铁	BTM
冷硬球墨铸铁	QTL	耐热白口铸铁	BTR
抗磨球墨铸铁	QTM	耐蚀白口铸铁	BTS
耐热球墨铸铁	QTM		

2）铸铁牌号示例。

铸铁牌号示例

分类类型	举例	牌号含义
力学性能	HT100	HT——灰铸铁代号 100——抗拉强度为 100MPa
力学性能	QT400-18	QT——球墨铸铁代号 400——抗拉强度 400MPa 18——伸长率为 18%
化学成分	HTSSi15 Cr4RE	HTS——耐蚀灰铸铁代号 Si——硅元素符号 15——硅元素平均含量 1.5% Cr——铬元素符号 4——铬元素平均含量 0.4% RE——稀土元素符号
力学性能、化学成分	QTM Mn8-300	QTM——抗磨球墨铸铁代号 Mn——锰元素代号 8——锰元素平均质量分数为 0.8% 300——抗拉强度为 300MPa

3）灰铸铁新旧牌号对照。

灰铸铁新旧牌号对照

新牌号	HT100	HT150	HT200	HT250	HT300	HT350
旧牌号	HT10-26	HT15-33	HT20-40	HT25-47	HT30-54	HT35-60

（3）铸钢牌号表示法

1）铸钢牌号一般用力学性能或化学成分表示，两种方法的牌号开头均采用铸钢的字母"ZG"表示。

2）铸钢牌号示例。

铸钢牌号示例

分类类型	举例	牌号含义
力学性能	ZG200-400	ZG——铸钢代号 200——屈服强度为200MPa 400——抗拉强度为400MPa
化学成分	ZG15Cr1Mo1V	ZG——铸钢代号 15——碳元素的质量分数为0.15%（碳的万分含量） Cr——铬元素符号，1——铬元素的质量分数为1%左右 Mo——钼元素符号，1——钼元素的质量分数为1%左右 V——钒元素符号，质量分数小于0.9%时不标

3）铸钢牌号新旧对照。

铸钢新旧牌号对照

新牌号	ZG200-400	ZG230-450	ZG270-500	ZG310-570	ZG340-640
旧牌号	ZG15	ZG25	ZG35	ZG45	ZG55

（4）碳素结构钢牌号表示法

1）碳素结构钢牌号由前缀符号、强度值、质量等级符号、脱氧方法符号、后缀符号按顺序组成。

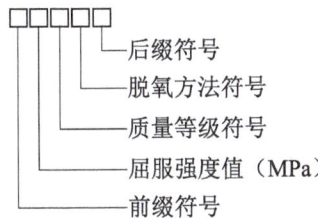

2）产品名称对应的前缀符号。

产品名称对应的前缀符号

产品名称	前缀符号	产品名称	前缀符号
通用结构钢	Q	焊接气瓶用钢	HP
细晶粒热轧带肋钢筋	HRBF	管线用钢	L
冷轧带肋钢筋	CRB	船用锚链钢	CM
预应力混凝土用螺纹钢筋	PSB	煤机用钢	M

3）质量等级分为 A、B、C、D 四个等级。

4）脱氧方法。

脱氧方法

脱氧方法	沸腾钢	镇静钢	特殊镇静钢	半镇静钢
符号	F	Z（可省略）	TZ（可省略）	bZ

5）产品名称对应的后缀符号。

产品名称对应的后缀符号

产品名称	后缀符号
锅炉和压力容器用钢	R
锅炉用钢（管）	G
低温压力容器用钢	DR
桥梁用钢	Q
耐候钢	NH
高耐候钢	GNH
汽车大梁用钢	L
高性能建筑结构用钢	GJ
低焊接裂纹敏感性钢	CF
保证淬透性钢	H
矿用钢	K

6）碳素结构钢牌号示例。

碳素结构钢牌号示例

钢牌号	含义
Q235AF	Q——通用结构钢（碳素结构钢） 235——屈服强度为235MPa A——质量等级为 A 级 F——沸腾钢
HP345	HP——焊接气瓶用钢 345——屈服强度为345MPa （Z 或 TZ 已省略，是镇静钢或特殊镇静钢）
Q345R	Q——通用结构钢（碳素结构钢） 345——屈服强度为345MPa R——锅炉和压力容器用钢（Z 或 TZ 已省略，是镇静钢或特殊镇静钢）

（5）优质结构钢和优质碳素弹簧钢牌号表示法

1) 优质结构钢和优质碳素弹簧钢牌号由以下几方面组成。

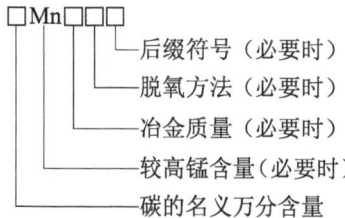

2) 符号规定。

① 锰含量较低时则不必写出"Mn"。

② 冶金质量分为优质钢（不注写）、高级优质钢（A）、特级优质钢（E）。

③ 脱氧方式有沸腾钢（F）、半镇静钢（b）和镇静钢（不注写）。

④ 后缀符号与普通碳素结构钢相同。

3) 优质结构钢和优质碳素弹簧钢牌号示例。

优质结构钢和优质碳素弹簧钢

牌号	含义
50Mn	50——碳的质量分数为0.50% Mn——锰的含量较高 ——冶金质量等级为优质钢（省略标注） ——脱氧方式镇静钢（省略标注）
08F	08——碳的质量分数为0.08% ——锰的含量较低（省略标注） ——冶金质量等级为优质钢（省略标注） F——脱氧方式沸腾钢
45AH	45——碳的质量分数为0.45% ——锰的含量较低（省略标注） A——冶金质量等级高级优质钢 ——脱氧方式镇静钢（省略标注） H——保证淬透性钢

（6）易切削结构钢牌号表示法

1) 易切削钢牌号。

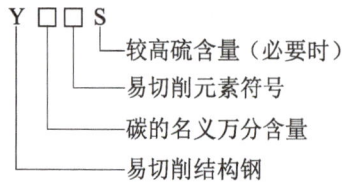

2) 符号规定。

① 含钙、铅、锡等易切削元素时，分别用Ca、Pb、Sn表示；加硫和加硫、磷时，不加符号S、P。

② 含锰量较高的加硫或加硫、磷的易切削结构钢，用符号Mn表示。

3) 易切削钢牌号示例。

易切削钢牌号示例

牌号	含义
Y45Ca	Y——易切削钢 45——碳的质量分数为0.45% Ca——含有易切削元素钙
Y45Mn	Y——易切削钢 45——碳的质量分数为0.45% Mn——锰的含量较高、硫的含量较低
Y45MnS	Y——易切削钢 45——碳的质量分数为0.45% Mn、S——锰的含量较高、硫的含量较高

（7）合金结构钢和合金弹簧钢牌号表示法

1) 合金结构钢和合金弹簧钢牌号。

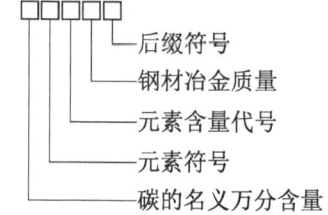

2) 符号规定。

① 元素含量代号。

元素含量代号

元素平均质量分数	<1.5%	1.5%~2.49%	2.5%~3.49%	3.5%~4.49%	4.5%~5.49%
含量代号	不标注	2	3	4	5

② 化学元素符号的排列顺序按质量分数递减进行。

③ 冶金质量分为优质钢（不注写）、高级优质钢（A）、特级优质钢（E）。

④ 后缀符号与普通碳素结构钢相同。

3）合金结构钢和合金弹簧钢牌号示例。

合金结构钢和合金弹簧钢牌号示例

牌号	含义
25Cr2MoVA	25——碳的质量分数为0.25% Cr2——铬的质量分数为1.5～1.80% Mo——钼的质量分数为0.25～0.35% V——钒的质量分数为0.25～0.30% A——钢材冶金质量为高级优质钢
18MnMoNbER	18——碳的质量分数为0.18% Mn——锰的质量分数为1.2～1.5% Mo——钼的质量分数为0.45～0.65% Nb——铌的质量分数为0.025～0.050% E——钢材冶金质量为特级优质钢 R——锅炉和压力容器用钢
60Si2Mn	60——碳的质量分数为0.60% Si2——硅的质量分数为1.6～2.00% Mn——锰的质量分数为0.70～1.00% ——钢材冶金质量为优质钢（省略标注）

（8）非调质机械结构钢牌号表示法

1）非调质机械结构钢牌号。

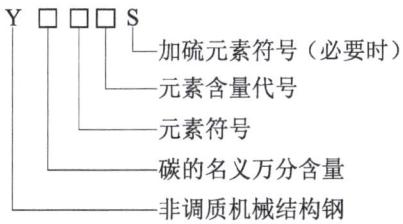

2）符号规定。元素含量代号见合金结构钢和合金弹簧钢元素含量代号表。

3）非调质机械结构钢牌号示例。

非调质机械结构钢

钢牌号	含义
F35MnVS	F——非调质机械结构钢 35——碳的质量分数为0.35% Mn——锰的质量分数为1.00～1.49% V——钒的质量分数为0.06～0.13% S——含有硫元素

（9）碳素工具钢牌号表示法

1）碳素工具钢牌号。

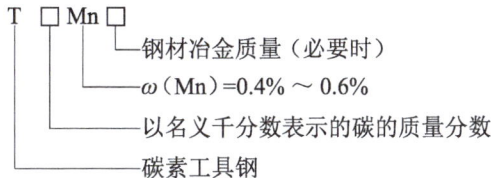

2）碳素工具钢牌号示例。

碳素工具钢牌号示例

钢牌号	含义
T8	T——碳素工具钢 8——碳的质量分数为0.8% ——锰的含量较低时不标 ——钢材冶金质量为优质钢（省略标注）
T8Mn	T——碳素工具钢 8——碳的质量分数为0.8% Mn——锰的含量较高 ——钢材冶金质量为优质钢（省略标注）
T13E	T——碳素工具钢 13——碳的质量分数为1.3% ——锰的含量较低时不标 E——钢材冶金质量为特级优质钢

（10）合金工具钢牌号表示法

1）合金工具钢牌号。

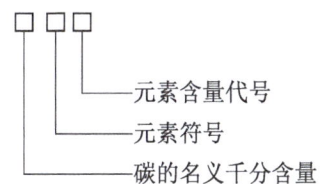

2）符号规定。

① 如果碳的质量分数＜1.00%，采用阿拉伯数字以千分之几表示；如果碳的质量分数≥1.00%，不标注。

② 元素含量代号见合金结构钢和合金弹簧钢元素含量代号表。如果铬的质量分数＜1.00%，在铬的含量（以千分之几计）前加数字"0"。

3）合金工具钢牌号示例。

合金工具钢牌号示例

钢牌号	含义
9SiCr	9——碳的质量分数为0.9% Si——硅的质量分数为1.20%～1.49% Cr——铬的质量分数为1.0%～1.25%
Cr06	——碳的质量分数为1.30%～1.45%（碳的名义质量分数≥1.00%时，不标注） Cr06——铬的质量分数为0.6%［铬的质量分数＜1.00%时，在铬的质量分数（以千分之几计）前加数字"0"］
3Cr2W8V	3——碳的质量分数为0.3% Cr2——铬的质量分数为2.20%～2.49% W8——钨的质量分数为7.50%～8.49% V——钒的质量分数为0.20%～0.50%

（11）高速工具钢牌号表示法 高速工具钢牌号表示法与合金工具钢相同，但在牌号头部一般不标注表明含碳量的阿拉伯数字。为了区别牌号，在牌号头部可以加"C"表示高碳高速工具钢，如W3Mo3Cr4V2、CW6Mo5Cr4V2。

（12）轴承钢牌号表示法

1）高碳铬轴承钢牌号。

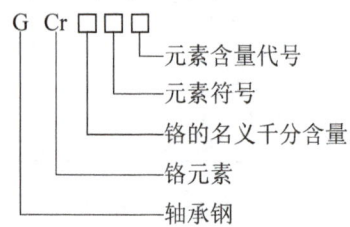

高碳铬轴承钢牌号示例

牌号	含义
GCr15	G——轴承钢 Cr15——铬的质量分数为1.5%
GCr15SiMn	G——轴承钢 Cr15——铬的质量分数为1.5% Si——硅的质量分数为0.45～0.75% Mn——锰的质量分数为0.95～1.25%

2）渗碳轴承钢。渗碳轴承钢的牌号头部加符号"G"，采用合金结构钢的牌号表示方法，高级优质渗碳轴承钢的牌号尾部加"A"。

渗碳轴承钢牌号示例

牌号	含义
G20CrNiMoA	G——轴承钢 20——碳的质量分数为0.20% Cr——铬的质量分数为0.35%～0.65% Ni——镍的质量分数为0.40%～0.70% Mo——钼的质量分数为0.15%～0.30% A——高级优质渗碳轴承钢

（13）不锈钢及耐热钢牌号表示法 不锈钢及耐热钢牌号采用化学元素符号和表示各元素含量的数字表示，各元素的质量分数表示规定及举例。

不锈钢及耐热钢各元素的质量分数表示规定及举例

元素的质量分数		规定	举例
碳	≤0.030%	以碳质量分数的上限值的3/4表示	超低碳不锈钢以三位数字表示碳质量分数的最佳控制值（1/100000）	碳质量分数的上限值为0.03%，牌号中碳的质量分数以（0.03%×3/4）×100000="022"表示 碳质量分数的上限值为0.02%，牌号中碳的质量分数以（0.02%×3/4）×100000="015"表示
	≤0.10%	以碳质量分数的上限值的3/4表示	用两位位数字表示表示碳质量分数最佳控制值（1/10000）	碳质量分数的上限值为0.08%，牌号中碳的质量分数以（0.08%×3/4）×10000="06"表示
	>0.10%	以碳质量分数的上限值的4/5表示		碳质量分数的上限值为0.20%，牌号中碳的质量分数以（0.20%×4/5）×10000="16"表示 碳质量分数的上限值为0.15%，牌号中碳的质量分数以（0.15%×4/5）×10000="12"表示
	规定上、下限值	平均碳质量分数×100表示		碳质量分数为0.16%～0.25%，牌号中碳的质量分数以（0.16%+0.25%）×100="20"表示
合金元素			以化学元素符号及数字表示，方法同合金结构钢。钢中加入铌、钛、锆、氮等合金元素，虽然含量很低，也应在牌号中标出	不锈钢牌号06Cr19Ni10表示碳的质量分数为0.08%；铬的质量分数为18.0%～20.0%；镍的质量分数为8.0%～11.0% 不锈钢牌号20Cr15Mn15Ni2N表示碳的质量分数为0.15%～0.20%；铬的质量分数为14.0%～16.0%；锰的质量分数为14.0%～16.0%；镍的质量分数为1.5%～3.0%；氮的质量分数为0.15%～0.30%

1.2.4 热处理知识

热处理是将钢在固态下加热、保温和冷却，改变其整体或表面组织，从而获得所需性能的工艺过程。

任何热处理工艺过程都包括加热、保温和冷却三个阶段，实际生产中常用"温度—时间"关系曲线来表示。

热处理不仅可以提高钢的使用性能，充分发挥材料的性能潜能，延长零件的使用寿命，还可以改善钢的工艺性能，提高工件的加工质量，减小刀具磨损，在机械制造中应用广泛。

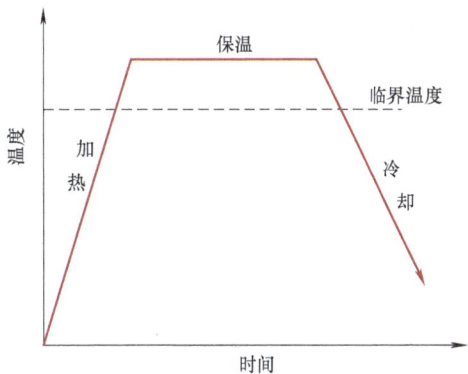

"温度—时间"关系曲线

1. 钢的退火和正火

将工件加热到一定温度，并在此温度下进行保温一定时间，然后缓慢冷却，这种热处理过程称退火。退火消除了不希望有的应力和组织硬化。

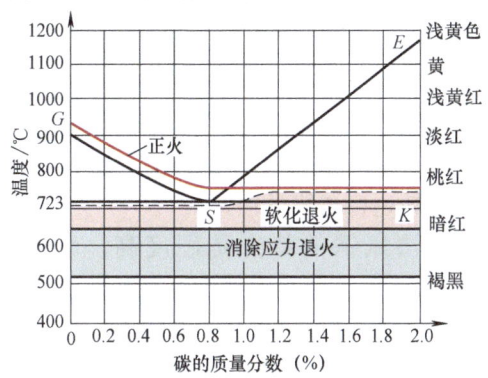

碳钢最重要热处理的温度范围

（1）**消除应力退火**　退火温度为 550～600℃，作用是消除冷、热加工产生的应力。

（2）**软化退火**　在 680～720℃下进行，作用是使钢的硬度降低、便于加工。

（3）**正火**　在铁碳平衡图 GSK 线以上，根据含碳量不同，加热温度在 750～100℃以上，作用是消除晶粒粗大，获得均匀细晶粒组织。

2. 表面硬化

在保持工件心部韧性情况下，在一定厚度范围内增加表面层的硬度，这种热处理称为表面硬化。

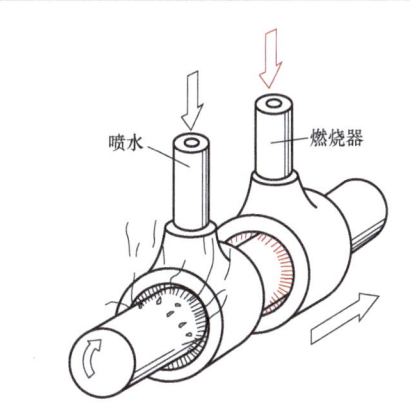

轴外圆的火焰淬火

齿轮、活塞、曲轴等零件必须具有足够的韧性、表面耐磨性，这些零件必须经过表面硬化处理。

工件加热时只有其边缘区域达到淬火温度，随后大多数采用喷水法冷却。

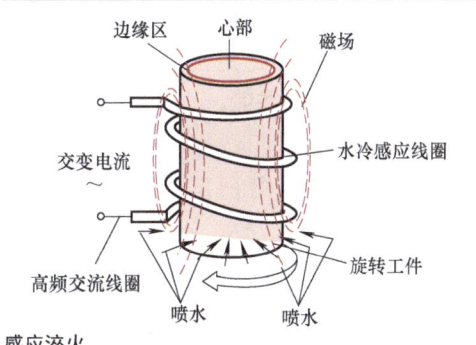

感应淬火

（1）**火焰淬火**　大型零件以及轴颈类零件淬火时采用。用气体火焰加热工件表面。淬硬层厚度与火焰温度和加热时间有关，一般小于1mm。

（2）**感应淬火**　电磁线圈产生交变磁场，在磁场作用下，工件中产生涡流。电流使待淬火的表面层温度迅速升高。这种方法用于经调质处理的工件。

（3）**渗碳** 碳钢置于渗碳介质中进行增碳，随后淬火。渗碳钢中碳的质量分数为0.1%～0.25%，分低淬透性渗碳钢、中淬透性渗碳钢和高淬透性渗碳钢。渗碳在860～960℃下进行，渗碳介质有固体（木炭、炭粉）、液体和气体。经长时间渗碳处理，渗碳层厚度达0.01～1mm。随后进行淬火，渗碳区的硬度提高。

（4）**渗氮** 把工件置于电炉中（550℃），喷进含氮气体（氨NH_3）。表面硬化过程直接靠氮的渗透完成，而无须进行后续热处理工序。由于材料表面层形成很硬而又耐磨的氮化物而达到表面硬化。含铝、铬和钡的合金钢比较适合渗氮处理。

渗氮钢的特点是硬度高、耐磨性好，500℃下具有热稳定性，抗腐蚀性能改善。渗氮可在加工后进行。

3. 钢的调质处理

先淬火后回火（多半是450～750℃高温回火），以确保一定的抗拉强度，并提高韧性，这种热处理称为调质。

调质是一种综合热处理技术，虽然硬度下降，但韧性、抗拉强度提高了，组织也均匀。

调质钢主要用于要求高的机器零件。

4. 钢的回火

钢件淬火后，虽然具有高的硬度和较好的耐磨性，但脆性较大，韧性很低，还存在较大的淬火应力。为了消除不利因素，须及时进行回火处理，回火后可减小或消除淬火内应力，防止工件变形或开裂，获得工艺要求的力学性能；稳定工件尺寸，保证精度；改善和提高加工性能。

1.3 非铁金属材料

非铁金属指的是铁和铁基合金以外的所有金属，它具有许多优良的特性，在工业领域尤其是高科技领域具有极其重要的作用。

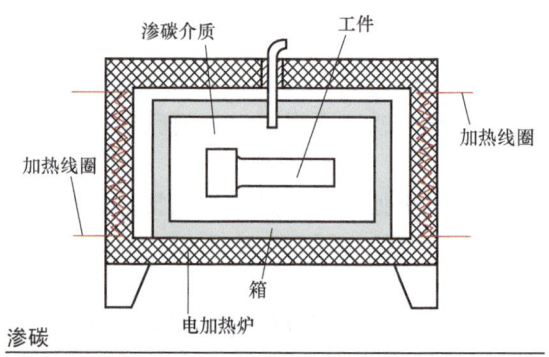

渗碳

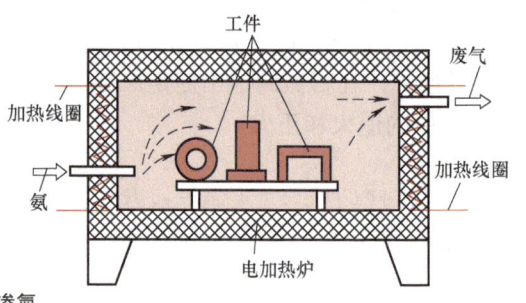

渗氮

1.3.1 铝及铝合金

1. 铝（Al）

纯铝按含铝量可分为高纯铝、工业高纯铝和工业纯铝。高纯铝中铝的质量分数达99.3%～99.996%，主要用于科学试验、化学工业和其他领域。工业高纯铝中铝的质量分数为99.85%～99.9%，主要用于配制铝基合金。纯铝可用于制作电线、铝箔、屏蔽壳体及化工容器等。

（1）**矿床和冶炼** 自然界没有纯金属铝，铝以化合物状态存在，是储量最大的金属（约占地壳的8%）。铝矾土是含铝量最多的矿物；刚玉是结晶氧化铝；宝石（红宝石、蓝宝石、黄宝石、紫宝石）是纯净、透明的氧化铝。

（2）**主要性能**

1）物理性能。熔点为658℃，密度为2.7kg/cm^3，导电率仅次于银和铜。

2）化学性能。抗腐蚀，有一层厚氧化膜。

3）力学性能。抗拉强度，铸造铝为90～120MPa，轧制铝为150～230MPa。伸长率20%～35%。

4）工艺性能。铝可以锻、轧、拉、切

削、铸、焊、铆。

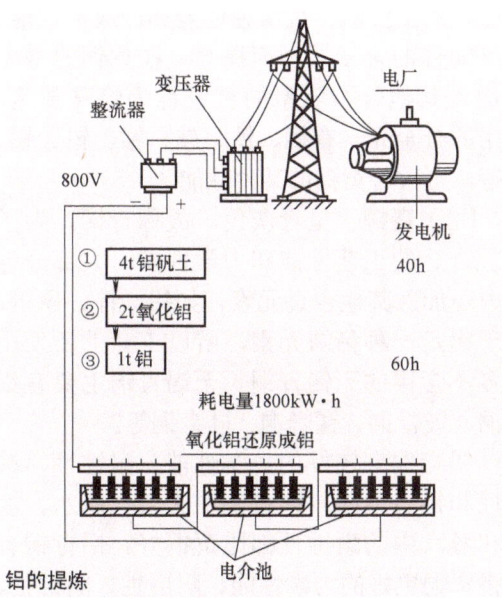

铝的提炼

2. 铝合金

铝合金中主要添加铜、硅、镁、锰、和锌等合金元素。

（1）铸造铝合金 具有很好的铸造性能，可以在气候和海水作用下保持其稳定性，可以进行切削和焊接。

（2）变形铝合金 具有良好的力学性能，适合于变形加工。市场上销售的半成品有铝板、铝带、铝管、铝条、压制成形铝件和模锻件。建筑工业用铝合金制作门窗及结构件；食品工业中的储槽、罐头盒、饮料容器及日常生活所用锅、盆大多数用铝制成。

3. 牌号

1）铸造铝及铝合金牌号表示法如下。

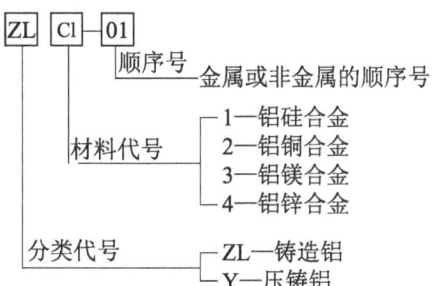

铸造铝合金有 ZL102、ZL105、ZL201、ZL401 等。

2）变形铝及铝合金牌号用四位数字符表示，牌号的第一、三、四位为数字，第二位为字母。第一位数字表示铝及铝合金的组别，见下表。第二位字母表示原始纯铝或铝合金的改型情况，最后两位数字用以标识同一组中不同铝合金或表示铝的纯度。

铝及铝合金的组别

组别	牌号系列
纯铝（铝质量分数≥99.0%）	1×××
以铜为主要合金元素的铝合金	2×××
以锰为主要合金元素的铝合金	3×××
以硅为主要合金元素的铝合金	4×××
以镁为主要合金元素的铝合金	5×××
以镁和硅为主要合金元素以 Mg_2Si 相为强化相的铝合金	6×××
以锌为主要合金元素的铝合金	7×××
以其他合金元素为主要合金元素的铝合金	8×××
备用合金组	9×××

3）变形铝及铝合金新旧牌号对照见下表。

变形铝及铝合金新旧牌号对照

类别	旧牌号	新牌号
防锈铝合金	LF2	5A02
	LF21	3A21
硬铝合金	LY11	2A11
	LY12	2A12
	LY8	2B11
超硬铝合金	LC3	7A03
	LC4	7A04
	LC9	7A09
锻铝合金	LD5	2A50
	LD7	2A70
	LD8	2A80
	LD10	2A14

4）工业纯铝新旧牌号对照见下表。

工业纯铝新旧牌号对照

旧牌号	L1	L2	L3	L4	L5
新牌号	1070	1060	1050	1035	1200

4. 加工性能

铝合金可进行切削或无切屑加工。切削速度高达 400m/min，节省加工时间。用高速钢和硬质合金刀具进行切削加工。切削液和润滑剂用油、松节油、酒精和肥皂水。热变形加工必须符合严格的温度规范。铝的导热性和热膨胀率高，焊接没有什么特殊困难。通过电氧化、酸洗和镀层可提高耐蚀能力。

1.3.2 铜及铜合金

1. 铜（Cu）

除铝外，铜是最重要的非铁金属。工业纯铜呈玫红色，表面形成氧化铜膜后外观呈紫红色。对电工和机械制造来说，铜是不可缺少的金属。

（1）**矿床和冶炼** 铜基本上以矿石存在，主要的铜矿石有辉铜矿（Cu_2S）和黄铜矿（$CuFeS_2$）。在焙烧炉中将硫除去，经过炉中精炼或电解得到纯铜。

（2）**主要性能**

1）物理性能。熔点为1084℃，密度为8.9kg/cm³，导热率比钢高8倍，导电率比钢高7倍。

2）化学性能。由于氧化膜层较厚，对空气与水有很高的抗侵蚀能力。与空气中的二氧化碳作用，生成碳酸铜（绿青铜氧化膜）。

3）力学性能。抗拉强度≤250MPa，铜丝的平均伸长率为30%～50%，硬度只为钢的25%左右。

4）工艺性能。铜可以锻、轧、辗、拉、切削、铸、焊等。

2. 铜合金

铜合金有二元合金和多元合金，合金元素有锌、锡、镍、铝和铁。

（1）**黄铜（铜锌合金）** 具有良好的铸造性能、加工性能、抗腐蚀性能和冷成形性能。强度随锌的含量增加而提高。在黄铜的基础上加入其他合金元素的黄铜称为特殊黄铜。常用的合金元素有铝、铁、硅、锰、铅、锡、镍等，可改善黄铜的某种性能。

（2）**青铜** 呈青灰色，故称青铜。为了改善合金的工艺性能和力学性能，大部分青铜内还加入其他合金元素，如铅、锌、磷等。由于锡是一种稀缺元素，所以工业上还使用许多不含锡的无锡青铜。无锡青铜主要有铝青铜、铍青铜、锰青铜、硅青铜等。

锡青铜有较好的力学性能、耐蚀性、减摩性和铸造性能；锡青铜在大气、海水、淡水和蒸汽中的耐蚀性都比黄铜好。铝青铜有比锡青铜更好的力学性能、耐磨性、耐蚀性、耐寒性、耐热性，无铁磁性，有良好的流动性，无偏析倾向，可得到致密的铸件。在铝青铜中加入铁、镍和锰等元素，可进一步改善合金的各种性能。

（3）**白铜** 以镍为主要添加元素的铜基合金呈银白色，故称为白铜。铜镍二元合金称为普通白铜，加锰、铁、锌和铝等元素的铜镍合金称为复杂白铜，纯铜加镍能显著提高强度、耐蚀性、电阻和热电性。工业用白铜根据性能特点和用途不同分为结构用白铜和电工用白铜两种，分别满足各种耐蚀和特殊的电、热性能。

3. 牌号

（1）**纯铜牌号表示法**

纯铜牌号表示法

级别	牌号	代号	化学成分的质量分数（%）			
			Cu（不小于）	杂质		杂质总量
				Bi	Pb	
纯铜	一号铜	T1	99.95	0.001	0.003	0.05
	二号铜	T2	99.90	0.001	0.005	0.1
	三号铜	T3	99.70	0.002	0.01	0.3
无氧铜	一号铜无氧铜	TU1	99.97	0.001	0.003	0.03
	二号铜无氧铜	TU2	99.95	0.001	0.004	0.05

(2) 铜合金

1）黄铜。普通黄铜：牌号用"H+铜百分含量"表示，"H"——普通黄铜。

普通黄铜

代号	Cu的质量分数（%，不小于）	杂质的质量分数（%）
H96	95.0～97.0	≤0.2
H90	88.0～91.0	≤0.2
H80	79.0～81.0	≤0.3
H68	67.0～70.0	≤0.5

特殊黄铜：牌号用"H+主加元素符号+铜含量百分数+主加元素含量百分数"表示。

铸造铜合金：牌号是以"ZCu+主加元素符号+主加元素百分含量+其他元素符号及百分含量"表示，"Z"——铸造，如ZCuSn10Zn2、ZCuPb10、ZCuZn40Mn2、ZCuZn33Pb2等。

特殊黄铜

特殊黄铜	代号	主要化学成分的质量分数（%）		
		Cu（不小于）	其他杂质元素	杂质总量
铅黄铜	HPb63-3 HPb59-1	62.0～65.0 57.0～60.0	铅2.4～3.0 铅0.8～1.9	≤0.75 ≤1.0
锡黄铜	HSn62-1	61.0～63.0	锡0.7～1.1	≤0.3
加砷黄铜	HSn70-1	69.0～71.0	锡0.8～1.3，砷0.03～0.06	≤0.3
铝黄铜	HAl60-1-1	58.0～61.0	铝0.7～1.5，砷0.1～0，铁0.7～1.5	≤0.7
铁黄铜	HFe59-1-1 HFe58-1-1	57.0～60.0 56.0～58.0	铁0.6～1.2，铝0.1～0.5 锰0.5～0.8，锡0.3～0.7	≤0.3 ≤0.5
锰黄铜	HMn58-2	57.0～60.0	锰1.0～2.0	≤1.2
镍黄铜	HNi65-5	64.0～67.0	镍5.0～6.5	≤0.3
硅黄铜	HSi80-3	79.0～81.0	硅2.5～4.0	≤1.5

2）青铜。牌号用"Q+主加元素符号及百分含量+其他元素符号及百分含量"表示。

青铜

名称		牌号
青铜	锡青铜	QSn4-3、QSn4-4-2.5、QSn6.5-0.1、QSn6.5-0.4
	无锡青铜 铝青铜	QAl5、QAl7、QAl9-2、QAl9-4、QAl10-3-1.5
	锰青铜	QMn1.5、QMn5
	硅青铜	QSi1-3、QSi3-1
	铍青铜	QBe2

3）白铜。白铜牌号用"B+镍百分含量"表示，如B5，镍质量分数在5%左右。

特殊白铜牌号用"B+主加元素符号+镍百分含量"表示，如BFe11-1-1表示铁白铜，镍质量分数在11%左右；BMn40-1.5表示锰白铜，镍质量分数在40%左右；BAl13-3表示铝白铜，镍质量分数在13%左右。

4.加工性能

通过冷作变形，强度和硬度显著提高，伸长率相应降低；软化退火后，伸长率提高，而强度、硬度下降。

1.3.3 锌及锌合金

1. 锌（Zn）

锌与铜熔合，能产生像金子一样的合金。锌具有很好的与其他元素组成合金的特性，在工程上非常重要。

（1）矿床和冶炼 锌矿床有闪锌矿（ZnS）、菱锌矿（$ZnCO_3$）、异极矿[$Zn_4Si_2O_7(OH)_2 \cdot H_2O$]等。市场上商品锌中锌的质量分数达99.5%，通过蒸馏和电解可获得高纯度锌（质量分数达99.997%）。

（2）主要性能

1）物理性能。熔点为419.5℃，沸点为911℃，密度为7.14kg/cm³，莫氏硬度为2.5。

2）化学性能。具有良好的耐蚀性，与氧

化合生成很厚的氧化锌（ZnO）。

3）力学性能。抗拉强度≤140MPa。锌很脆，在120℃热态容易加工，当温度升高到205℃时重新变脆。镀锌时，锌能很好地与基体金属结合。

4）工艺性能。用作表面防护材料（热浸镀锌、喷镀锌或电镀锌），锌可以作为一种很好的合金元素来使用。在加工锌时，宜采用单纹锉，锌具有良好的锻造性能。商品锌有锌锭、棒料、锌板、线材等。

2. 锌合金

锌合金是以锌为基加入其他元素组成的合金。常加的合金元素有铝、铜、镁、镉、铅、钛等。

(1) 铸造锌合金 浇铸而成，具有良好的铸造性能和几何精度的保持性。适用于压铸仪表、汽车零件与外壳等。

(2) 变形锌合金 用来生产各种形状锌材的锌合金。常加入镉、铅、铁、钛、铜等元素，合金元素含量很少。主要用作电池外壳、印刷板、屋面板和日用五金等。

3. 牌号

1）锌锭牌号用"Zn+锌百分含量"表示，如Zn99.95。

2）铸造锌合金牌号用"ZZn+其他元素符号及百分含量"表示，如ZZnAl6Cu1、ZZnAl4Cu1Mn等。

3）压铸锌合金牌号用"YZZn+其他元素符号及百分含量"表示，如YZZnAl4Cu1。

4）其他锌合金牌号表示法：电池用锌板牌号用"XD×"表示，其中"×"是数字，表示序号，如XD1等；胶印锌板牌号用"XJ×"表示，其中"×"是数字，表示序号，如XJ1等；锌饼牌号用"XB×"表示，其中"×"是数字，表示序号，如XB1等。

4. 加工性能

通过冷作变形，强度和硬度显著提高，伸长率相应降低，软化退火后，伸长率提高，而强度和硬度降低。

1.3.4 镁及镁合金

1. 镁（Mg）

(1) 矿床和冶炼 镁在化学元素中占重要地位，通过对矿石（菱镁石、白云石、光卤石）进行处理，去除菱镁石（$MgCO_3$）中的 CO_2，获得氧化镁（MgO）。通过电解的方法获得镁。

(2) 主要性能

1）物理性能。熔点为657℃，密度为 $1.74kg/cm^3$。

2）化学性能。在干燥的空气中很稳定。在烟火技术中，用镁与氧结合，产生闪光；燃烧的镁只能用砂子熄灭，水会助长氧化反应。

3）力学性能。纯镁抗拉强度很低，为110～200MPa。

4）工艺性能。容易切削，允许较高的切削速度，具有良好的成形性能和铸造性能。

2. 镁合金

由于纯镁可燃，而且强度很低，工程上只用镁合金。

镁合金是最轻的金属结构材料。下列合金元素对镁合金的性能有很大影响。

1）锰：提高抗腐蚀能力。

2）铝：改善力学性能。

3）锌：增加延展性和强度。

(1) 铸造镁合金 适合采用铸造的方式进行制备和生产出铸件直接使用的镁合金。

(2) 变形镁合金 可用挤压、轧制、锻造和冲压等塑性成形方法加工的镁合金。

1.3.5 锡及锡合金

1. 锡（Sn）

(1) 矿床和冶炼 矿石：锡石（SnO_2）。制备：首先制取精矿（锡的质量分数为60%～70%）。冶炼：将锡石在竖炉或火焰炉中从氧中还原出来，随后粗锡经熔析或电解进一步精炼。

(2) 主要性能

1）物理性能。熔点为232℃，密度为 $7.3kg/cm^3$。

2）化学性能。对空气、水和许多碱和酸

有抗侵蚀能力。

3）力学性能。抗拉强度为30MPa，伸长率≤40%。

4）工艺性能。无毒，有良好的成形性能和延展性。-200℃下，锡变脆和断裂，-20℃以下则变成粉末。锡可延展，能轧、冲、锤打，可制成厚度在0.01mm以下的锡箔。

2. 锡合金

锡合金是指以锡为基加入其他合金元素（铜、锑、铅等）形成的合金。锡合金熔点低，强度和硬度均低，它有较好的导热性和较低的热膨胀系数，耐大气腐蚀，有优良的减摩性能，易于与钢、铜、铝及其合金等材料焊合，是很好的焊料，也是很好的轴承材料。

（1）锡基轴承合金　与铅基轴承合金统称为巴氏合金。锑的质量分数为3%～15%，铜的质量分数为3%～10%。锑、铜用以提高合金的强度和硬度。其摩擦因数小，具有良好的韧性、导热性和耐蚀性，主要用以制造滑动轴承。

（2）锡焊料　以锡铅合金为主。铅的质量分数为38.1%的锡合金俗称焊锡，熔点约183℃，用于电器仪表工业中元件的焊接，以及汽车散热器、热交换器、食品和饮料容器的密封等。

（3）锡合金涂层　利用锡合金的抗腐蚀性能，将其涂敷于各种电气元件表面，既具有保护性，又具有装饰性。

（4）锡合金（包括铅锡合金、无铅锡合金）　用来生产制作各种精美合金饰品、合金工艺品，如戒指、项链、手镯、耳环、胸针、钮扣、领带夹、帽饰、工艺摆饰、合金相框、宗教徽志、微型塑像、纪念品等。

3. 加工

锡在熔融状态下有很好的流动性和铸造性能，可用作镀层材料（如白铁皮）。

1.3.6 铅及铅合金

1. 铅（Pb）

（1）矿床和冶炼　最重要的铅矿石是方铅矿（PbS）和混合矿石。首先制取富铅精矿，通过焙烧和还原得到生铅，经过精炼得到纯铅。

（2）主要性能

1）物理性能。熔点为327.4℃，密度为11.34kg/cm^3。

2）化学性能。有很好的耐蚀性，耐大多数酸，但不耐王水，有毒。

3）力学性能。强度和硬度低，弹性较差，抗拉强度为15MPa，伸长率≤60%。

4）工艺性能。变形阻力小，有很大的变形能力，适用于冷成形，铅容易钎焊、焊接和铸造。能熔于其他金属。主要用于制作顶盖板、耐酸容器、铅皮电缆、密封圈、铅弹、辐射防护板、封口铅等。

2. 铅合金

铅合金是指以铅为基加入其他元素组成的合金。按照性能和用途，铅合金可分为耐蚀合金、电池合金、焊料合金、印刷合金、轴承合金和模具合金等。铅合金主要用于化工防蚀、射线防板，制作电池板和电缆套。

1.4 非金属材料

1.4.1 塑料

塑料是有机高分子材料，主要成分是合成树脂，还包括填料、增强材料、增塑剂、固化剂、稳定剂等添加剂。

1. 塑料的一般性能

1）塑料由便宜的、技术上容易制备的原料组成。除硅树脂外，大多数都是碳化物。

2）密度小（0.9～2kg/cm^3），比铝轻。

3）大多数塑料表面光滑，多半可以着色。

4）表面密实、防水，具有气密性。

5）与其他化学品不同，塑料耐用得多，具有广泛的用途。

6）塑料导热性差，但膨胀系数大、耐热性差、易变形。

7）几乎所有的塑料都可用作电工绝缘材料，因为塑料实际上是非导体。燃烧时变成

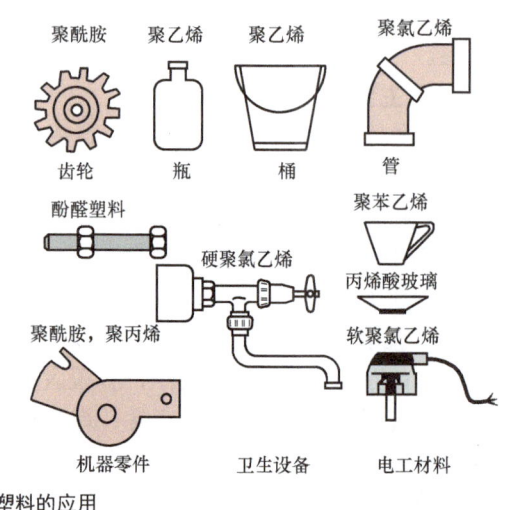

塑料的应用

灰并发出微弱的光,并产生腐蚀性气体,因此对机器设备有破坏作用。

8) 塑料容易加工,而且加工速度很高。通过铸、压、轧、焊、吹就可获得需要的各种形状。

2. 塑料的名称、性能和应用

塑料根据性能与应用分为通用塑料、工程塑料和特种塑料。其中通用塑料用途广、产量大、价格低;工程塑料具有类似金属的力学性能,可以代替金属材料制造机器零件或结构件;特种塑料是指具有特殊性能的塑料,如高耐蚀性塑料、导电塑料、导磁塑料、医用塑料等。塑料的名称、性能和应用见下表。

塑料的名称、性能特点与应用

名称	性能特点	应用	图例
聚碳酸酯(PC)	具有高强度及弹性系数、高冲击强度、使用温度范围广;高度透明性及自由染色性;成形收缩率低、尺寸稳定性良好;耐候性佳;电气特性优;无味无臭对人体无害符合卫生安全	应用于玻璃装配业、汽车工业和电子、电器工业,其次还有工业机械零件、光盘、包装、计算机等办公室设备,医疗及保健、休闲和防护器材等	聚碳酸酯光盘
聚酰胺(PA)	聚酰胺俗称尼龙,具有良好的综合性能,包括力学性能、耐热性、耐磨损性、耐化学药品性和自润滑性,且摩擦因数低,有一定的阻燃性,易于加工,适于用玻璃纤维和其他填料填充增强改性,提高性能和扩大应用范围	广泛应用于制造使用温度在100℃以下的轻载齿轮、尼龙绳、蜗轮、轴承、轴套等	尼龙齿轮 尼龙绳
聚甲醛(POM)	聚甲醛是一种表面光滑的、有光泽的、硬而致密的淡黄色或白色材料,可在-40~100℃温度范围内长期使用。抗热强度、弯曲强度高、耐疲劳性、耐磨性、自润滑性好,耐油、耐过氧化物性,介电性能优良。但很不耐酸,不耐强碱和太阳光紫外线的辐射	聚甲醛可代替非铁金属及合金,在汽车、机床、化工、农机等部门制造轴承、齿轮、凸轮、管道等各种机械零件	聚甲醛棒与板
ABS塑料	ABS塑料是五大合成树脂之一,其抗冲击性、耐热性、耐低温性、耐化学药品性及介电性能优良,还具有易加工、制品尺寸稳定、表面光泽性好等特点,容易涂装、着色,还可以进行表面喷镀金属、电镀、焊接、热压和粘结等二次加工	广泛应用于机械、汽车、电子电器、仪器仪表、纺织和建筑等工业领域,是一种用途极广的热塑性工程塑料。表面还可电镀一层金属,代替金属部件	
聚四氟乙烯(F-4)	聚四氟乙烯俗称"塑料王",是由四氟乙烯经聚合而成的高分子化合物,具有优良的化学稳定性、耐蚀性、密封性、高润滑不黏性、电绝缘性和良好的抗老化耐力	用作减摩密封零件,如热垫圈、密封圈、自润滑轴承等,化工用的耐蚀泵、反应器,高频电子食品的高频电缆等,医疗上制作人工心肺装置、借用血管等	聚四氟乙烯轴承

（续）

名称	性能特点	应用	图例
聚氯乙烯（PVC）	聚氯乙烯是一种使用一个氯原子取代聚乙烯中的一个氢原子的高分子材料。由氯乙烯在引发剂作用下聚合而成的热塑性树脂，是氯乙烯的均聚物。聚氯乙烯化学稳定性极好，绝缘性好、阻燃、耐磨，具有消声减振作用，成本低、加工容易；但耐热性差、冲击强度低、有一定的毒性	聚氯乙烯硬质塑料机械强度高、耐蚀性好，主要用于化工设备和耐蚀性容器，可以代替不锈钢和铝材。软质塑料主要用于制造人造革，用于日常生活和农业生产	聚氯乙烯排水管
聚乙烯（PE）	聚乙烯是乙烯经聚合制得的一种热塑性树脂。聚乙烯无臭，无毒，手感似蜡，具有优良的耐低温性能（最低使用温度可达 –100 ～ –70℃），化学稳定性好，能耐大多数酸碱的侵蚀。高压聚乙烯密度较低，质地柔软，长期使用温度为 80℃）；低压聚乙烯密度高，质地刚硬，耐磨性、耐蚀性和绝缘性好，长期使用温度为 100℃）	高压聚乙烯用于薄膜、软管等；低压聚乙烯用于硬管、板材和小载荷的机械零件	
酚醛塑料（PF）	由酚类和醛类有机物反应得到的树脂（电木）。酚醛一定的机械强度、刚度大，制品尺寸稳定，耐热性、碳酸性、介电性能良好	主要用来制造齿轮、凸轮、带轮等；在电器工业中制造开关、插头、收音机外壳等绝缘零件	
环氧树脂（EP）	由环氧氯丙烷和双酚 A（二酚基丙烷）缩聚而成。环氧树脂强度高，有突出的尺寸稳定性和耐久性；耐蚀性、电绝缘性好	广泛应用于机械、电机、化工、航空、船舶、汽车、建材等各行各业，用于制造模具、精密量具、绝缘器件等。对各种物质有极好的黏附力，可以制造粘结剂	
聚甲基丙烯酸甲酯（PMMA）	聚甲基丙烯酸甲酯即机玻璃，透光性、染色性优异，透光率达 92%，比普通玻璃（透光率 88%）高，强度高于无机玻璃，抗破碎能力是无机玻璃的 10 倍，是重要的光学材料	主要制造有一定透明性和强度要求的零件，如油杯、窥孔玻璃、汽车和飞机玻璃等	
氨基塑料	氨基塑料主要由脲甲醛塑料（UF）、尿素和甲醛缩聚而成。其性能与酚醛塑料相似，但强度低、着色性好、表面光泽性好，俗称"电玉"，绝缘性能好	一般用作色彩鲜丽、外观漂亮的装饰品和各种电气绝缘件、日用器皿、食具等	

1.4.2 橡胶

橡胶是一种高弹性的高分子材料，弹性可以超过 100%，最高性能达 1000%；具有很好的绝缘性、气密性。常用作弹性、密封、减振和传动等材料。

1. 天然橡胶

天然橡胶是由橡胶树的胶乳制取的。天然橡胶有很好的弹性，断后伸长率高达 1000%，在 0 ～ 100℃其回弹率可达 85%

轮胎

以上；经硫化处理后抗拉强度提高，耐磨性、耐蚀性、介电性、耐低温性及加工工艺性能都很好；耐油和耐溶剂及耐臭氧老化性差，不耐高温，使用温度为 –70～100℃。

天然橡胶广泛用于制造轮胎、胶带、胶管及胶鞋等。

2. 合成橡胶

合成橡胶包括丁苯橡胶、顺丁橡胶、丁腈橡胶、氯丁橡胶、硅橡胶和氟橡胶几种。

合成橡胶的性能特点与应用

名称	性能特点	应用	图例
丁苯橡胶（SBR）	耐磨性、耐热性和抗老化性很好，强度较低，成型性较差。可与天然橡胶以任何比例混合使用	主要用于制造轮胎、胶管和胶鞋等	内胎
顺丁橡胶（BR）	弹性是目前各种橡胶中最好的。耐磨性比天然橡胶高30%左右，耐低温性也好；加工性能不好，抗撕裂性差	主要用制作轮胎、三角带、耐热胶管、减振器及制动皮碗等	胶带
丁腈橡胶（NBR）	具有良好的耐油性、耐磨性、耐热性、耐水性、气密性和抗老化性；电绝缘性、耐低温性、耐酸性差	主要用于制造各种耐油制品，如耐油胶管、储油槽、油封等	胶管
氯丁橡胶（CR）	强度高、伸长率大、弹性好、耐油、耐酸、耐热、耐燃烧、不透气；但耐低温性差、密度大、成本高	主要用于制作高速运转三角带、地下矿井运输带、在400℃以下使用的耐热运输带、石油化工中输送腐蚀物质和输油胶管及垫圈，可用作金属、皮革、木材、纺织品的粘结剂和海底电缆绝缘层	运输带
硅橡胶	稳定性高，耐高温和低温，可在 –100～350℃ 范围内保持良好的弹性，有良好的绝缘性和抗老化性，无毒、无味，有较好的透气性；强度和耐磨性低，不耐酸、碱	主要用来制造各种耐高、低温的橡胶制品，如耐热密封垫圈，耐高温电线的绝缘层等	电线
氟橡胶	具有很好的化学稳定性，在酸、碱、强氧化剂中的耐蚀性居各类橡胶之首，强度和硬度较高，耐高温，耐油和耐老化性也很好；但耐低温性和可加工性较差	用于军工和尖端技术中的高级密封件、高真空密封件和化工设备中的衬里等	垫片

1.4.3 陶瓷

陶瓷材料分为普通陶瓷和特种陶瓷。普通陶瓷是用天然原料烧结而成的传统陶瓷，种类多、产量大，质地坚硬，能承受1200℃高温，具有良好的耐蚀性、电绝缘性和可加工性；成本低，但强度较低，主要应用在日用陶瓷、电器、化工、建筑等部门。特种陶瓷是采用人工合成的原料烧结而成的现代陶瓷，具有优良的性能，种类繁多，如高强度陶瓷、高温陶瓷、耐蚀陶瓷、介电陶瓷、生物陶瓷、半导体陶瓷等。

陶瓷的性能特点与应用

名称	性能特点	应用	图例
氧化铝（Al_2O_3）	抗拉强度和硬度很高，强度比普通陶瓷高2～6倍，能在1600℃高温下长期工作，耐磨性、耐蚀性强，具有良好的绝缘性；但脆性大、抗热振能力差	用于制造高速切削刀具、火花塞、农用水泵、密封环、高温热电偶套管、电炉和高温炉材料等	火花塞
氮化硅（Si_3N_4）	化学稳定性好、强度高、可加工性好、成品精度高、烧结变形小、耐蚀性好，抗热振性能力在陶瓷中最强	主要用于制造耐高温、耐蚀、耐磨而复杂的零件，如高速切削刀具、高温轴承、耐磨轴承等	
碳化硅（SiC）	性能很稳定、高温强度高、导热性好、抗热振能力强、耐磨性好、耐放射性无毒照射	用于制造火箭尾喷管和喷嘴、浇注金属的浇口、换热器、核燃料包装密封材料等	火箭尾喷管
氮化硼（BN）	具有良好的耐热性、高温绝缘性，在2000℃下仍是绝缘体，导热性好、膨胀系数小，可进行切削加工，有自润滑性，但硬度较低	用于制造熔炼半导体坩埚、半导体散热绝缘零件、高温绝缘材料、高温轴承、玻璃成型模具等	制品

1.5 材料的力学性能与试验

1.5.1 材料的力学性能

材料的力学性能是指在力的作用下，材料所表现出来的一系列力学性能，反映了材料在各种形式外力作用下抵抗变形或破坏的能力。

1. 强度

材料在外载荷的作用下抵抗塑性变形和断裂的能力称为强度。工程上常用的是屈服强度和抗拉强度，这两个强度指标可通过拉伸试验测出。

屈服强度——金属材料发生屈服现象时的屈服极限，单位为MPa；

抗拉强度——材料承受拉力的能力，单位为MPa；

抗压强度——材料承受压力的能力，单位为MPa；

抗弯强度——材料承受致弯外力的能力，单位为MPa；

抗剪强度——材料承受剪切力的能力，单位为MPa。

2. 硬度

硬度是指材料对压入塑性变形、划痕、磨损或切削等的抗力，是材料在一定条件下抵抗本身不发生残余变形的物体压入的能力。

机械上的各种加工，都是根据不同的材质选择不同硬度的刀具进行的。

硬度有洛氏硬度（HR）、肖氏硬度（HS）、维氏硬度（HV）和布氏硬度（HBW）等。

3. 塑性

塑性是指材料在外力作用下产生塑性变形而不断裂的能力。

工程中常用的塑性指标有伸长率和断面

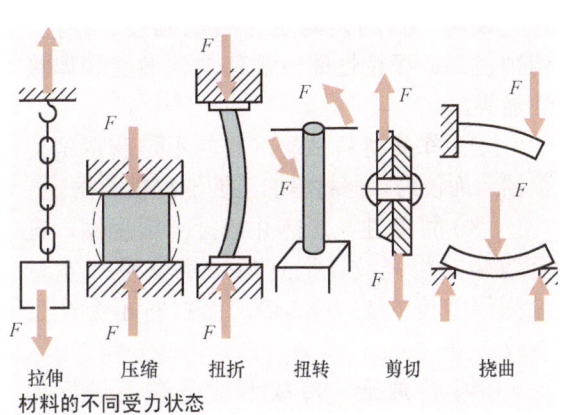

材料的不同受力状态：拉伸　压缩　扭折　扭转　剪切　挠曲

收缩率。伸长率是指试样拉断后的伸长量与原来长度之比的百分率，用符号 A 表示。断面收缩率指试样拉断后，断面缩小的面积与原来截面积之比，用 Z 表示。伸长率和断面收缩率越大，其塑性越好；反之，塑性越差。

4. 冲击韧性

材料抵抗冲击载荷的能力称为冲击韧性，用冲击韧度 a_K（单位为 J/cm^2）或冲击吸收功 A_K（单位为 J）来表示。

5. 疲劳强度

金属材料在无限多次交变载荷作用下而不破坏的最大应力称为疲劳强度或疲劳极限。实际上，金属材料并不可能做无限多次交变载荷试验。一般试验时规定：钢在经受 10^7 次、非铁金属材料经受 10^8 次交变载荷作用不产生断裂时的最大应力称为疲劳强度。当施加的交变应力是对称循环应力时，所得的疲劳强度用 S 表示。

1.5.2 力学和工艺性能试验

通过材料试验可提供有关工程材料在外力作用下（如拉压、折弯、扭转、剪切、弯曲）性能变化的信息。随着所加的载荷是静载荷（材料变形速度低）或动载荷（材料变形速度高），材料强度性能是不一样的。

（1）**试验** 塑性试件在不断加大的拉力作用下产生应力。试件拉长，当拉力增大到某一数值时，材料断裂（静载荷）。

如果材料承受冲击力突然作用并产生应力，材料如同用刀割一样断裂（动载荷）。

试验的目的是确定材料的强度、硬度、切削性能、深拉性能以及弯曲、锻造和焊接性能等。

（2）**车间材料试验** 目的不是获得试验数据，而仅为掌握材料加工性能提供数据。

（3）**可锻性** 加热并锻打一根扁钢，直至边角产生裂纹。锻打后扁钢宽度加宽量应为原宽度的 1~1.5 倍，而材料不会产生裂纹。

（4）**冷成形** 冷成形就是在不进行加热的情况下对材料进行冲剪、弯曲、拉伸等的加工方式。冷成形工艺有冷镦、冷轧、模锻等。

（5）**锉试验** 锉削试验表明，硬度高的钢难锉。

（6）**深拉试验** 一块被张紧的钢板，在圆形冲头作用下下凹压力慢慢增大，直至钢板出现裂纹。

（7）**火花试验** 通过观察钢材磨削时产生的火花现象，可以判断它属于哪种钢。

（8）**敲击试验** 把钢件（主要是铸铁）自由悬挂，然后轻轻敲击，可以分出铸钢（发声响亮）、灰口铸铁（低沉声）以及有裂纹和缩孔的铸件。

（9）**外观检验** 检验表面质量，确定外表缺陷（缩孔、裂纹和缺口）。

材料试验方法

机械试验方法	金相试验方法	非破坏性试验方法
确定材料在外力作用下产生应力时的强度性能	了解金属组织的构造和种类	确定材料成分和缺陷（裂纹、孔洞、夹渣）位置
1) 工艺性能试验 2) 静载荷试验 3) 动载荷试验 4) 持久试验	借助显微镜研究磨片（试片）在微波变化下的组织	1) 光谱分析 2) X 光检查 3) 超声波检查 4) 磁力探伤

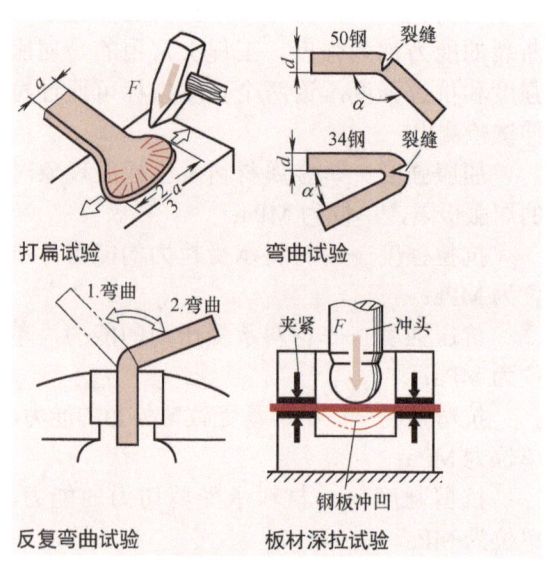

打扁试验　　弯曲试验

反复弯曲试验　　板材深拉试验

（10）**管子扩孔和卷边试验** 确定管子扩孔时两头是否产生撕裂。卷边试验时，将管边翻转向外，直到产生裂纹。

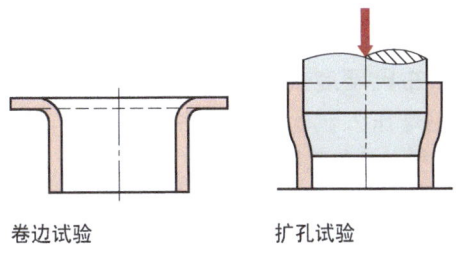

卷边试验　　　扩孔试验

（11）**通过比较压痕测定材料的硬度** 在两块不同硬度（如钢和铝）的金属板之间放一个钢球，一并夹紧在台虎钳上。表面压痕直径不同，从而可以比较出两块金属板的硬度。

（12）**回弹法测定硬度** 利用弹性变形。一个钢球从一定高度落下，硬度高的材料回弹高度大，而软性材料回弹高度小。

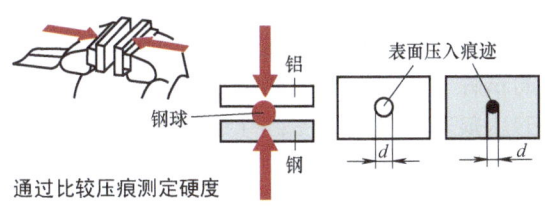

通过比较压痕测定硬度

1.5.3 拉伸试验

做拉伸试验采用的试件是标准试棒。逐渐增加载荷。在外力 F 的作用下，试棒横截面上承受拉伸应力，试件被拉长，最后从中间断裂。外加拉力 F（N），伸长量为 Δl（mm）。

伸长量　$\Delta l = l - l_0$

l——拉伸后长度（mm）；
l_0——原始长度（mm）。

1）拉力 F 增大一倍，伸长量 Δl 也增大一倍，伸长量与载荷成正比。如果卸除载荷，则试棒恢复到原始长度 l_0。原子晶格在受力状态保持不变（比例极限 P）。

2）如果增大拉力，材料起初仍保持弹性，当外力去除时仍恢复到原来的长度。这个过程一直到弹性极限 E。

伸长量与原始长度之比称为伸长率：$A = (l - l_0) : l_0$ 或 $A = \Delta l : l_0$。

由于拉应力作用，材料内部产生应力，作用在单位面积上的拉力称为应力。

$\sigma = \dfrac{F}{A_0}$

F——作用力（N）；
A_0——原始截面面积（mm²）；
σ——应力（MPa）。

3）如果应力增大，伸长率相应大大增加，直到载荷不增加而材料继续拉长，原子晶格产生运动，达到屈服极限。在进一步加载时，试棒出现颈缩现象。材料伸长量大大增加。这是载荷的最高限度，称为拉伸极限，用抗拉强度 R_m 表示，就是作用在 1mm² 截面上的最大载荷，如 $R_m = 800$MPa。

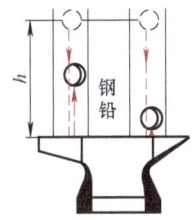

回弹硬度试验

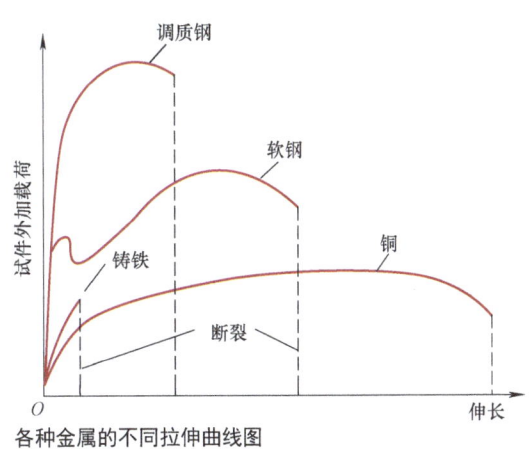

各种金属的不同拉伸曲线图

4）在继续加载时，材料"流动"，直到 Z 点断裂。

5）在工程实际中，不允许工件或机器零件产生永久变形，在弹性变形范围内的载荷是允许的。

1.5.4 硬度试验

（1）布氏硬度试验 施外力 F，使直径为 D 的钢球压入试验材料。去除外载荷，测量压痕直径 d。布氏硬度为

$$HB = \frac{试件承受的外力 F(N)}{压痕的表面积 A_0 (mm^2)}$$

在实际试验时，可从所测得的压痕直径 d 直接读出布氏硬度数值。

（2）维氏硬度试验 适合于很薄或很小的试件。测量金刚石四棱锥体在试件上产生的压痕的对角线长度。符号为 HV，如 30HV 表示试验载荷为 300N 时的维氏硬度。

（3）洛氏硬度试验 用钢球或金刚石圆锥体作压头，主要测量值是压入深度。为了抵消由于表面不干净而产生的测量误差，对压头先施以 100N 的预载荷，然后将硬度计测量表指针调到零，再附加如 1400N 的力。以采用金刚石圆锥体的洛氏硬度 C 试验法为例，如果压入深度 e=0.2mm，则洛氏硬度单位 HRC=0，与这个压入深度每差一个 0.002mm，就代表洛氏硬度的一度。例如：一锥体在试件上压入 0.14mm，与 0.2mm 的差是 0.06mm，

即洛氏硬度为 $\frac{0.06mm}{0.002mm}$ =30HRC。

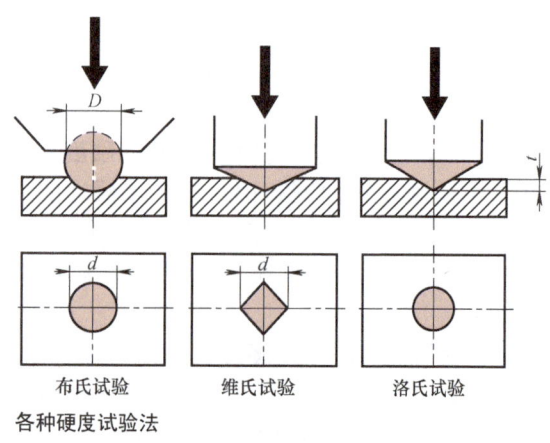

各种硬度试验法

1.5.5 缺口冲击试验

用动载荷冲击试件缺口。与动载荷拉伸试验不同，这种方法可测量缺口冲击韧性。

缺口冲击试验在摆式冲击试验机上进行。摆锤打击两端放在支座上的试样缺口的中央。缺口断裂后，随转指针指示出摆锤高度。

缺口冲击韧度为

$$a_K = \frac{A_K}{S_0}$$

式中　S_0——断裂截面面积（cm^2）；
　　　A_K——冲击吸收功（J）。

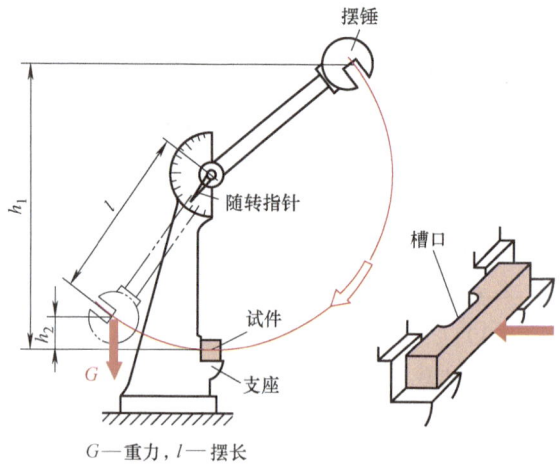

缺口冲击试验

第2章 机械制造常用数学知识

2.1 数学基础知识

1. 常用数学符号

常用数学符号

符号	意义	符号	意义
+	加、正号	△	三角形
-	减、负号	⊙	圆形
±	加或减，正或负	□	正方形
∓	减或加，负或正	▭	矩形
× 或 ·	乘	▱	平行四边形
÷ 或 /	除（$a \div b = a/b$）	∽	相似
∶	比（$a:b$）	≌	全等
.	小数点	∞	无穷大
( )	圆括号	%	百分比
[ ]	方括号	π	圆周率（=3.1416）
{ }	花括号	°	度
=	等于	′	分
≡	恒等于	″	秒
≠	不等于	lg	对数（以10为底的）
≈	约等于	ln	自然对数
<	小于	sin	正弦
>	大于	cot	余弦
≤	小于或等于（不大于）	tan	正切
≥	大于或等于（不小于）	cot	余切
∵	因为	sec	正割
∴	所以	csc	余割
x^2	x的平方	max	最大
x^3	x的立方	min	最小
x^n	x的n次方	const	常数
$\sqrt{}$	平方根	～	数字范围（自…至…）
$\sqrt[3]{}$	立方根	L 或 l	长
$\sqrt[n]{}$	n次方根	B 或 b	宽
⊥	垂直	H 或 h	高
∥	平行	d 或 t	厚
∠	角	R 或 r	半径
∟	直角	D、d 或 ϕ	直径

2. π的重要函数

π的重要函数

π	3.14159	$\sqrt{\pi}$	1.7325	$\dfrac{\pi}{\sqrt{2}}$	2.2214
π^2	9.8696	$\sqrt[2]{\pi}$	1.4646	$\dfrac{\sqrt{2}}{\pi}$	0.4502
π^3	31.0062	$\sqrt{2\pi}$	2.5066	$\dfrac{\pi}{180}$ (=1°)	0.01453
$\dfrac{1}{\pi}$	0.3183	$\pi\sqrt{2}$	4.4429	$\dfrac{\pi}{10800}$(=1′)	0.000291
$\dfrac{2}{\pi}$	0.6366	$\dfrac{1}{\sqrt{\pi}}\left(\sqrt{\dfrac{1}{\pi}}\right)$	0.3179	$\dfrac{\pi}{648000}$ (=1″)	0.000005
$\dfrac{1}{\pi^2}$	0.1013	$\sqrt{\dfrac{\pi}{2}}$	1.2533	$\dfrac{180°}{\pi}$	57.2958°
$\dfrac{1}{\pi^3}$	0.0323	$\sqrt{\dfrac{2}{\pi}}$	0.7979	$\dfrac{10800°}{\pi}$	3437.7468′
				$\dfrac{64800′}{\pi}$	206264.8″

2.2 三角函数

两直角三角形中一锐角相等，则各边比例相等，即

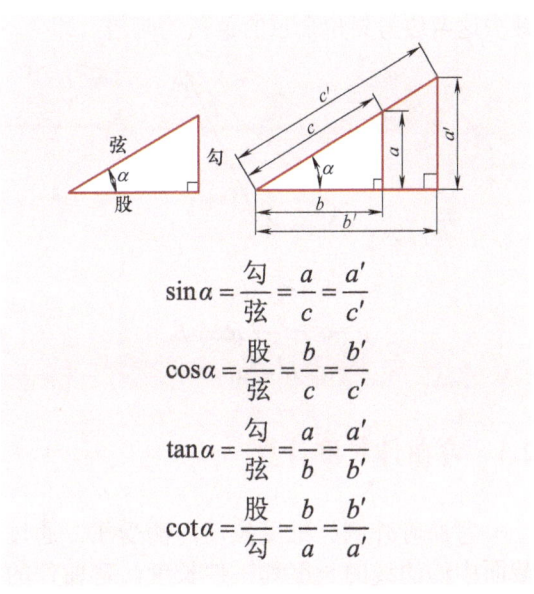

$$\sin\alpha = \frac{勾}{弦} = \frac{a}{c} = \frac{a'}{c'}$$

$$\cos\alpha = \frac{股}{弦} = \frac{b}{c} = \frac{b'}{c'}$$

$$\tan\alpha = \frac{勾}{弦} = \frac{a}{b} = \frac{a'}{b'}$$

$$\cot\alpha = \frac{股}{勾} = \frac{b}{a} = \frac{b'}{a'}$$

1. 勾股定理

在直角三角形中，如果已知两条边的长度，就可以用勾股定理求出第三条边长度。在直角三角形中，斜边的平方等于两条直角边的平方和，即

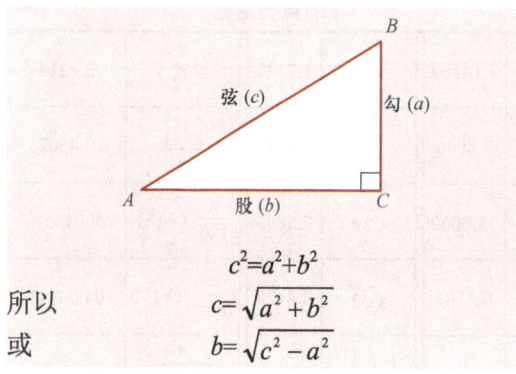

$$c^2 = a^2 + b^2$$

所以 $c = \sqrt{a^2 + b^2}$

或 $b = \sqrt{c^2 - a^2}$

2. 正弦定理

三角形的各边与其对角的正弦成正比，即

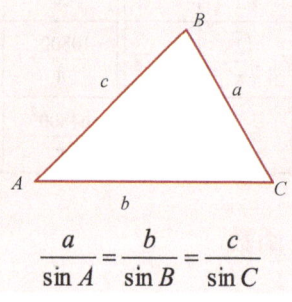

$$\frac{a}{\sin A} = \frac{b}{\sin B} = \frac{c}{\sin C}$$

3. 余弦定理

三角形一边的平方，等于其他两边平方减去这两边与夹角余弦的乘积的两倍，即

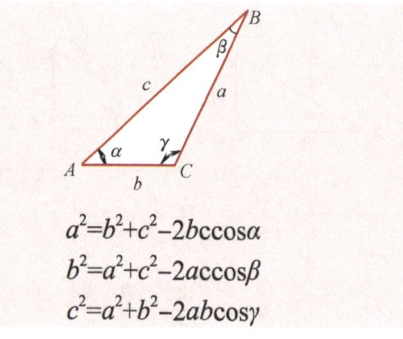

$$a^2 = b^2 + c^2 - 2bc\cos\alpha$$
$$b^2 = a^2 + c^2 - 2ac\cos\beta$$
$$c^2 = a^2 + b^2 - 2ab\cos\gamma$$

2.3 弯曲件长度计算

弯曲时外侧纤维受拉，内侧受压。通过截面中心的线的长度称工件长度。弯曲件的展开长度为其重心线长度。

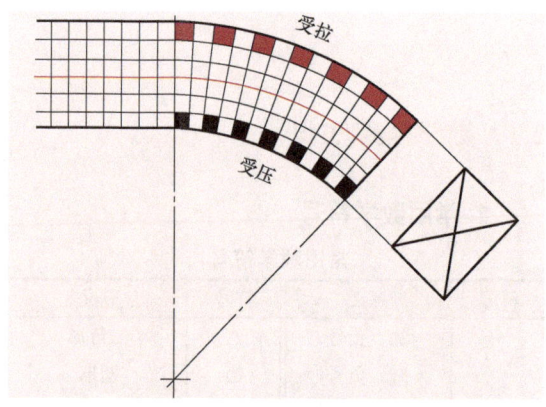

各种钢材的重心及重心距：

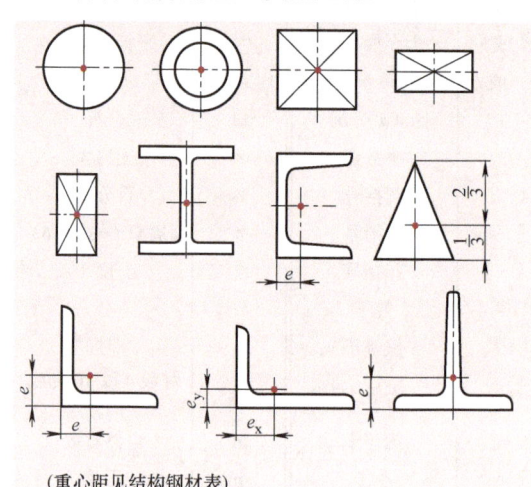

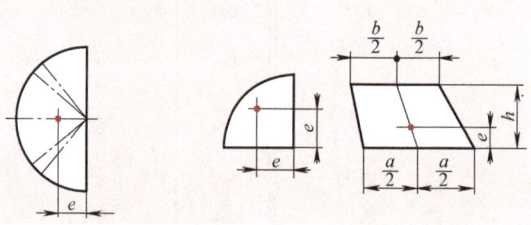

（重心距见结构钢材表）

1. 圆形弯曲件

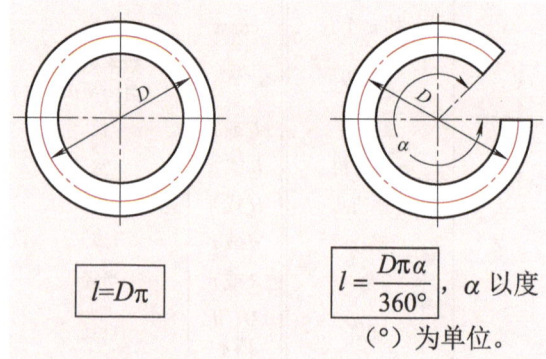

$l = D\pi$

$l = \dfrac{D\pi\alpha}{360°}$，$\alpha$ 以度（°）为单位。

2. 圆形带拐角弯曲件

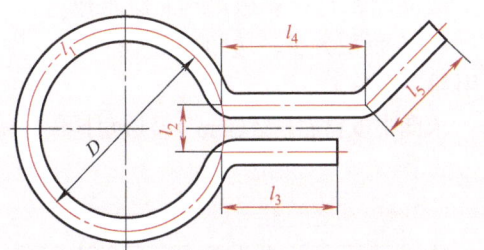

复杂形状的工件分成几段测量长度。难以精确计算的长度做近似计算或估算，如上图所示环形零件的长度为

$$l=l_1-l_2+l_3+l_4+l_5$$

3. 张力弹簧和压力弹簧的钢丝长度

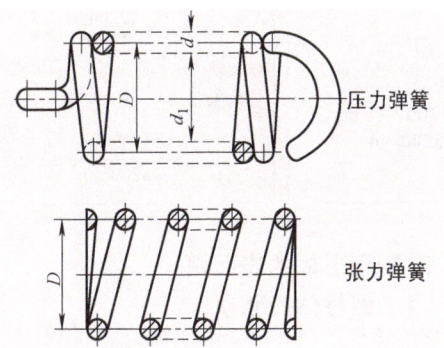

张力弹簧弯成钩状的两端和压力弹簧弯入并磨平的两端按两圈计算

$l=$ 弹簧圈 + 两圈的长度

$l=D\pi W+2D\pi$

$$l=D\pi(W+2)$$

W——弹簧圈数。

4. 矩形弯曲件

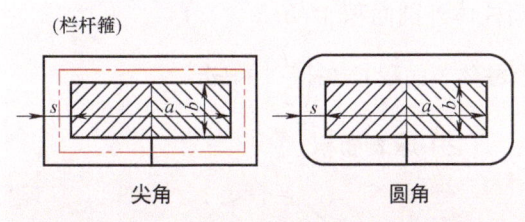

尖角	圆角
$l=\sum$内边长度 + 每一弯曲边材料厚度 $l=2(a+b)+4s$ 按重心线长度校核本公式	$l=\sum$内边长度 + 每一弯曲边材料厚度 $l\approx2(a+b)+2s$

2.4 常用图形的面积和表面积

1. 直线包围的平面面积计算

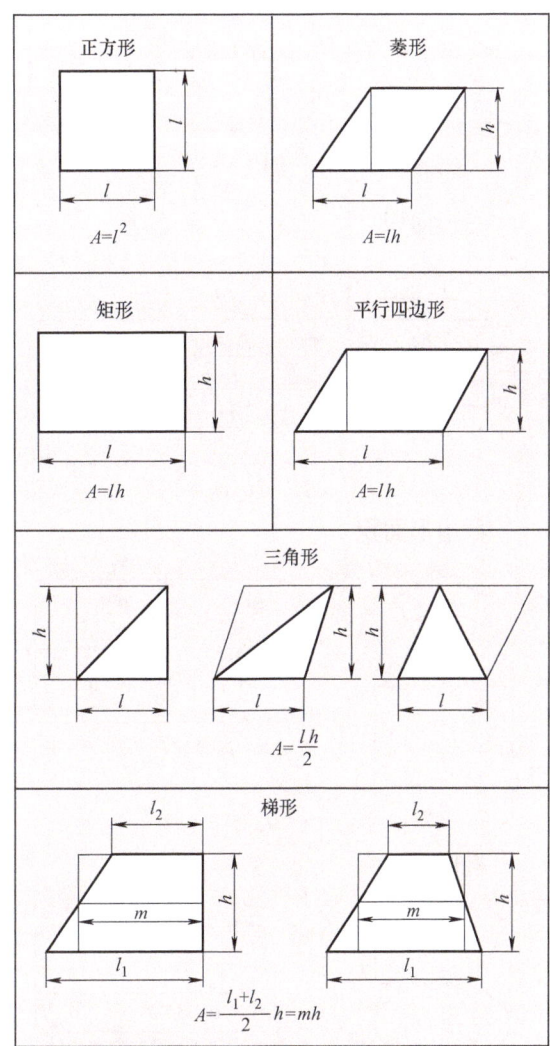

2. 圆弧包围的面积计算

圆面积

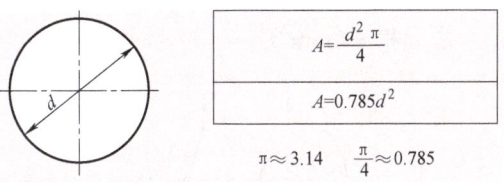

$\pi \approx 3.14 \quad \dfrac{\pi}{4} \approx 0.785$

圆环面积

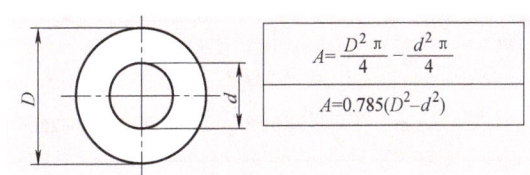

扇形面积

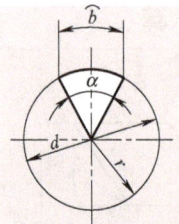

$$A = \frac{d^2 \pi}{4} \cdot \frac{\alpha}{360°}$$

$$A = \frac{br}{2}$$

α 以（°）为单位

弓形面积

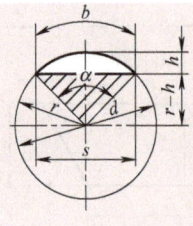

$$A \approx \frac{2}{3} sh$$

$$A = \frac{br - s(r-h)}{2}$$

$$A = \frac{d^2 \pi}{4 \times 360°} \alpha - \frac{s(r-h)}{2}$$

α 以（°）为单位

截扇形面积

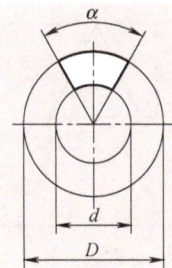

$$A = \left(\frac{D^2 \pi}{4} - \frac{d^2 \pi}{4}\right)\frac{\alpha}{360°}$$

$$A = (D^2 - d^2)\frac{0.785 \alpha}{360°}$$

α 以（°）为单位

椭圆面积

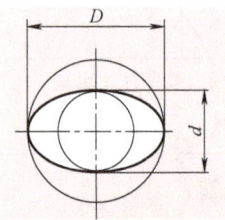

$$A = \frac{Dd\pi}{4}$$

$$A = 0.785 Dd$$

3. 复合面积计算

求面积 A（mm²）

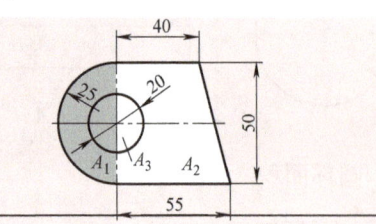

解：
$$A = A_1 + A_2 - A_3$$
$$A = \frac{\pi \times 25^2}{2} \text{mm}^2 + \frac{40+55}{2} \times 50 \text{mm}^2 - \frac{\pi \times 20^2}{4} \text{mm}^2 = 3042 \text{mm}^2$$

4. 板料用量及边角料量

成品面积是计算边角料的原始数据。

成品面积为 A、边角料面积为 A_v，则板材用料 $A_g = A + A_v$。

求图中板材面积 A（mm²）及边角料量（%）。

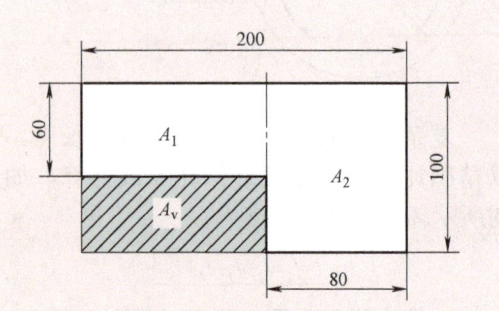

解：
$A = A_1 + A_2$
$= 120 \times 60 \text{mm}^2$
$+ 100 \times 80 \text{mm}^2$
$= 15200 \text{mm}^2$

$A_v = A_g - A = 100 \times 200 \text{mm}^2 - 15200 \text{mm}^2$
$= 4800 \text{mm}^2$

边角料量 $= \dfrac{A_v}{A}$
$= \dfrac{15200 \text{mm}^2}{15200 \text{mm}^2} = 31.6\%$

5. 规则形体的表面积

（1）圆柱体表面积

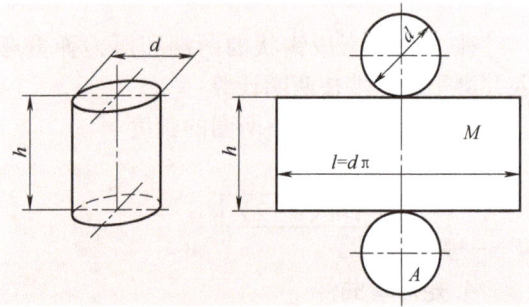

圆柱体外圆面积 $M = d\pi h$

圆柱体表面积 $O = 2\pi \left(\dfrac{d}{2}\right)^2 + d\pi h$

（2）球表面积

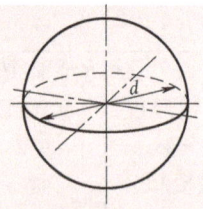

球表面积 $O = \pi d^2$

（3）圆锥体表面积

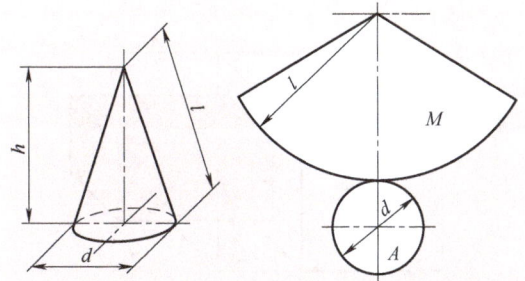

扇形面积 $M = \dfrac{d\pi l}{2}$

圆锥体表面积 $O = \pi \left(\dfrac{d}{2}\right)^2 + \dfrac{d\pi l}{2}$

（4）锥台表面积

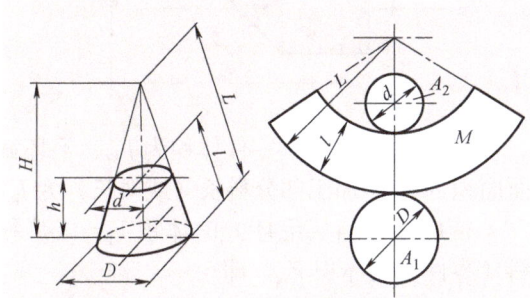

$M = \dfrac{\pi(D+d)}{2} l = \dfrac{D+d}{2} \pi l$

锥台表面积 $O = (D^2 + d^2)\dfrac{\pi}{4} + \dfrac{D+d}{2} \pi l$

（5）棱锥体表面积

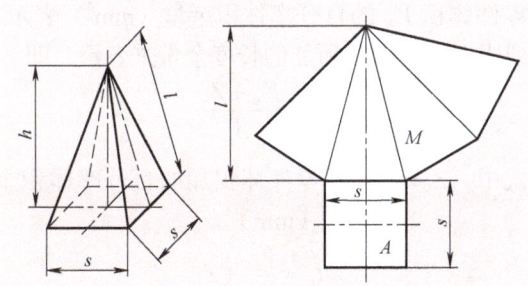

$M = 4 \times \dfrac{sl}{2} = 2sl$

棱锥体表面积 $O = s^2 + 2sl$

（6）棱台表面积

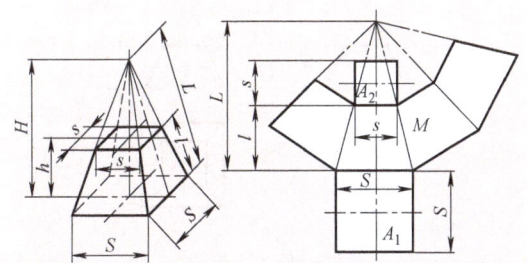

$M = 4 \times \dfrac{S+s}{2} l = 2l(S+s)$

棱台表面积 $O = S^2 + s^2 + 2l(S+s)$

2.5 规则形体的体积

（1）棱柱和圆柱的体积

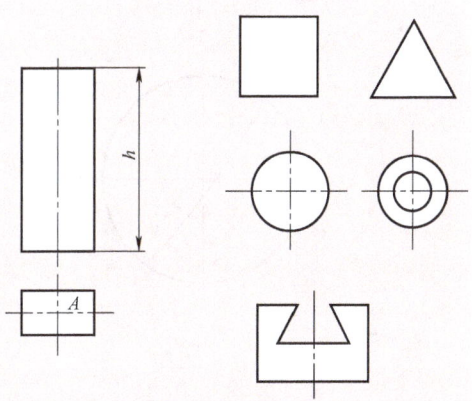

A 可为右上图中任何形状的面积。

体积 $V = Ah$

（2）棱锥和圆锥的体积

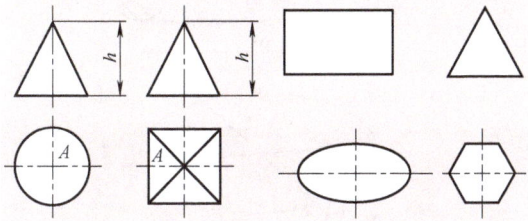

A 可为右上图中任何形状的面积。

体积 $V = \dfrac{Ah}{3}$

（3）圆锥台和棱锥台的体积

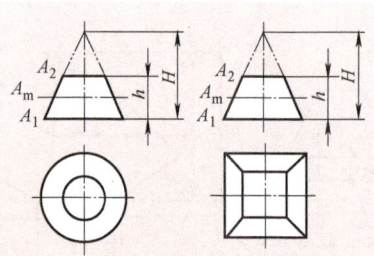

近似公式：$V \approx \dfrac{A_1 + A_2}{2} h$

式中　A_1——上底面积；
　　　A_2——下底面积；
　　　H、h——全锥高、锥台高；
　　　$V=$ 整个锥体的体积 $-$ 锥顶体积
　　　　$= \dfrac{A_1 H}{3} - \dfrac{A_2(H-h)}{3}$

（4）球体积

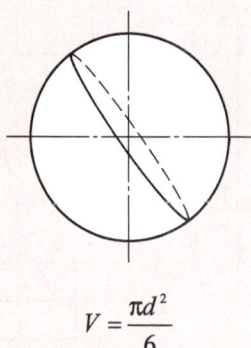

$$V = \dfrac{\pi d^2}{6}$$

（5）圆环体积

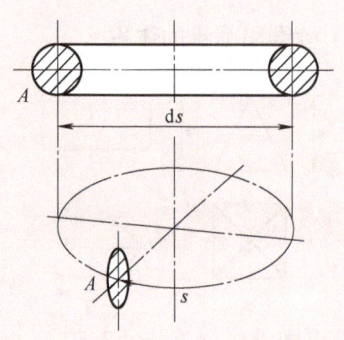

$V=$ 截面面积 $\times$ 重心线长
　$= As$

（6）锻件和模锻件的体积

拔长：

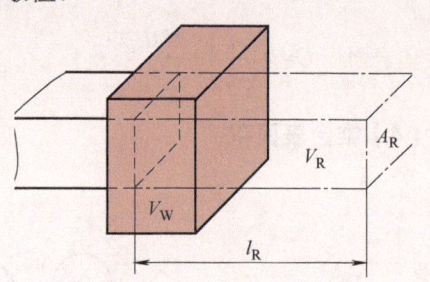

墩粗：

毛坯体积为 V_R、零件体积为 V_W、毛坯截面面积为 A_R、加工部分料长（或料长）为 l_R。

待成形材料（毛坯）的体积 $V_R=$ 成形材料（零件）的体积 V_W，即

$$V_R = V_W$$

棱柱形毛坯的体积为

$$V_R = A_R l_R = V_W$$

所以

$$l_R = \dfrac{V_W}{A_R}$$

锻造时的材料损耗（烧损、毛边）由对零件体积 V_W 的百分率体积余量（mm^3）表示，或由对理论料长所加的长度余量来表示，即

$$l_R = \dfrac{V_W + Z_V}{A_R}$$

式中　Z_V——对零件体积加的百分率体积余量（mm）^{3}。

$$l_R = \dfrac{V_W}{A_R} + Z_1$$

式中　Z_1——对理论料长 l_R 所加的余量（mm）。

以上式子中，Z 为经验数值，受加热次数、毛边量等影响。

2.6　圆、椭圆的周长

（1）圆的周长

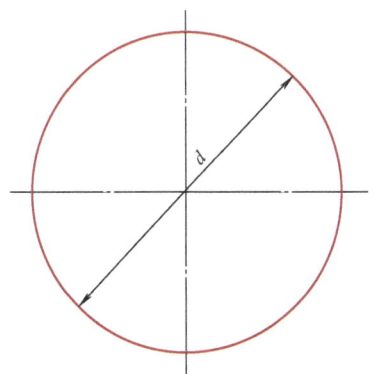

$$U = d\pi$$

式中　U——圆的周长（mm）；
　　　d——圆的直径（mm）；
　　　π——圆周率，3.14。

（2）圆弧的弧长

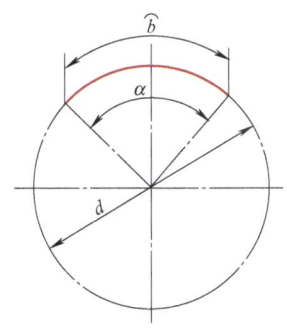

圆心角为 α 时，弧长

$$b = \frac{d\pi\alpha}{360°}$$

式中　d——圆弧的直径（mm）；
　　　α——圆弧的圆心角（°）。

（3）椭圆的周长

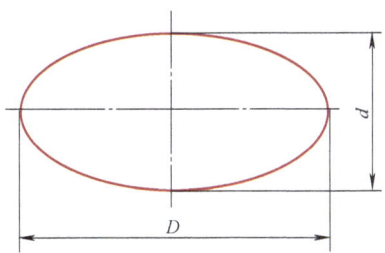

$$U \approx \frac{D+d}{2}\pi$$

式中　U——椭圆的周长（mm）；
　　　D——椭圆的长轴长（mm）；
　　　d——椭圆的短轴长（mm）。

2.7　弦长（多边形边长）

弧与角很难测量，故实际工作中常以弦长为检验尺寸。

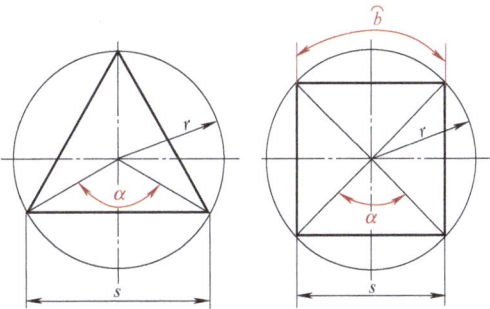

图中 α 为弦对应的圆心角，s 为弦长，r 为圆的半径，单位均为 mm。

$$s = 2r\sin(\alpha/2)$$

2.8　质量 m、密度 ρ

1. 质量 m

$$1\text{kg} = 10^3\text{g}$$
$$1\text{t} = 10^3\text{kg}$$

2. 密度 ρ

材料的密度为其质量除以体积之商，即

$$\rho = \frac{m}{V}$$

主单位导出单位：kg/m^3、g/cm^3、kg/dm^3、kg/L。

$$1\text{kg/m}^3 = 1\text{g/mm}^3$$

如：1dm^3 物质的质量。

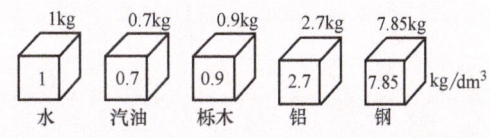

常见材料的密度
（单位：kg/m³）

材料	密度	材料	密度
铝	2.7	镁	1.74
铅	11.3	钢	7.85
铸铁	7.3	锌	7.2
铜	8.9	锡	7.3
铝合金	2.5	煤油	0.8
镁合金	1.8	润滑油	0.9
钨	19.1	灰口铸铁	6.6～7.4
汞	13.5	水	1

3. 质量

工件的质量可由体积（容积）和材料密度求得，即

$$m = V\rho$$

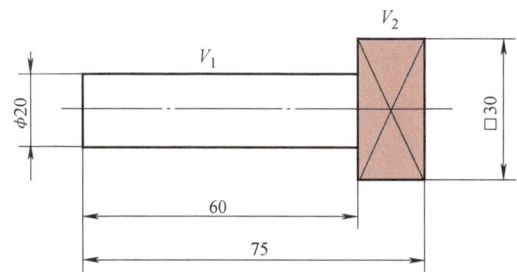

例：求上图零件的质量（g），已知 $\rho = 7.85 \text{g/cm}^3$。

解：$m = (V_1 + V_2)\rho$

$= \pi \times \left[\left(\dfrac{2.0}{2}\right)^2 \times 6.0 \text{cm}^3 + \pi \times \left(\dfrac{3.0}{2}\right)^2 \times 1.5 \text{cm}^3 \right] \times 7.85 \text{g/cm}^3$

$= 254 \text{g}$

4. 钢材质量的计算

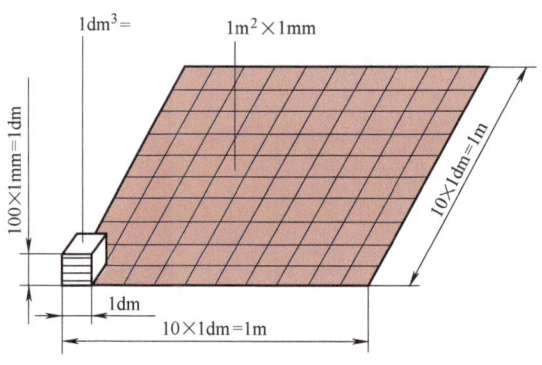

$$m = Ah\rho$$

式中 m——板材质量（kg）；
A——板材面积（mm²）；
h——板材高度（厚度，mm）；
ρ——板材密度（kg/mm³）。

第3章 机械制图与公差

3.1 机械图样基本知识

3.1.1 图纸幅面和格式

1. 图纸的幅面

绘制技术图样时,应优先选用基本幅面。

2. 图框格式及标题栏位置

在图纸上必须用粗实线画出图框,其格式分为留装订边、不留装订边两种,标题栏放在图纸的右下角,尺寸要符合幅面的规定。

图纸幅面尺寸 （单位:mm）

幅面代号	A0	A1	A2	A3	A4
$B \times L$	841×1189	594×841	420×594	297×420	210×297
a	25				
c	10			5	
e	20		10		

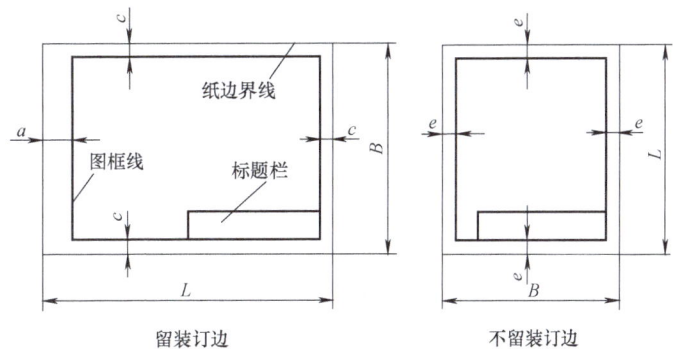

留装订边　　　　　不留装订边

3.1.2 机械图样的比例

机械图样的比例是指图样中图形与其实物相应要素的线性尺寸之比。

比值为1的比例称为原值比例,即1:1;比值大于1的比例称为放大比例,如2:1等;比值小于1的比例称为缩小比例,如1:2等。

为了从图样上直接反映出实物的大小,绘图时应尽量采用原值比例。

因各种实物的大小与结构千差万别,绘图时应根据实际需要选取放大比例或缩小比例。但不论采用何种比例,图形中所标注的尺寸数值应是设计要求的尺寸。

机械图样的比例

种类	优先选择系列	允许选择系列
原值大小	1:1	—
放大比例	5:1、2:1、5×10^n:1、2×10^n:1、1×10^n:1	4:1、2.5:1、4×10^n:1、2.5×10^n:1
缩小比例	1:2、1:5、1:10、$1:2 \times 10^n$、$1:5 \times 10^n$、$1:1 \times 10^n$	1:1.5、1:2.5、1:3、1:4、1:6、$1:1.5 \times 10^n$、$1:2.5 \times 10^n$、$1:3 \times 10^n$、$1:4 \times 10^n$

注:n为正整数。

3.1.3 机械图样的图线

1. 常用的图线种类及用途

我国现行的图线专项标准有两项,即GB/T 4457.4—2002《机械制图 图样画法 图线》和GB/T 17450—1998《技术制图 图线》。

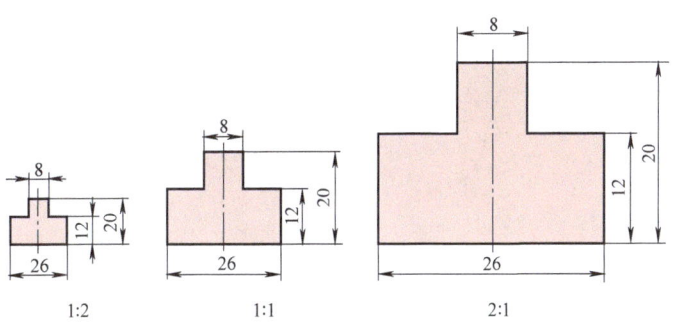

1:2　　　　1:1　　　　2:1

35

图线分粗、细两种,粗线是细线宽度的两倍。图线的宽度系列为 0.13、0.18、0.25、0.35、0.5、0.7、1、1.4、2,单位均为 mm。手工绘图时,粗实线的宽度通常为 0.5～1mm。

2. 图线画法规定

1)同一图样中,同类图线的宽度应基本一致。

2)点画线应以长画相交。点画线的起始与终了应为长画。

3)细点画线超出图形轮廓约 5mm。较小的圆形,其中圆心线可用细实线代替,超出图形约 3mm。

图线种类

图线名称	图 线 形 式	图线宽度	应 用 举 例
粗实线	———————	d	可见轮廓线、相贯线
细虚线	– – – – – – –	$d/2$	不可见轮廓线
细实线	———————	$d/2$	尺寸线、尺寸界线、剖面线、过渡线
细点画线	— · — · — · —	$d/2$	轴线、对称中心线
波浪线	～～～～～	$d/2$	断裂处的边界线、视图与剖视图的分界线
双折线	—⋀—⋀—⋀—	$d/2$	断裂处的边界线
粗点画线	— · — · — · —	d	限定范围的表示线
粗虚线	– – – – – – –	d	允许表面处理的表示线
细双点细线	— ·· — ·· —	$d/2$	相邻辅助零件的轮廓线、极限位置的轮廓线、轨迹线

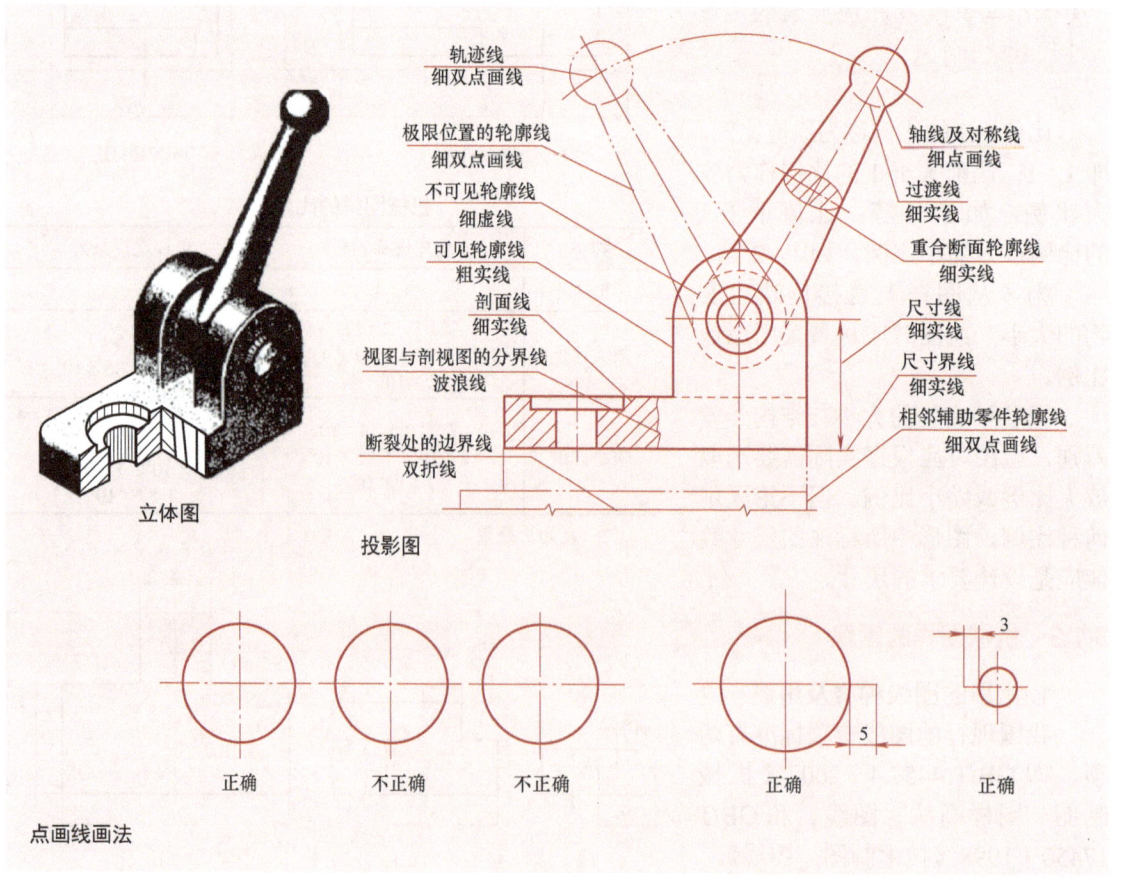

点画线画法

3.1.4 投影的基本知识

将矩形薄板 ABCD 平行地放在平面 P 之上，然后由 S 点分别通过 A、B、C、D 各点向下引直线并将其延长，使它与平面 P 交于 a、b、c、d，则 ▱abcd 就是矩形薄板 ABCD 在平面 P 上的投影。

点 S 称为投射中心，得到投影的面 P 称为投影面，直线 Aa、Bb、Cc、Dd 称为投射线。这种投射线通过物体向选定的面投射，并在该面上得到图形的方法，称为投影法。

投影法分为中心投影法和平行投影法两种：

（1）**中心投影法** 投射线汇交于一点的投影法。

（2）**平行投影法** 投射线相互平行的投影法。按投射线是否垂直于投影面，又可分为斜投影法和正投影法。

（3）**第三角投影简介** 在 GB/T 17451—1998《技术制图 图样画法 视图》中规定，我国技术图样应采用正投影法绘制，并优先采用第一角画法。但国际上有些国家（如美国、日本等）仍采用第三角画法，为了更好地进行国际技术交流和协作，GB/T 14692—2008《技术制图 投影法》指出，必要时（如按合同规定等）才允许使用第三角画法。所以，应对第三角画法有所了解。

三个互相垂直相交的投影面将空间分为八个部分，每个部分为一个分角，分别称为第一角、第二角、第三角、…、第八角。

第一角画法是将物体置于第一角内（H 面之上、V 面之前、W 面之左），使其处于观察者与投影面之间（即保持人—物—面的位置关系）而得到正投影的方法。

第三角画法是将物体置于第三角内（H 面之下、V 面之后、W 面之左），使投影面处于观察者与物体之间（假设投影面是透明的，并保持人—面—物的位置关系）而得到正投影的方法。

第三角画法中，在 V 面上形成向前方投射所得的前视图，在 H 面上形成向上方投射所得的顶视图，在 W 面上形成向右方投射所得的右视图。

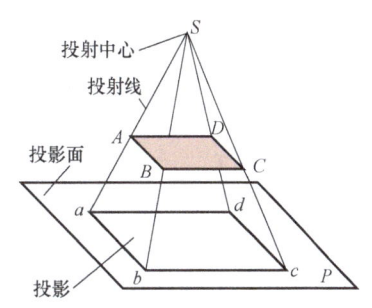
中心投影

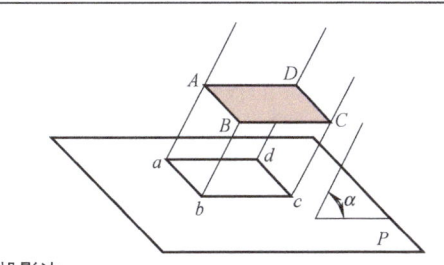
斜投影法

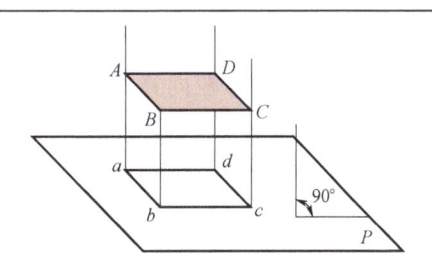
正投影法

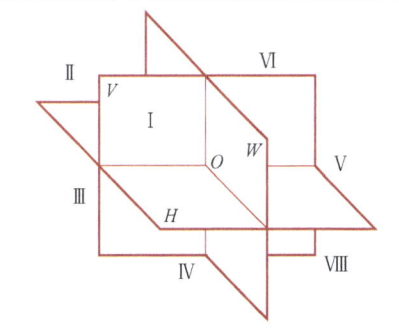
第三角画法

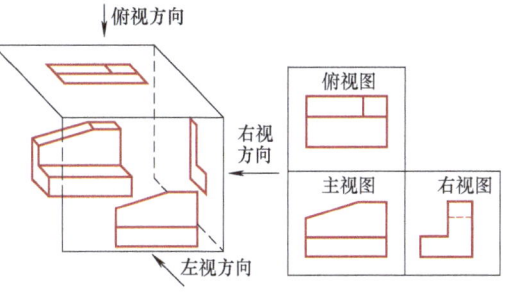
第三角画法及展开

3.1.5 机件的表达方法

1. 基本视图

将机件向基本投影面投射所得的视图称为基本视图。在原有三个投影面的基础上,再增设三个投影面,构成一个正六面体,这六个面称为基本投影面。除了主视图、左视图和俯视图外,还有从右向左投射所得的右视图、从下向上投射所得的仰视图及从后向前投射所得的后视图。

六个基本视图之间,仍符合"长对正、高平齐、宽相等"的投影规律。除后视图外,各视图的里侧(靠近主视图的一侧)均表示机件的后面;各视图的外侧(远离主视图的一侧)均表示机件的前面。

2. 向视图

建立在基本视图的基础上的,可以自由配置的视图称为向视图。为了便于读图,向视图必须进行标注,即在向视图的上方标注"×"("×"为大写拉丁字母),在相应视图的附近用箭头指明投射方向,并标注相同的字母。

3. 局部视图

将物体的某一部分向基本投影面投射所得的视图称为局部视图。

局部视图的标注注意事项:

1)局部视图可按基本视图的形式配置。

2)按向视图的配置形式配置并标注,但是必须标注视图的名称,如"×",并在相应位置画上投影方向的箭头。

3)局部视图的边界用波浪线断开,当局部视图表达的部分结构是完整的,其图形的外形轮廓线呈封闭时,波浪线可省略不画。

4)为了节省绘图时间和图幅,对称构件或零件的视图可只画一半或 1/4,并在对称中心线的两端画出两条与其垂直的平行细实线。

4. 斜视图

机件向不平行于基本投影面的平面投影所得的视图称为斜视图。

当机件某部分的倾斜结构不平行于任何基本投影面时,在基本视图中不能反映该部分的实形。这时,可选择一个新的辅助投影面(H_1),使它与机件上的倾斜部分平行,且垂直

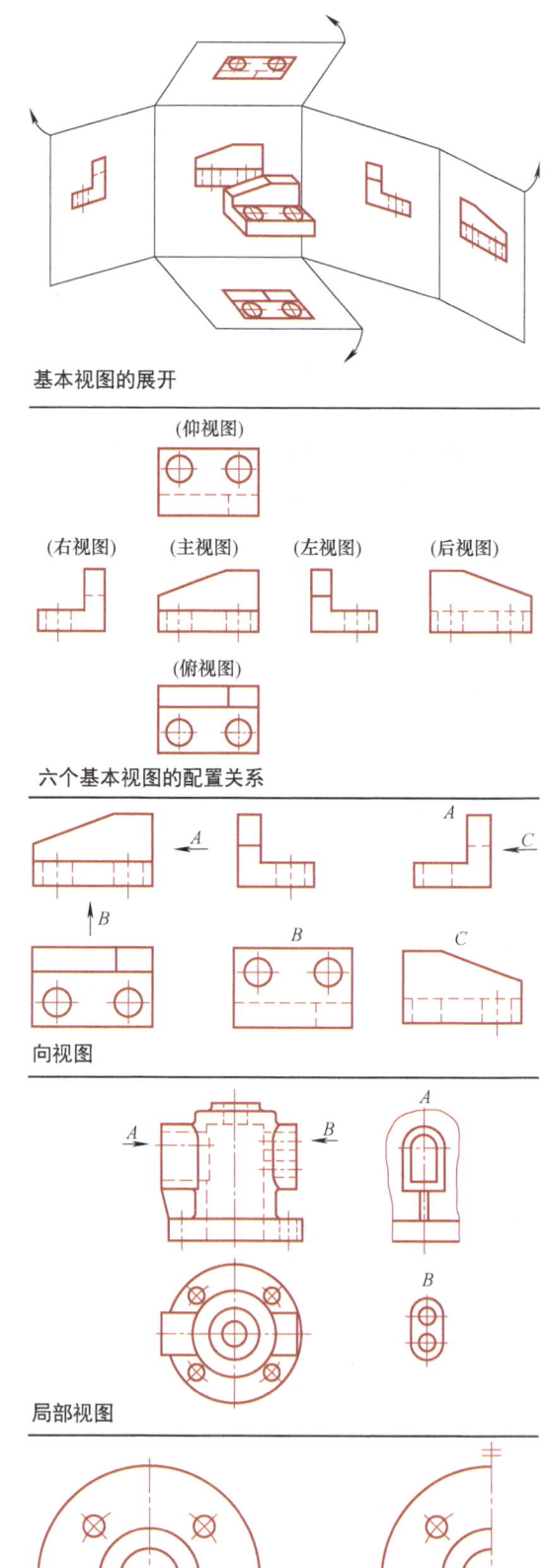

基本视图的展开

六个基本视图的配置关系

向视图

局部视图

对称机件局部视图画法

于某一个基本投影面（V）。然后将机件上的倾斜部分向新的辅助投影面投射，再将新投影面按箭头所指方向旋转到与其垂直的基本投影面重合的位置，就可得到该部分实形的视图，即斜视图。

5. 剖视图

假想用剖切面剖开机件，将处在观察者和剖切面之间的部分移去，而将其余部分向投影面投射所得的图形，称为剖视图，简称剖视。

（1）**全剖视图** 用剖切面完全地剖开机件所得的剖视图称为全剖视图。全剖视图主要用于表达内部形状复杂、外形简单的对称机件。假想有一个剖切平面沿机件的前后对称面将它完全剖开，移去前半部分，向正面投射，就得到全剖视图。

机件虽然前后不对称，后壁上有一小孔，前壁上没有小孔，但采用全剖视图表达较清楚，且省略标注。

（2）**半剖视图** 当机件具有对称平面时，向垂直于对称平面的投影面上投射所得的图形，可以对称中心线为界，一半画成剖视图，另一半画成视图，这种组合的图形称为半剖视图。

半剖视图既充分表达了机件的内部形状，又保留了外部形状，所示它常用于表达内、外结构都比较复杂的对称机件。

画半剖视图时，应注意以下事项：

1）半个视图与半个剖视图的分界应画成细点画线，而不能画成粗实线。

2）机件的内部形状已在半剖视图中表达清楚，在另一半视图中就不必再画出虚线，但这些内部结构的中心线应画出。

（3）**局部剖视图** 用剖切面局部地剖开机件所得的剖视图称为局部剖视图。

局部剖视图具有同时表达机件内、外结构的优点，且不受机件是否对称的限制，在什么位置剖切、剖切范围多大，均可根据需要而定，所以应用比较灵活。

画局部剖视图时，应注意以下事项：

1）局部剖视图有波浪线分界，波浪线应画在机件实体上，不能超出实体轮廓线，也不能画在机件中空处。

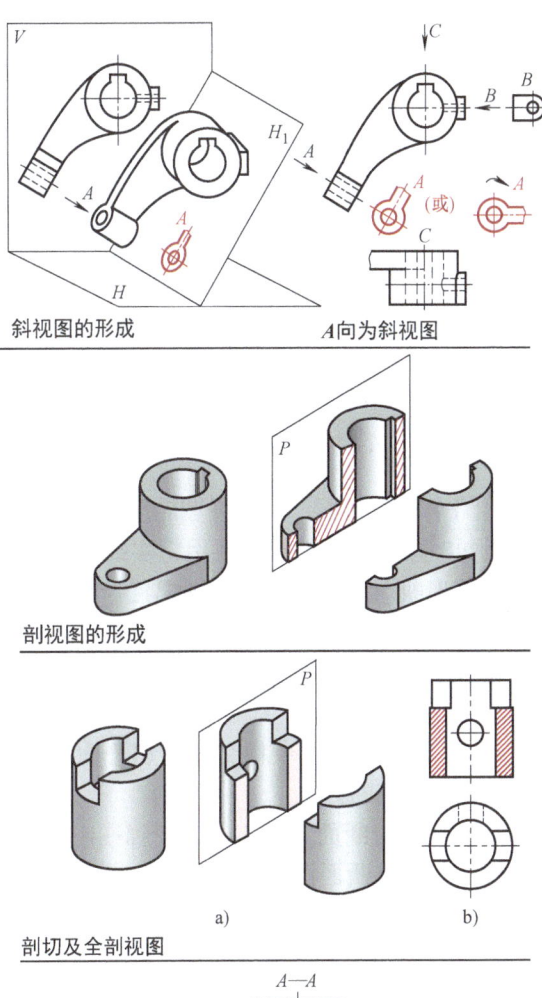

斜视图的形成　　　　　A向为斜视图

剖视图的形成

剖切及全剖视图　　　a)　　　b)

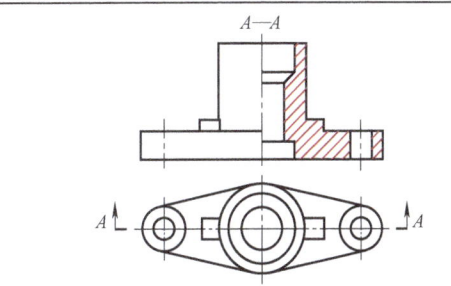

半剖视图

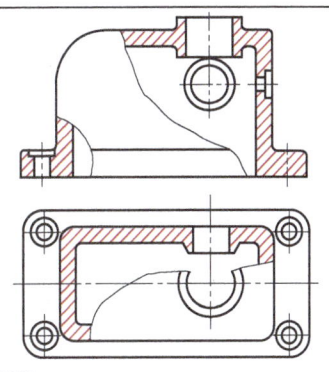

箱体局部剖视图

2）在一个视图中，局部剖切的次数不宜过多，在不影响外形表达的情况下，可以采用大面积范围的局部剖视，以减少局部剖视的数量。

3）波浪线不能与其他图线重合。

4）当单一剖切的剖切位置明确时，局部剖视图一般不需要标注。

6. 断面图

假想用剖切面将物体的某处切断，仅画出该剖切面与物体接触部分的图形，称为断面图。

断面图与剖视图的不同之处：断面图仅画出机件断面的图形，而剖视图则要求画出剖切面以后的所有部分的投影。

（1）移出断面 画在视图轮廓之外的断面称为移出断面，移出断面的轮廓线用粗实线绘制。

移出断面通常按如下原则配置：

1）移出断面可配置在剖切符号的延长线上。

2）断面图形对称时，移出断面可配置在视图的中断处。

3）由两个或多个相交的剖切平面剖切所得到的断面图一般应断开。

（2）重合断面 画在视图轮廓线内的断面称为重合断面。重合断面图一般当视图中图线不多，将断面图画在视图内不会影响其清晰程序时采用。

重合断面图的轮廓线用细实线绘制，以便与视图中的轮廓线相区别。重合断面图画在剖切位置处。当视图的轮廓线与断面图的轮廓线重叠时，视图轮廓线要完整画出，不得间断。

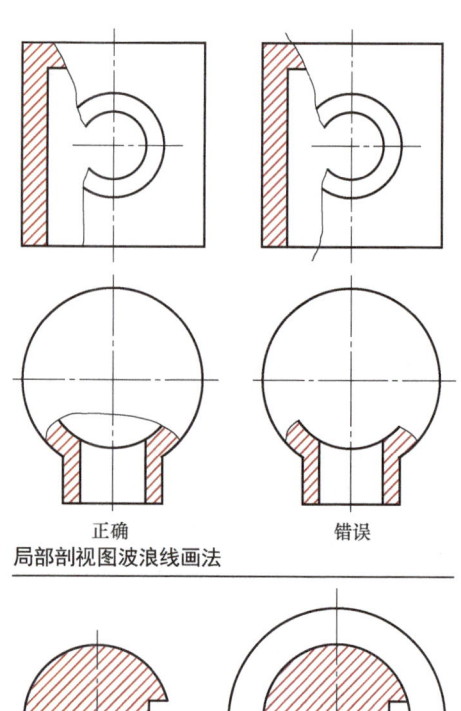

局部剖视图波浪线画法

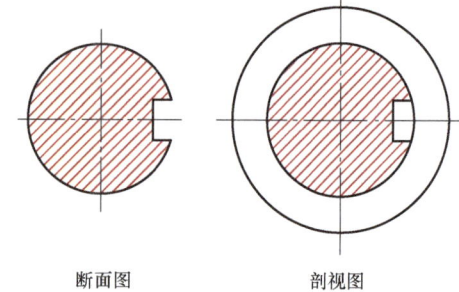

断面图与剖视图的区别

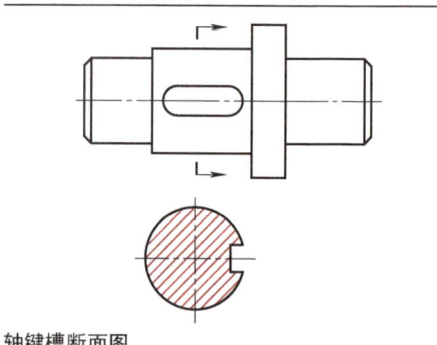

轴键槽断面图

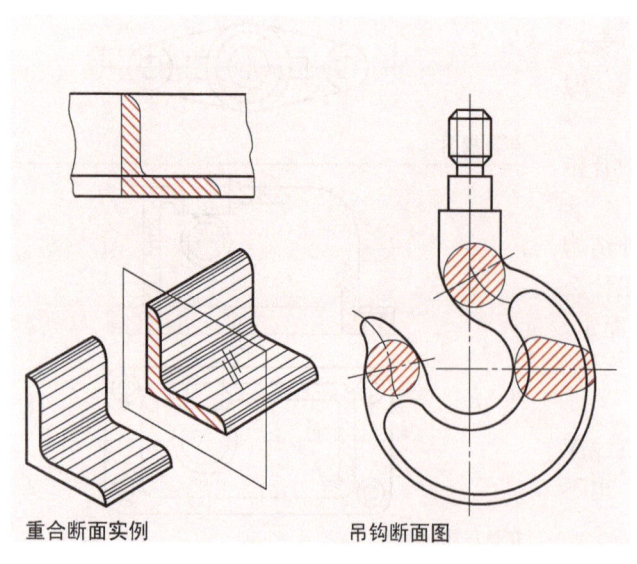

重合断面实例　　吊钩断面图

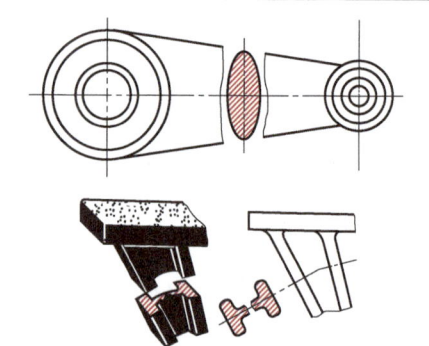

移出断面配置

7. 局部放大图

当机件上某些细小结构在视图上表达不够清楚又不便于标注尺寸时,可将该部分结构用大于原图形所采用的比例画出,该图形称为局部放大图。

8. 规定画法与简化画法

有相同结构要素的简化画法、较长机件的断开画法、较小结构的简化画法、省略剖面符号的画法、平面的符号表示法、滚花部分示意图等。

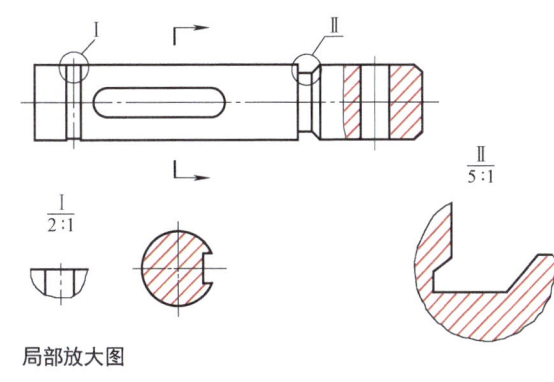

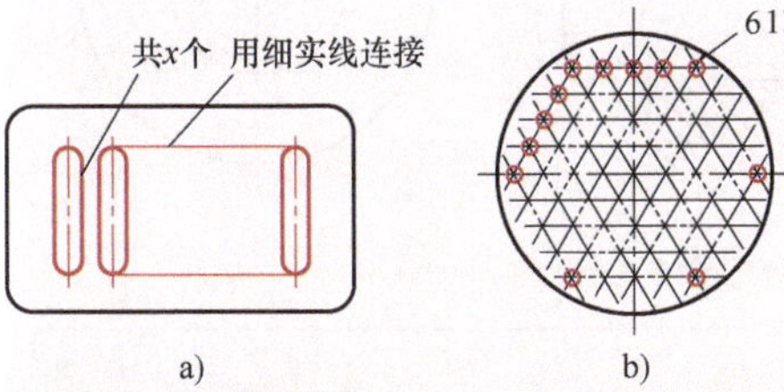

局部放大图

相同结构要素的简化画法

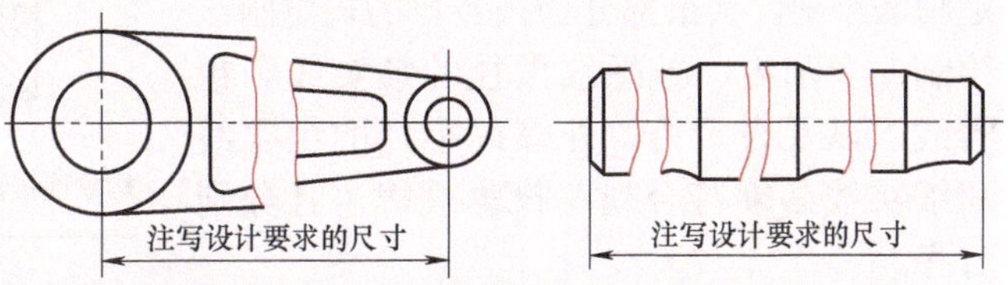

较长机件的断开画法

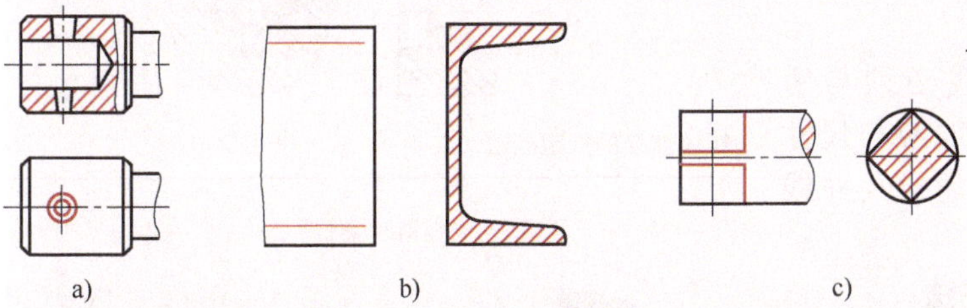

较小结构的简化画法

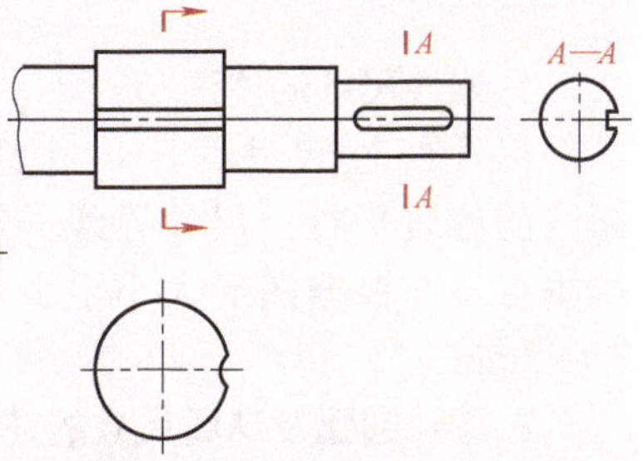

省略剖面符号的画法

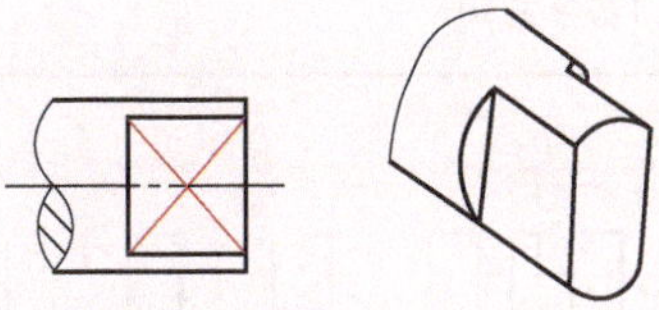

平面的符号表示法

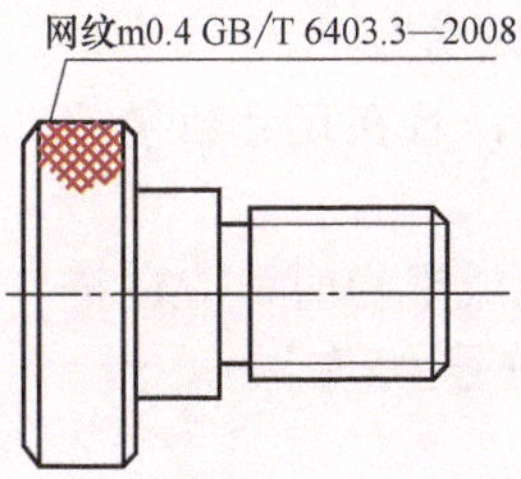

滚花的示意图

9. 螺纹的规定画法

(1)外螺纹的规定画法 外螺纹的牙顶圆的投影用粗实线表示,牙底圆的投影用细实线表示(常其直径按牙顶圆直径的 0.85 绘制),螺杆的倒角或倒圆部分也应画出。在垂于螺纹轴线的投影面的视图中,表示牙底圆的缰实线只画约 3/4 圆。

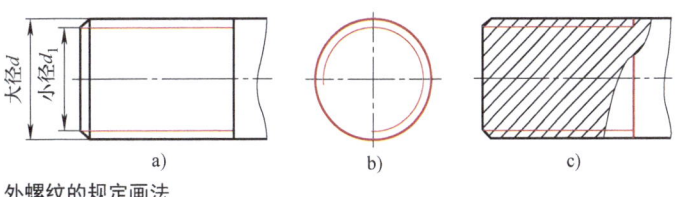

外螺纹的规定画法

螺纹终止线用粗实线表示。

（2）**内螺纹的规定画法** 在剖视图中，内螺纹牙顶圆的投影用粗实线表示，牙底圆的投影用细实线表示，螺纹终止线用粗实线绘制，剖面线应画到表示小径的粗实线为止。在垂直于螺纹轴线的投影面的视图上，表示大径的细实线圆画约 3/4 圈。

当内螺纹为不可见时，螺纹的所有图线均用细虚线绘制。

（3）**螺纹连接的规定画法** 在剖视图中，内、外螺纹旋合的部分应按外螺纹的规定画法绘制，其余部分仍按各自的规定画法绘制。表示内、外螺纹大径的细实线和粗实线，以及表示内、外螺纹小径的粗实线和细实线必须符合视图投影规律，且分别对齐。

3.1.6 尺寸标注

1. 线性尺寸的注法

标注线性尺寸时，尺寸线必须与所标注的线段平行；尺寸界线一般应与尺寸线垂直，并根据图形大小至少超出尺寸线 2～3mm。

2. 圆、圆弧及球面尺寸的注法

1）圆及大于半圆的圆弧须注出直径，且在尺寸数字前加注符号"ϕ"。

2）圆弧须注出半径，且在尺寸数字前加注符号"R"。

3）标注球面的直径或半径时，应在符号"ϕ"或"R"前加注符号"S"。

3. 小尺寸的注法

当标注的尺寸较小，没有足够的位置画箭头或写尺寸数字时，箭头可画在外面，或用圆点或斜线代替箭头；尺寸数字也可写在外面或引出标注。

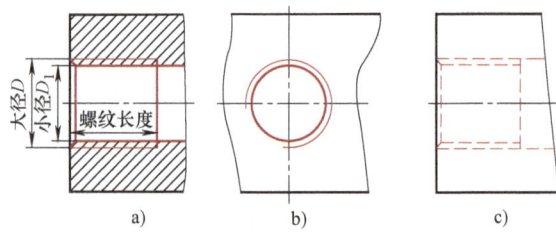

内螺纹的规定画法

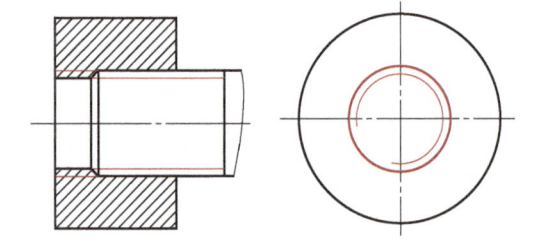

螺纹连接的规定画法（一）

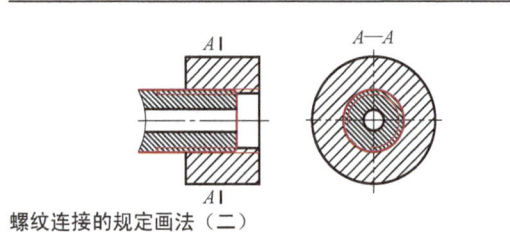

螺纹连接的规定画法（二）

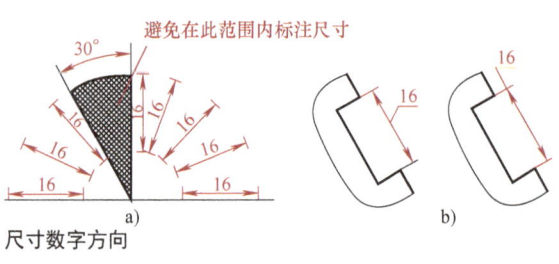

尺寸数字方向

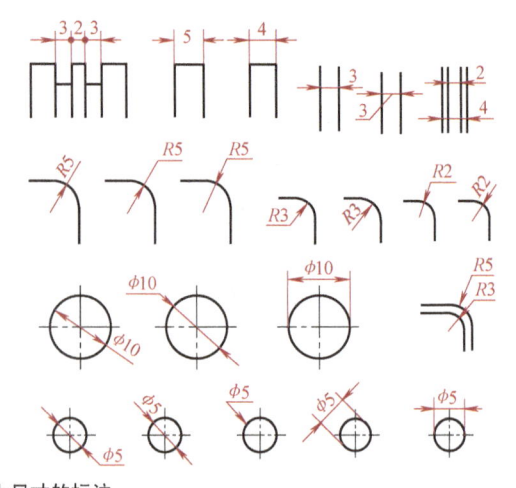

小尺寸的标注

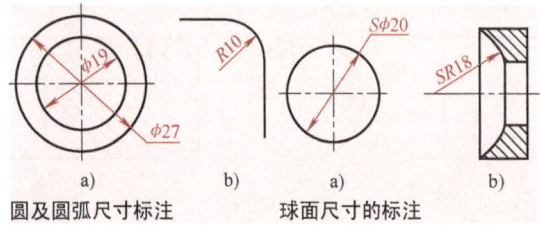

圆及圆弧尺寸注法　　球面尺寸的标注

4. 角度尺寸的注法

标注角度尺寸时，尺寸界线应沿径向引出。尺寸线是以角度顶点为圆心的圆弧。角度的数字一律写成水平方向，填写在尺寸线上方，也可标注在尺寸线的中断处。

5. 退刀槽和砂轮越程槽尺寸注法

车制螺纹和磨削时，为了便于退出刀具或使砂轮稍微越过加工面，常在待加工的轴肩处预先车出退刀槽或砂轮越程槽。其尺寸可按"槽宽×槽深"或"槽宽×直径"的形式注出。当槽的结构比较复杂时，可画出局部放大图标注尺寸。

6. 均布孔的注法

同一图形中，尺寸相同的成组孔、槽等要素可在一个要素上标注其尺寸及数量，并在其后标注出"均布"的缩写词"EQS"。

3.1.7 技术要求

技术要求一般包括以下内容：

1）对材料、毛坯、热处理的要求。
2）对相关结构要素（如圆角、倒角）的统一要求。
3）表面质量的要求。
4）对校准、调整及密封的要求。
5）试验条件和方法。
6）视图中难以表达的各种特殊要求。
7）零件的性能与质量要求（如噪声、制动及安全等）。

3.1.8 标题栏

标题栏一般由更改区、签字区、名称、代号区及其他区组成，也可根据实际情况增减。其他区一般由材料标记、阶段标记、重量、比例等组成。关于图样代号，除了填写在标题栏以外，还应将代号倒写在图纸左上角，这样就为图纸破损或整理时提供便利。每张图纸都必须画出标题栏，标题栏位于图纸右下角。

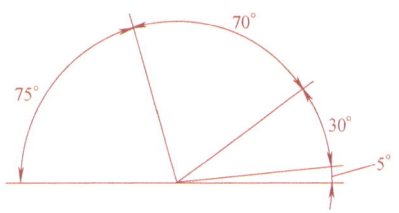

角度尺寸的注法

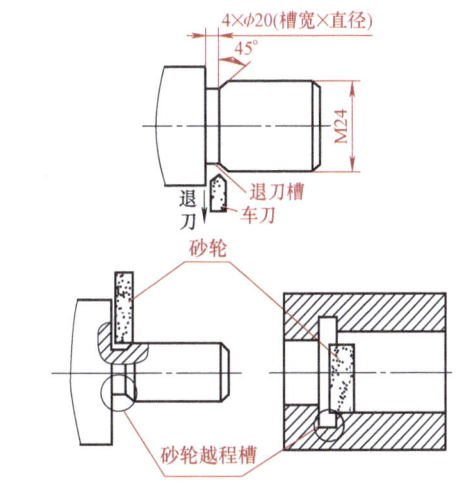

退刀槽和砂轮越程槽

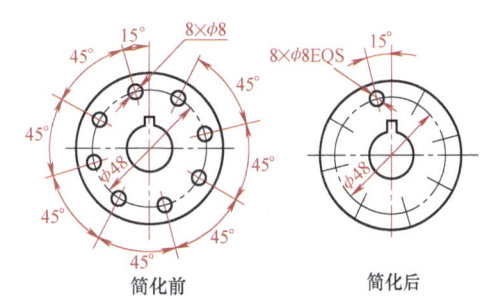

均布孔的标注

标题栏

3.2 极限与配合及表面结构

从一批相同零件中任取一件,不经修配就能装到机器上并保证使用要求的性质,称为零件的互换性。零件具有互换性,不仅给机器的装配、维修带来方便,还满足了生产各部门和各专业厂家的协作要求,为大批生产、流水作业提供了保证,进而提高了劳动效率和社会经济效益。

零件具有互换性,必然要求零件尺寸的精度,但并不是要求将零件的尺寸都准确地制成一个指定的尺寸,而只是将其限定在一个合理的范围内变动,以满足不同的使用要求。

3.2.1 极限与配合的基本概念

1. 基本术语与定义

基本术语与定义 （单位：mm）

基本术语		代号	定 义	计算公式	示例	
					孔$\phi65H7\left(^{+0.030}_{0}\right)$	轴$\phi65f7\left(^{-0.030}_{-0.060}\right)$
公称尺寸		孔D 轴d	设计时给定的尺寸	—	$\phi65$	$\phi65$
实际尺寸		—	测量获得的某一孔、轴的尺寸	—		
极限尺寸	最大极限尺寸	孔D_{max} 轴d_{max}	孔或轴允许的最大极限尺寸	—	$\phi65.030$	$\phi64.970$
	最小极限尺寸	孔D_{min} 轴d_{min}	孔或轴允许的最小极限尺寸	—	$\phi65$	$\phi64.940$
尺寸极限偏差	上极限偏差	孔 ES 轴 es	最大极限尺寸减其公称尺寸所得的代数差	$ES=D_{max}-D$ $es=d_{max}-d$	ES=65.030−65 =+0.030	es=64.970−65 =−0.030
	下极限偏差	孔 EI 轴 ei	最小极限尺寸减其公称尺寸所得的代数差	$EI=D_{min}-D$ $ei=d_{min}-d$	EI=65−65 =0	ei=64.940−65 =−0.060
尺寸公差	孔公差	T_h	孔或轴允许尺寸的变动量,是没有符号的绝对值	$T_h=D_{max}-D_{min}$ =ES−EI	T_h=65.030−65 =(+0.030)−0=0.030	
	轴公差	T_s		$T_s=d_{max}-d_{min}$ =es−ei	T_s=64.970−64.940=(−0.030)−(−0.060) =0.030	

2. 公差带

由代表上极限偏差和下极限偏差或最大极限尺寸和最小极限尺寸的两条直线所限定的一个区域称为公差带,用来形象地表示公称尺寸、极限偏差和公差的关系。

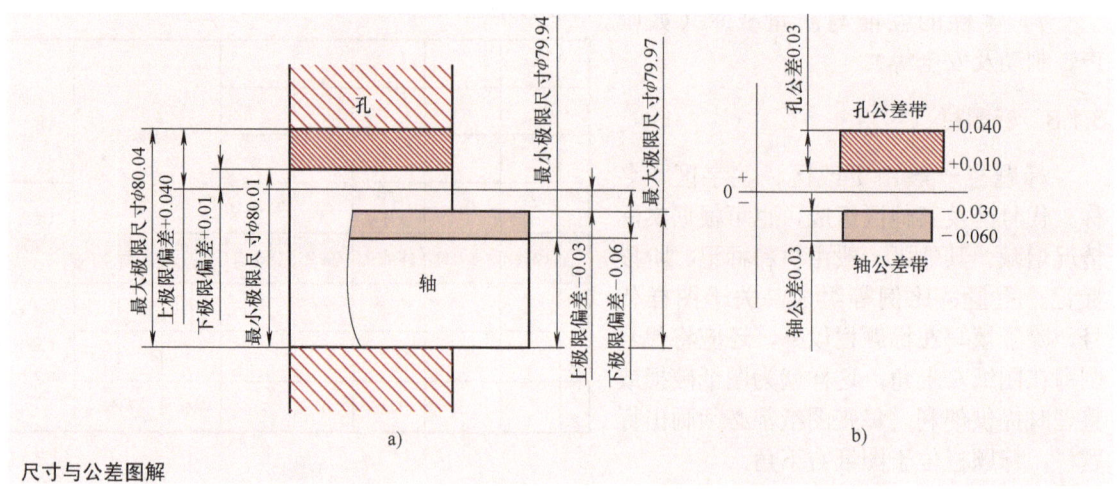

尺寸与公差图解

3.2.2 标准公差与基本偏差

为了便于生产，实现零件的互换和满足不同的使用要求，国家标准规定了公差带由公差和基本偏差两个要素组成。标准公差确定公差带的大小，基本偏差确定公差带的位置。

1. 标准公差

标准公差的数值与公称尺寸和公差等级有关。其中公差等级确定尺寸精确程度，决定加工的难易程度。标准公差分为 20 级，按 IT01、IT0、IT1、…、IT18 依次递减。IT 表示公差，数字表示公差等级。IT01 公差值最小，精度最高；IT18 公差值最大，精度最低。在 20 级标准公差等级中，IT01～IT12 用于配合尺寸，IT12～IT18 用于非配合尺寸。

2. 基本偏差

在国家标准规定的极限与配合制中，确定公差带相对零线位置的那个极限偏差称为基本偏差。它可以是上极限偏差或下极限偏差，一般为靠近零线的那个偏差。当公差带位于零线上方时，基本偏差为下极限偏差；当公差带位于零线下方时，基本偏差为上极限偏差。

国家标准规定基本偏差代号用拉丁字母表示，大写拉丁字母 A、B、C、…、ZC 表示孔，小写字母 a、b、c、…、zc 表示轴，孔和轴各有 28 个基本偏差。孔的基本偏差 A～H 为下极限偏差，J～ZC 为上极限偏差；轴的基本偏差 a～h 为上极限偏差，j～zc 为极限下偏差；JS 和 js 的公差带对称地分布于零线两边，孔和轴的上、下极限偏差分别是 $+\dfrac{IT}{2}$、$-\dfrac{IT}{2}$。

基本偏差系列示意图只表示公差带的位置，不表示公差带的大小，图中只画出属于基本偏差的一端，此端即为基本偏差，另一端则是开口的，表示公差带的延伸方向，而公差带的封闭位置取决于标准公差等级。

根据尺寸公差的定义，基本偏差和标准公差有以下关系

孔：ES＝EI＋IT 或 EI＝ES－IT

轴：es＝ei＋IT 或 ei＝es－IT

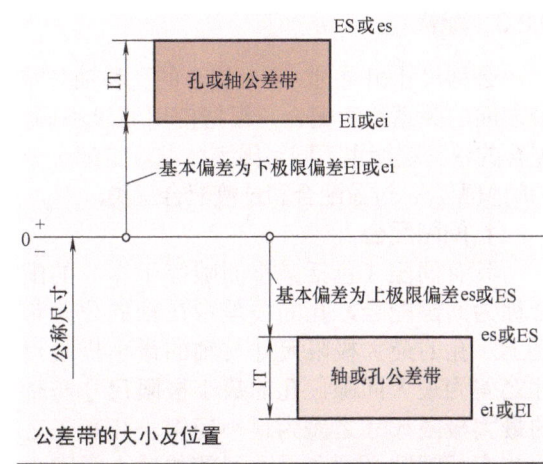

公差带的大小及位置

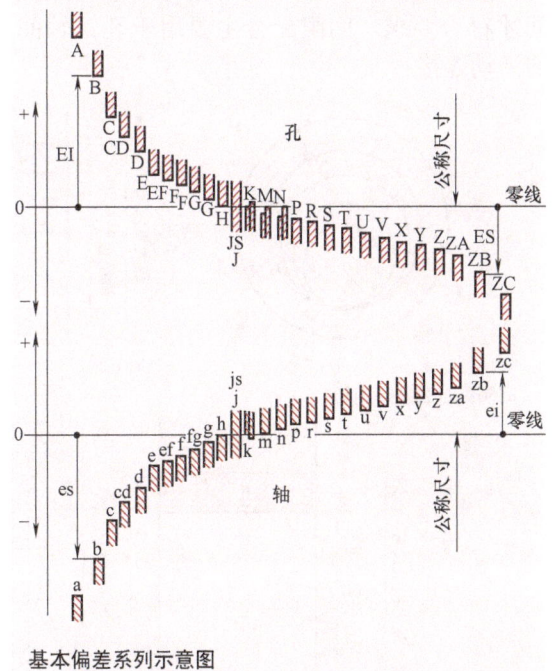

基本偏差系列示意图

3. 公差带代号

孔和轴的公差带代号由基本偏差代号与公差等级代号组成。公差带由"公差带大小"和"公差带位置"两个因素组成。而公差带大小取决于标准值，公差带位置取决于基本偏差。

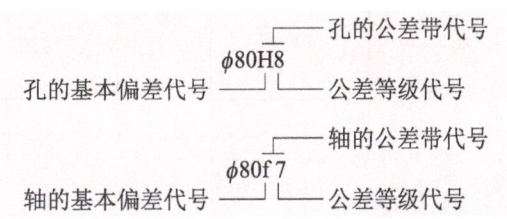

3.2.3 配合

公称尺寸相同的、相互接合的孔和轴公差带之间的关系称为配合。根据使用要求不同，配合的松紧程度也不同。国家标准规定配合分为间隙配合、过盈配合和过渡配合三类。

1. 间隙配合

具有间隙（包括最小间隙等于零）的配合称为间隙配合，孔的公差带在轴的公差带之上。孔的最大极限尺寸与轴的最小极限尺寸之差为最大间隙，孔的最小极限尺寸与轴的最大极限尺寸之差为最小间隙。孔和轴之间的实际间隙必须在最大间隙与最小间隙之间才符合要求。间隙配合主要用于孔、轴间的活动连接。

2. 过盈配合

具有过盈（包括最小过盈量等于零）的配合称为过盈配合。过盈配合时孔的公差带在轴的公差带之下，这时孔的实际尺寸总比轴的实际尺寸小，装配时需要一定的外力或使带孔零件热膨胀后才能将轴装入孔中，轴与孔装配后不能做相对运动。

3. 过渡配合

可能具有间隙或过盈的配合称为过渡配合。孔的公差带与轴的公差带相互交叠，在过渡配合中，间隙或过盈的极限为最大间隙和最大过盈。其配合究竟是出现间隙还是过盈，只有通过孔、轴实际尺寸的比较或试装才能知道。过渡配合主要用于孔、轴间的定位连接。

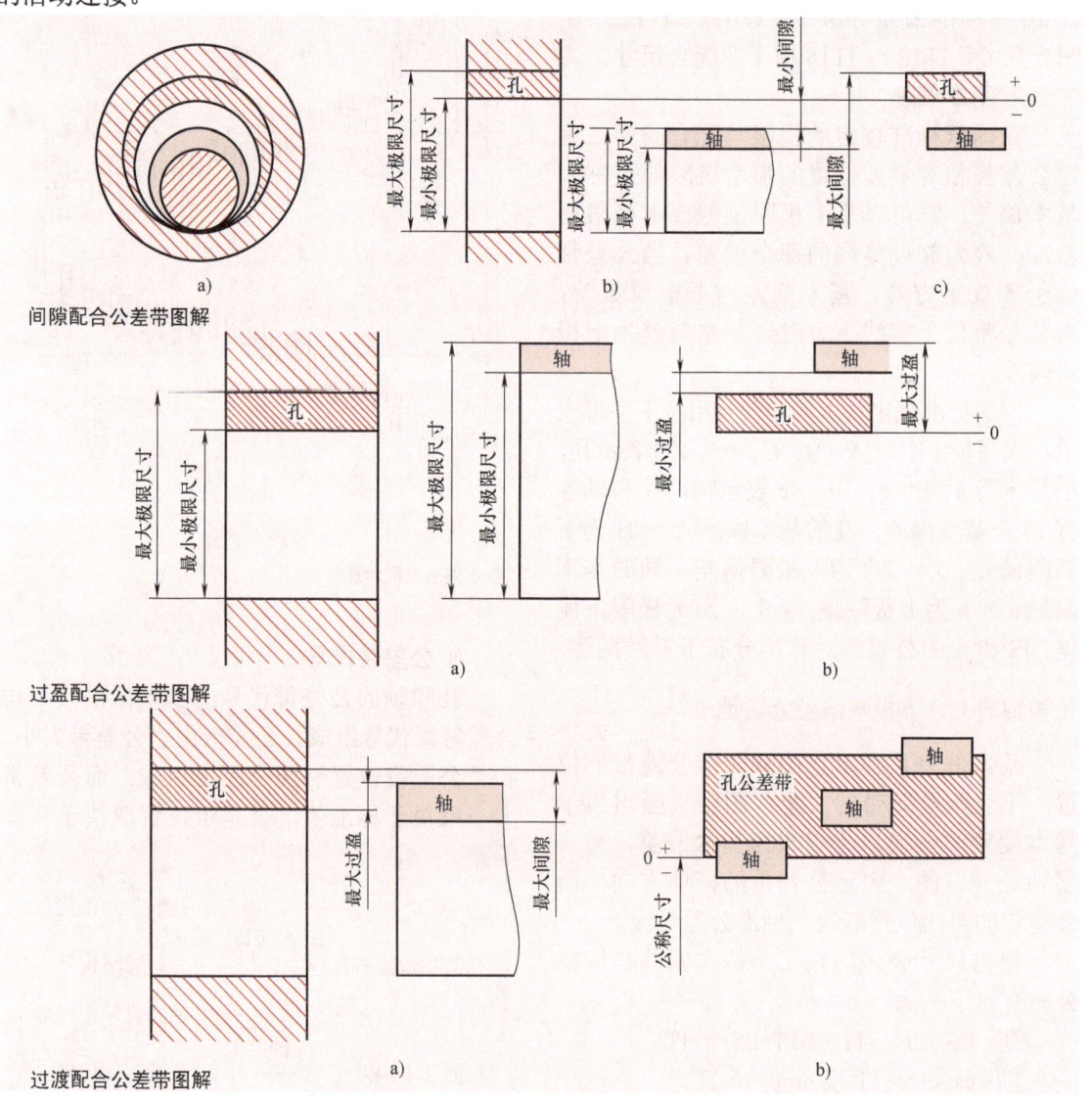

间隙配合公差带图解

过盈配合公差带图解

过渡配合公差带图解

3.2.4 配合制度

在制造相互配合的零件时，使其中一种作为基准件，其基本偏差固定，通过改变另一件的基本偏差来获得各种不同性质的配合制度称为配合制。国家标准中规定，配合制度分为基孔制和基轴制两种。

1. 基孔制配合

基本偏差为一定的孔的公差带，与不同基本偏差的轴公差带形成各种配合的一种制度，称为基孔制配合。基孔制的孔称为基准孔，基本偏差代号为"H"，其上极限偏差为正值，下极限偏差为零，最小极限尺寸等于公称尺寸。

实际中，可通过孔、轴极限偏差，联想其公差带简图，直接判断出配合类别。在基孔制配合中，轴的基本偏差从 a~h 用于间隙配合，从 j~zc 用于过渡配合和过盈配合。

例如：在基孔制配合中，ϕ50H7/f7 为间隙配合，ϕ50H7/k6 和 ϕ50H7/n6 为过渡配合，ϕ50H7/s6 为过盈配合。

2. 基轴制配合

基本偏差为一定的轴的公差带，与不同基本偏差的孔的公差带形成各种配合的一种制度，称为基轴制配合。基轴制的轴称为基准轴，基本偏差代号为"h"，其上极限偏差为零，下极限偏差为负值，最大极限尺寸等于公称尺寸。

轴的公差带保持一定，通过改变孔的公差带，使孔、轴之间形成松紧程度不同的间隙配合、过渡配合、过盈配合，以满足不同的使用要求。

例如：在基轴制配合中，ϕ50F7/h6 为间隙配合，ϕ50H7/K7/h6 和 ϕ50N7/h6 为过渡配合，ϕ50S7/h6 为过盈配合。

关于基准制的选择，国家标准明确规定：在一般情况下，应优先采用基孔制配合。

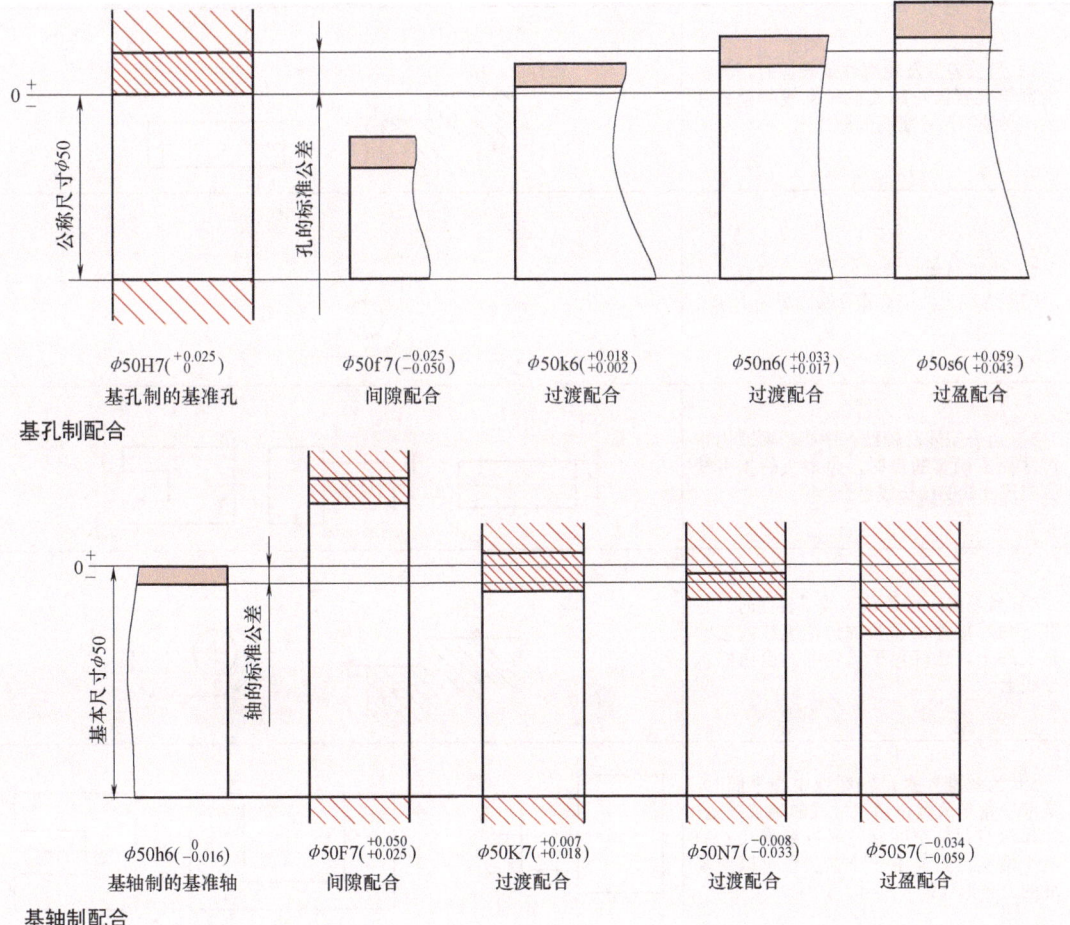

3.2.5 几何公差

1. 几何公差的项目及符号

国家标准中规定了 14 项几何公差。

2. 几何公差表示法

1) 几何公差由特征代号、公差带形状、公差数值和基准字母表示。

2) 基准用一个大写字母表示，基准字母在基准方格内，方格与一个涂黑或空白的三角形相连，表示基准的字母还应标注公差的框格内。涂黑的和空白的基准三角形含义相同。

3. 几何公差的标注

几何公差的项目及符号

分类	特征项目	符号
形状公差	直线度	—
	平面度	▱
	圆度	○
	圆柱度	⌭
形状或位置公差	线轮廓度	⌒
	面轮廓度	⌓
方向公差	平行度	∥
	垂直度	⊥
	倾斜度	∠
位置公差	同轴度	◎
	位置度	⊕
	对称度	≡
跳动公差	圆跳动	↗
	全跳动	⌰

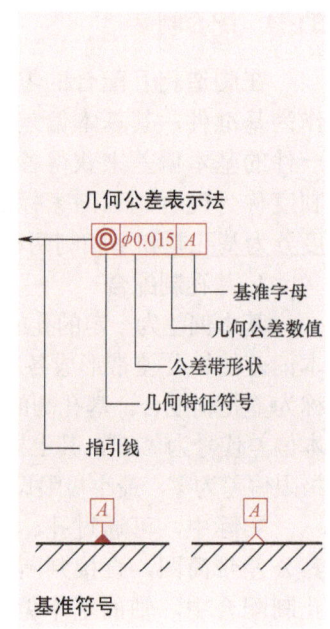

几何公差的标注

标注说明	标注示例
1) 当公差涉及轮廓线或表面时，将箭头置于要素的轮廓线或轮廓线的延长线上，必须与尺寸线明显分开	
2) 当指向实际表面时，箭头可置于带点的参考线上，该点指在实际表面上	
3) 当公差涉及轴线、中心平面或由带尺寸要素确实的点时，带箭头的指引线应与尺寸线的延长线重合	
4) 当基准要素是轮廓线或表面时，基准三角形放置在要素的外轮廓线或它的延长线上，还可置于该轮廓面引出的水平线上	
5) 当基准要素是轴线或中心平面时，基准三角形放置在该尺寸线的延长线上，如果没有足够空间标注基准要素尺寸的两个箭头，则其中一个箭头也可以用基准的三角形代替	

标注说明	标注示例
6）如果只以要素的某一局部作为基准，则以粗点画线表示出该部分并加注尺寸	

3.2.6 表面结构

零件的表面经过加工后看似很光滑，但将其断面置于放大镜或显微镜下观察时，则可见其表面具有微小的峰谷。这种加工表面上具有的较小间距和峰谷所组成的微观几何形状特征，称为表面结构。

零件的表面结构是评定零件表面质量的一项重要技术指标，它对零件的配合、耐磨性、抗腐蚀性、密封性和外观等都有很大影响。表面结构越高，零件的表面性能越差；表面结构越低，则表面性能越好，但加工费用也必将随之增加，应根据零件的使用性能合理地确定表面结构。

表面结构的评定参数主要有轮廓算术平均偏差 Ra、轮廓的最大高度 Rz。

常用的参数是轮廓算术平均偏差 Ra（单位为 μm），轮廓算术平均偏差 Ra 规定标注数值 如 25、12.5、6.3、3.2、1.6、0.8、…，数值越大，表面越粗糙；数值越小，表面越平滑，标注时在 Ra 后加注数值。

1. 表面结构符号
2. 表面结构标注

表面结构要求对每个表面标注一次，并尽可能在相应的尺寸及公差附近。除非另有说明，所标注的表面结构要求是零件最后完工的表面的要求。

表面结构符号

符号与代号		符号、代号的意义及说明
基本图形符号	✓	表面结构的基本图形符号，表示表面允许任何加工工艺加工
	∇	基本符号加一画线，表示指定表面是用去除材料的方法获得的，如机械加工获得的表面
	◯	基本符号加一个圆圈，表示表面是用不去除材料的方法获得的
完整图形符号		当要求标注表面结构特征的补充信息时，应在基本符号长边上加一横线

表面结构的标注规定

标注说明	图例
1）表面结构的注写和读取方向与尺寸的注写和读取方向一致	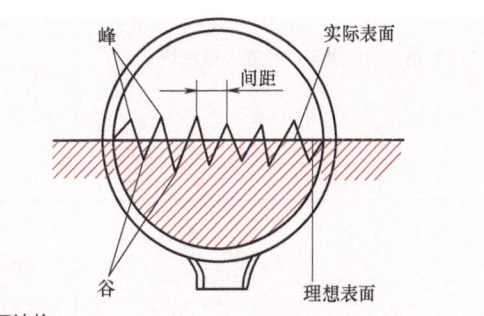

(续)

标注说明	图例
2）表面结构可注写在轮廓上，其符号应从材料外指向接触表面，必要时可采用带箭头的指引线引出标注	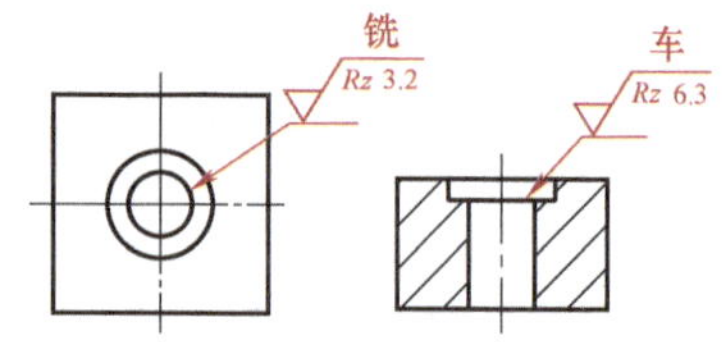
3）在不引起误会的情况下，表面结构可标注在尺寸线上，或直接标注在延长线上 4）圆柱面的表面结构只标注一次	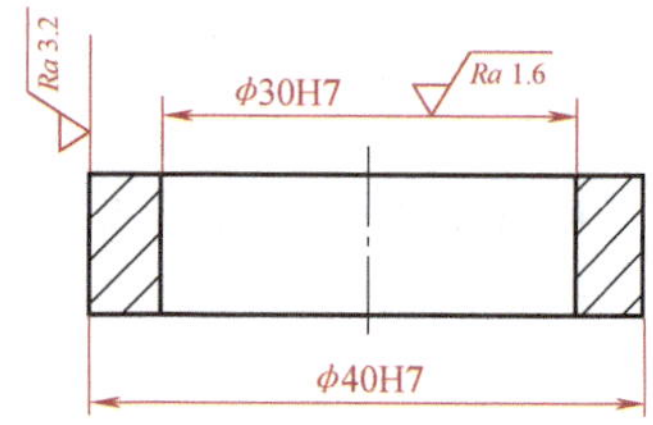
5）表面结构也可标注在公差框格上	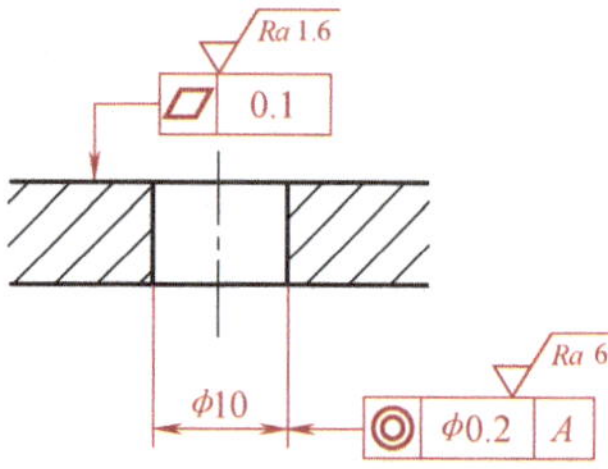
6）工件表面多数表面结构要求相同时，可统一标注在标题栏附近，不同的表面结构应分别标注在图样对应的位置上	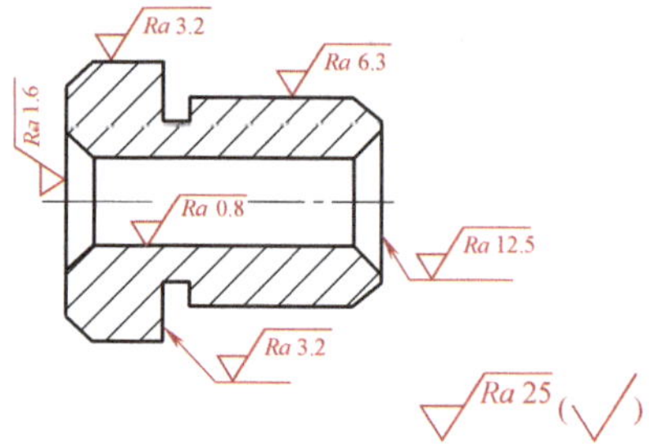
7）当多个表面具有相同的表面结构要求或图纸空间有限时，可采用简化画法，用带字母的完整符号，以等式形式，在图形或标题栏附近，对有相同表面结构要求的表面进行简化标注	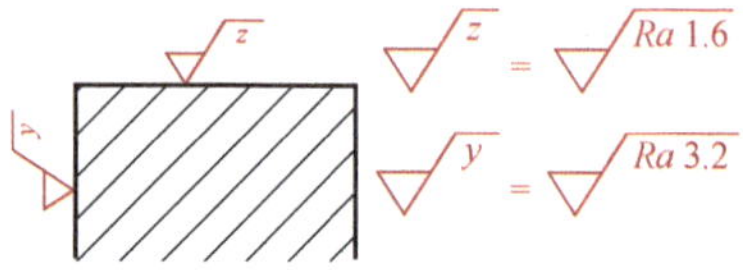
8）由几种不同工艺方法获得的同一表面，当需要明确每种工艺方法的表面结构要求时，可按右图标注，这是表示镀覆的示例	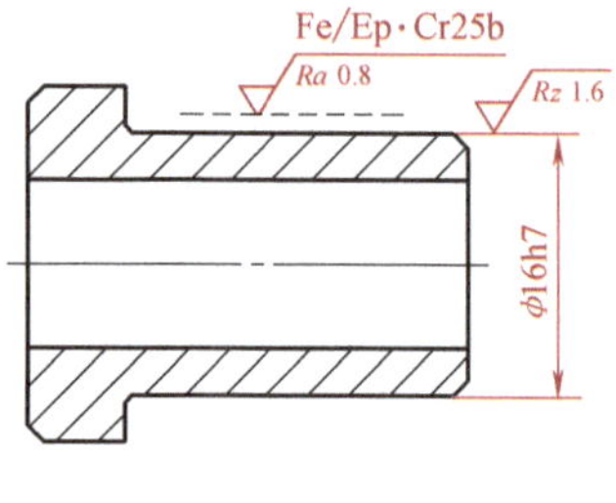

3. 表面结构标注示例

表面结构标注示例

符号	含义解释
∇/Rz 0.4	表示不允许去除材料,单向上限值,默认传输带,R 轮廓,表面粗糙度的最大高度 0.4μm,评定长度为 5 个取样长度(默认),"16% 规则"(默认)
∇/Rz max 0.2	表示去除材料,单向上限值,默认传输带,R 轮廓,表面粗糙度的最大高度的最大值 0.2μm,评定长度为 5 个取样长度(默认),"最大规则"
∇/0.0008～0.8/Ra 3.2	表示去除材料,单向上限值,传输带 0.008～0.8mm,R 轮廓,算术平均偏差 3.2μm,评定长度为 5 个取样长度(默认),"16% 规则"(默认)
∇/-0.8/Ra3 3.2	表示去除材料,单向上限值,传输带:取样长度 0.8μm,(λ,默认 0.0025mm),R 轮廓,算术平均偏差 3.2μm,评定长度包括 3 个取样长度,"16% 规则"(默认)
∇/U Ra max 3.2 L Ra 0.8	表示不许去除材料,双向极限值,两极限值均使用默认传输带,R 轮廓。上限值:算术平均值差 3.2μm,评定长度为 5 个取样长度(默认),"最大规则"下限值:算术平均偏差 0.8μm,评定长度为 5 个取样长度(默认),"16% 规则"(默认)

3.3 常用检验与测量

3.3.1 长度检验

（1）**游标卡尺** 一种测量长度、内外径、深度的量具。游标卡尺由尺身和附在尺身上能滑动的游标两部分构成。游标上部有一制动螺钉,可将游标固定在尺身上的任意位置。

主标尺一般以毫米为单位,而游标尺上则有 10、20 或 50 个分格,根据分格的不同,游标卡尺可分为十分度游标卡尺、二十分度游标卡尺、五十分度格游标卡尺等。游标卡尺的主尺和游标上的两副活动量爪,分别是内测量爪和外测量爪,内测量爪通常用来测量内径,外测量爪通常用来测量长度和外径。使用深度游标卡尺可以测量槽和孔的深度。

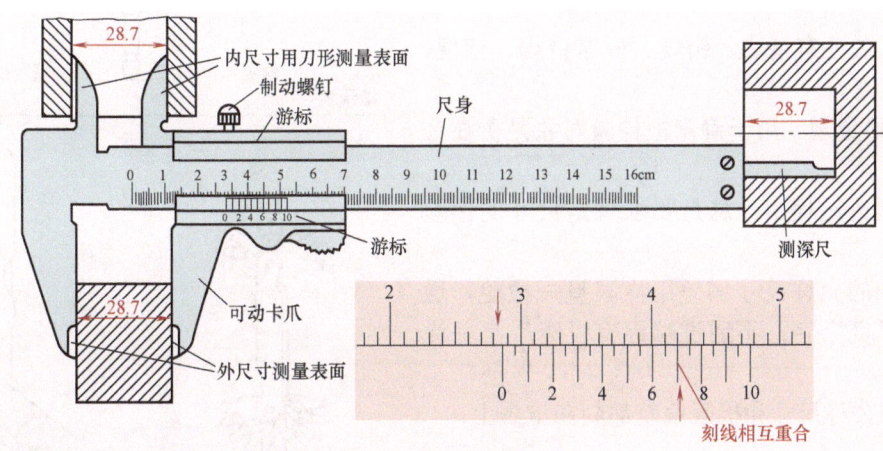

毫米的整数在主尺上游标的第一根线之前读取,1/20 毫米数在游标上读取
游标卡尺

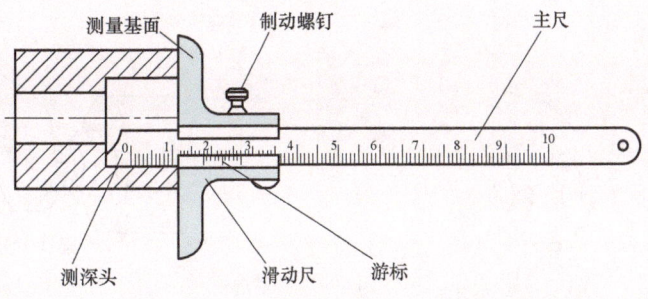

深度游标卡尺

（2）千分尺　以螺杆作为运动零件进行长度测量。活动套圆周上分 50 格。螺杆螺距为 0.5mm。活动套每转一圈，螺杆移动 0.01mm。在固定套刻度上可读出 0.5mm。用千分尺可进行外尺寸测量。

整毫米数在固定刻度上读出，小数部分则在可动刻度上读出。

（3）指示表　分为千分表和百分表。用于测定工件对于规定值的偏差，如检验表面的平面度、轴的同轴度。测得的偏差由触头经齿轮转换机构传到一个刻度为 1/100mm 的数字表盘上（百分表），大指针转一圈相当于触头行程 1mm，先读小指针转过的刻度，再读大指针转过的刻度，并乘以 0.01，两者相加即得测量值。

（4）量规　量规是测量尺寸或形状的工具。主要用于测量成品零件的实际尺寸或实际形状是否符合规定要求。

1）形状量规。用于检验工件的整体形状，如角形量规、斜角量规、半径量规、圆度量规。

2）尺寸量规。用于检验槽、孔、沟的长度。尺寸量规由许多组配成套，套内各量规的测量尺寸依次递增。

检验工具还有量块、钳规、板厚量规、塞规、喷嘴量规等。

3）极限量规。用于确定被检验对象是否在公差范围之内。

工件制造过程中，总是要求规定尺寸的偏差尽可能小。

孔与轴的允许尺寸偏差用界限量规检验，通过端标有"良"字；不通过端标有"废"字并涂红色。

测量的公称尺寸和极限偏差都刻在量规上。

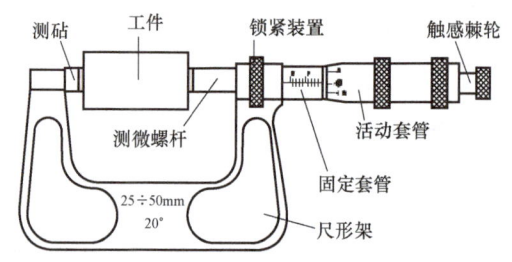

千分尺

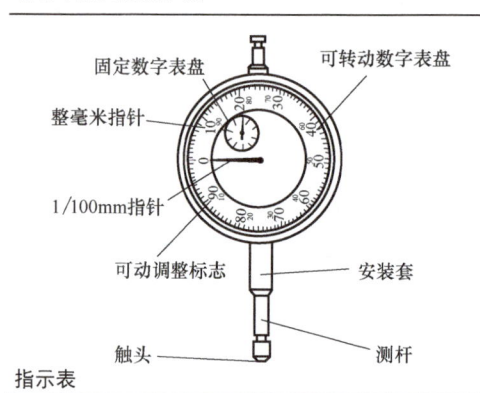

精密千分尺读数示例

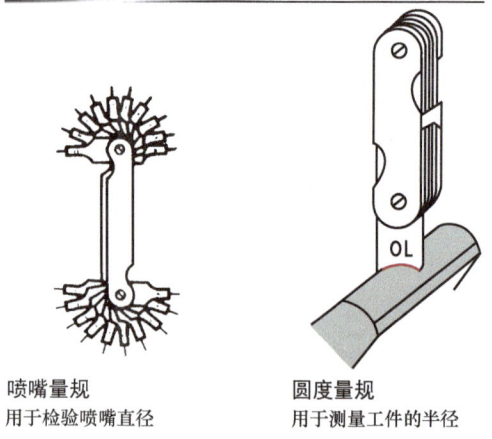

指示表

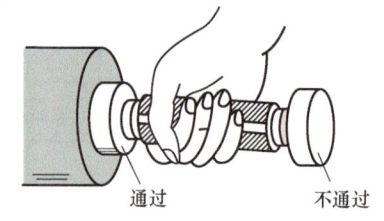

喷嘴量规
用于检验喷嘴直径　　圆度量规
用于测量工件的半径

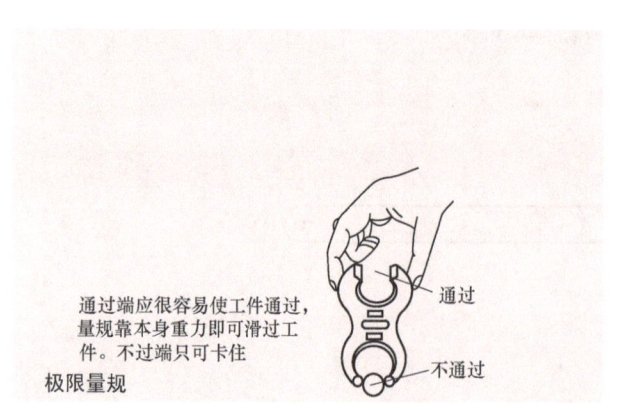

极限量规
通过端应很容易使工件通过，量规靠本身重力即可滑过工件。不过端只可卡住

塞规
不得强行塞入孔内

3.3 常用检验与测量

3.3.2 角度检验

古代人们就把圆分成360等份，一个封闭的圆（360）称为圆角。一个直角为90°，更小单位是度，符号为°（1°=L/90）；分，符号为′（1′=1°/60 或 1°=60′）；秒，符号为″（1″=1′/60=1°/3600）。

（1）**固定角尺** 非指示量具。工件上的角度用角尺，如平角尺、方角尺、六棱尺，或利用漏光法检验。活动角尺是将角度传递到量具上用的辅助工具。

（2）**量角器** 指示量具。简单的量角器可以量出角的度数。万能量角器有整周刻度，并装有游标。游标分为12格，读数可达1°/12或5′。万能量角器的活动尺是可调的，能测量0°～180°的角度。

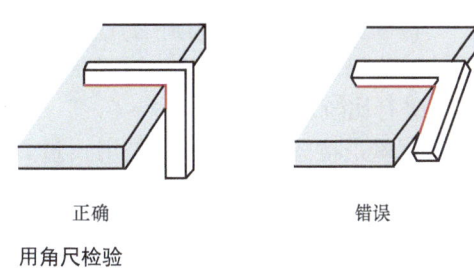

用角尺检验

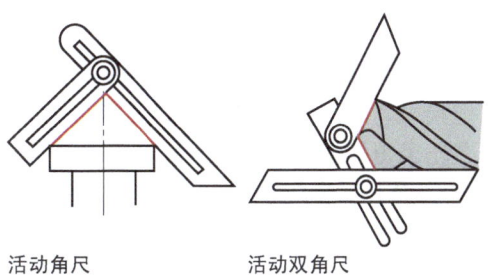

活动角尺　　　活动双角尺

3.3.3 表面位置检验

用水准器检验水平和垂直位置。管形水准器管内有一气泡，气泡在管内运动，总是停在水准器的最高位置。其位置可以通过管上的刻线读出。

假如水准器上的1格相当于1m长度倾斜0.2mm，若偏差3格，则被测表面对水平位置的或垂直位置的倾斜角度为

$$\tan\alpha = \frac{3\times 0.2\text{mm}}{1000\text{mm}} = 0.0006,\ \alpha=2$$

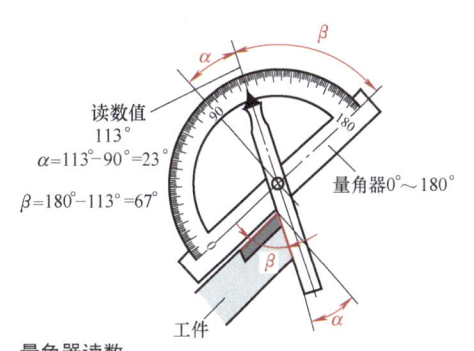

量角器读数

3.3.4 表面检验

有的表面需检验形状误差（波纹误差、表面粗糙度）。用刃口尺检查波纹、沟道和划痕时，如果其检验棱边与被检验表面不完全贴合，就会有光线透过。用这种方法可以检查出小到0.001mm的不平度。

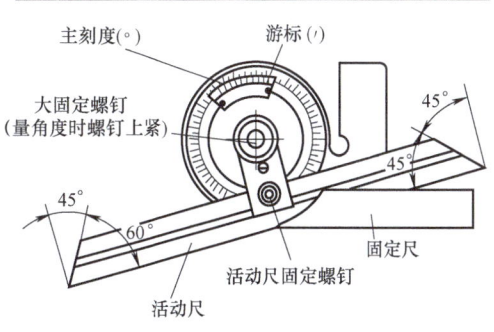

万能量角器

检验前先擦净检验表面。防止量具脏污、碰撞和生锈。检验工具要定期维护，不得自行修理。检验过程中施加的力要始终如一。只有当工件达到量具规定检验温度时才能检验。所有量具都应保持干净，不得与工件混放，用后应涂一层薄薄的油脂。

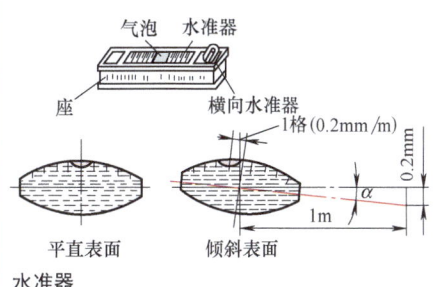

水准器

检验是将工件所达到的尺寸、形状、颜色、结构等与所要求的尺寸、形状、颜色、结构等进行比较。

测量是检验方法之一，是用一量具与一未知量进行比较。要测量的量有长度、角度、力、时间、温度、电流、光的亮度等。

测量长度有方法三种。

（1）**直接测量** 实际值可以在量具（如游标卡尺、千分尺）上读出。

（2）**比较测量** 利用量块将量具调整到公称尺寸，通过量具显示的被测尺寸与标准尺寸之差求得测量结果。

（3）**用量规测量** 利用一个尺寸（量规）来确定实际值是否在界限之内。测量结果为"合格""不合格"和"需进一步加工"。

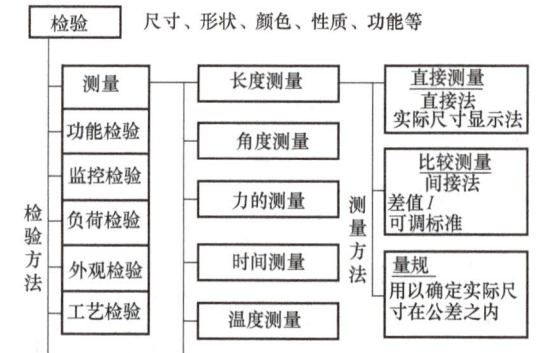

技术测量系统的概念

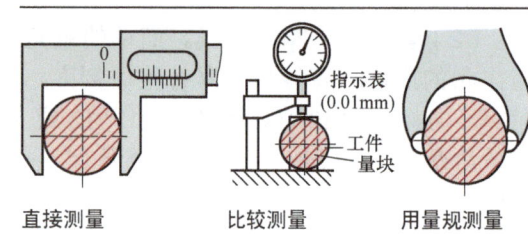

直接测量　　比较测量　　用量规测量

第4章 常用制造工艺

4.1 铸造

铸造是指用液态铸造材料充注一个铸型的空腔,液态金属凝固后,材料便获得了一定的形状。

1. 基本知识

1)铸造工艺分为砂型铸造和特种铸造大类。

2)常用铸造材料有铸铁、铸钢和非铁合金等。

2. 铸型结构

铸型主要结构包括砂型、砂芯及浇注系统。

型腔是提取模样后获得的。两个铸型间的结合面为分型面。砂芯形成铸件内腔和孔洞,砂芯端部延展部分是芯头。芯座是铸型中放置芯头的空腔,它和砂型一起由模样做出。

浇注系统由浇口杯、内浇道、横浇道、直浇道组成。砂型、砂芯上的通气孔是为了便于浇注时型、芯排气。浇注时金属液从外浇口注入,经直浇道、横浇道、内浇道注入型腔,出气冒口设置在型腔最高处,用于观察金属液是否浇满,同时也起到排气作用。

模样也称铸模,是用来形成铸型的型腔的工艺装备,一般由木材、金属或其他材料制成。模样的外形与铸件相似,不同的是铸件上的孔穴在模样上不仅无孔,反而做出芯头,芯头模样形成型腔中的芯座。

3. 手工造型工具

(1)常用的造型工具 铁铲、筛子、砂冲、刮板、气针、起模针和起模钉、掸笔、排笔、粉袋、手风器和风动捣固器等。

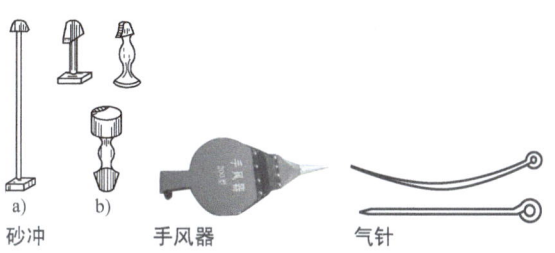

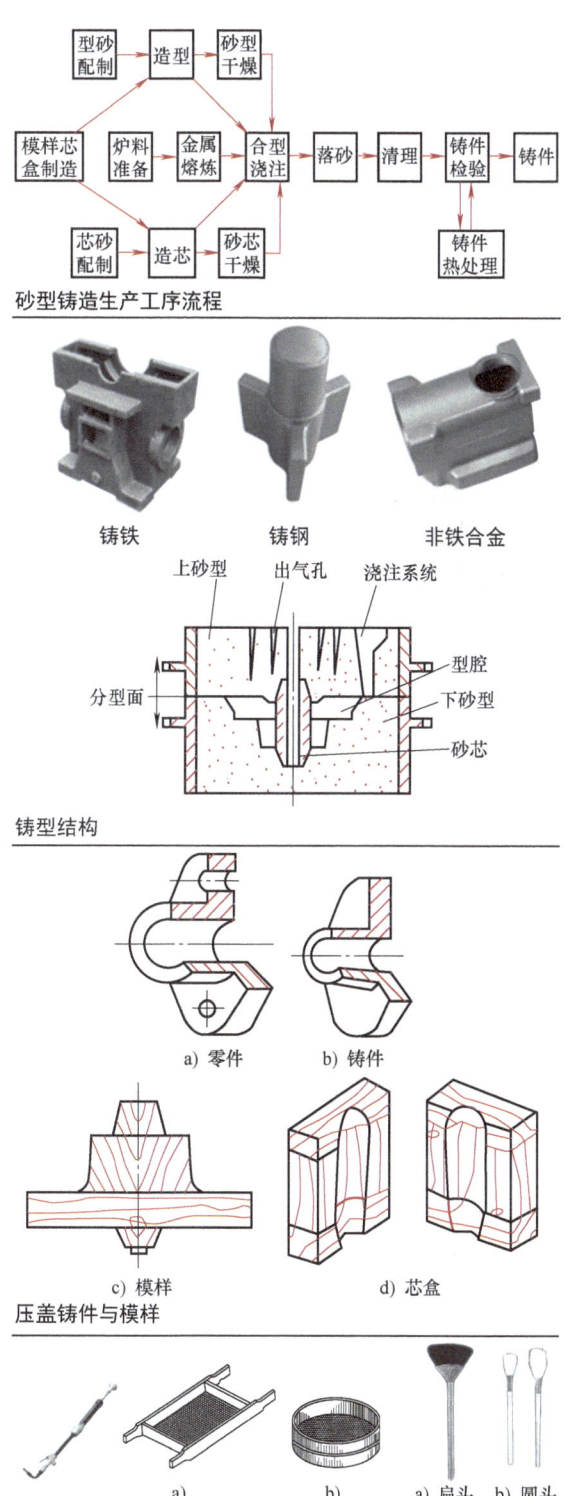

(2) 常用的修型工具 墁刀、砂钩、半圆、圆头、法兰梗、成形墁刀、压勺、双头铜勺等。

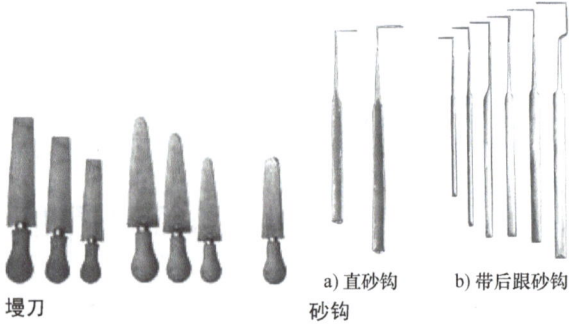

4.2 轧、拉、压

生产轧材时预先在钢碇模内铸造所需规格的钢碇,再把钢碇放入炉内加热(1200℃),然后通过轧机轧制成板材、型材和管材。

1. 型材和板材的生产

二辊轧机的两个轧辊的转向相反。没有孔型的圆柱形轧辊用于轧板,有孔型的圆柱形轧辊用于轧型材。

因为轧制每一道次后,轧辊必须改变方向,所以二辊轧机的轧辊冷却时间长。

三辊轧机有三个轧辊,且三轧辊布置在一条垂直线上,所以各轧制道次间轧辊无需改变旋转方向。

2. 线材生产

直径为5mm以下的线材可用拉丝机生产。用一个带漏斗形拉模孔的环形拉模拉拔所需直径线材,细线材通过硬质合金或金刚石拉模拉拔。由于材料会变形硬化,所以线材需进行中间加热。

3. 管材生产

(1) **有缝钢管** 通过成型辊把带钢变成管形,经隧道式连续加热炉,用布置在侧方的煤气燃烧器加热至焊接温度,再通过焊接辊焊成无端管材。

(2) **无缝钢管**

1)用曼奈斯曼斜轧穿孔机把实心管坯穿孔后,再用一种特殊方法(如周期式轧孔法)轧至所需尺寸的管材。

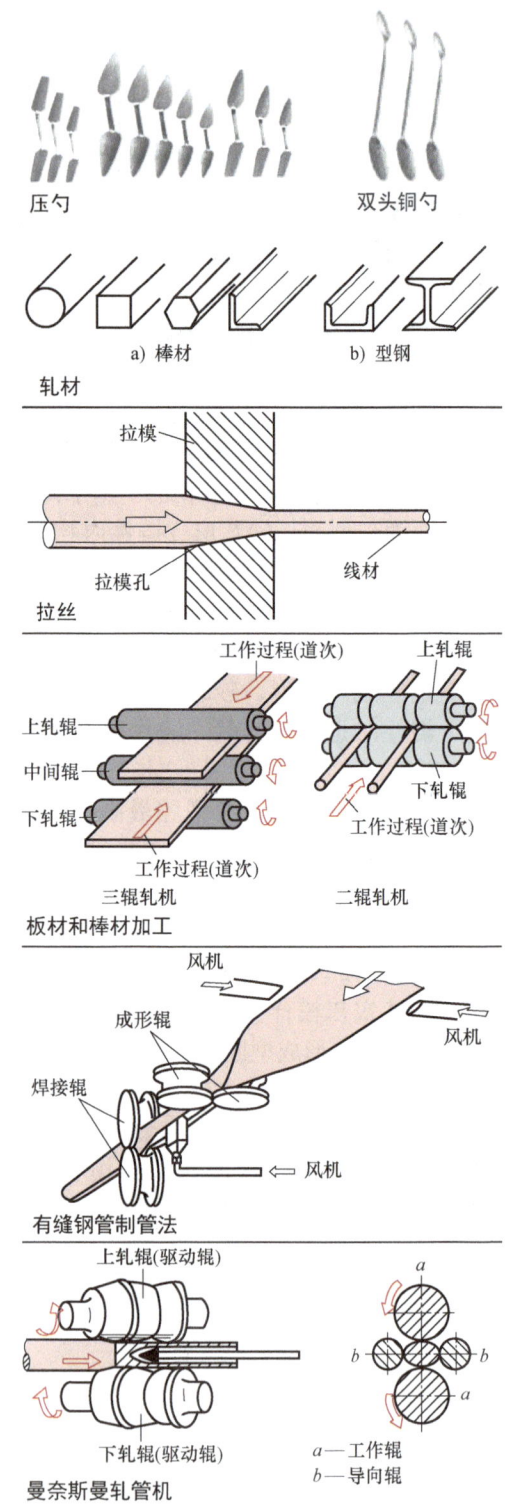

4.3 锻压

2）艾哈德顶管法先将炽热的方形钢坯在圆柱形模腔中冲挤成杯形管坯，然后把管坯套在长棒上，通过若干个模孔（一个比一个小）顶出。用这种方法可加工出内径相同的薄壁管。

4. 深拉

深拉指把板材加工成空心或对已初拉成的空心体进行继续拉伸成形。

拉深模具由冲头、凹模和压紧装置组成。

紧固在凹模上的垫块使板材对中，压紧装置压紧板材后，冲头向下运动，把板材从凹模中拉出（工件底部边缘处深拉时出现圆角）。

在冲头把工件完全拉出凹模的情况下，冲头回程时会带料。为了防止出现这种情况，需设卸料板。如果工件在上缘卡住，为把工件从凹模中向上顶出，使用弹簧驱动的顶出器。

只有可进行深拉的材料在急剧变形的情况下才不致出现裂纹。这些材料除具备良好的延展性外，还必须有足够的强度。

高度与断面面积之比值大的工件需分若干次拉伸。拉伸次数按下列原则决定：如拉伸件是一圆柱形工件，下一次拉伸时的冲头直径比上一次拉伸时的冲头直径约小 1/3；第一次拉伸的工件直径应比材料直径小 1/5。

5. 反挤压

根据某些材料的流动性能，用反挤压可以圆盘（板）为坯料加工出薄壁空心件。

适用于反挤压的材料主要有铅、锌、铜、铝、铜合金和软黄铜等。

将和成品工件断面形状相同的盘形坯料放入凹模。挤压芯杆直径与凹模的直径差等于成品工件壁厚的两倍。当压力机的挤压芯杆挤压盘形坯料时，材料通过芯杆和凹模之间的间隙向芯杆运动的反方向流动。为了利于材料的流动，挤压芯杆的端面有一定的凸度或锥度。挤压芯杆的直径比工件内径约小 0.2mm。挤压芯杆回程时，卸料板从挤压芯杆上将工件卸下。反挤压是生产管、罐头盒和其他薄壁空心件的经济方法。

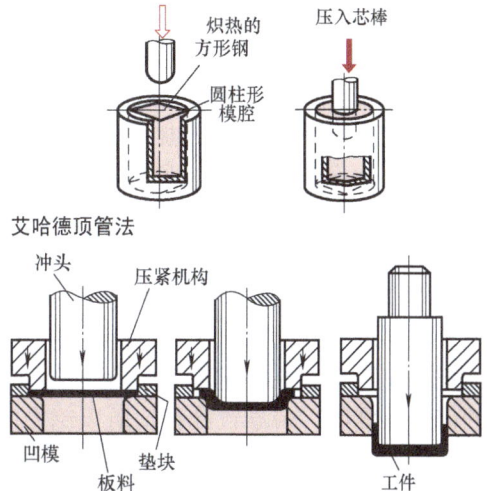

艾哈德顶管法

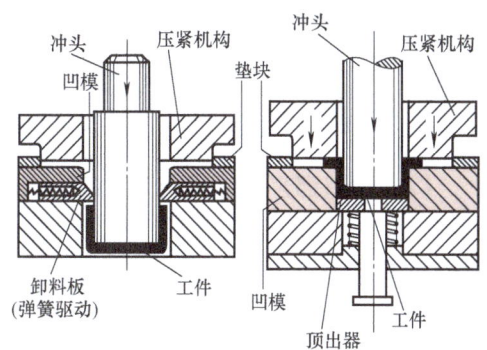

简单空心体的深拉

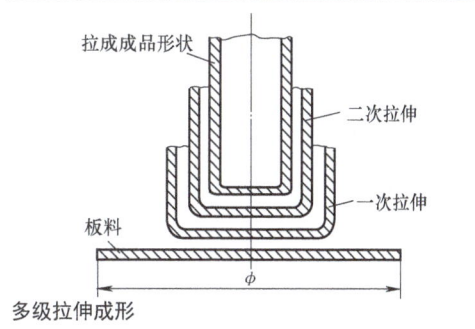

带推出器的深拉模具

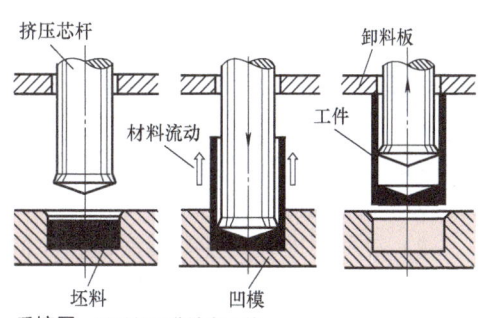

多级拉伸成形

反挤压：用于加工薄壁空心件

4.3 锻压

锻压是指利用锻压机械的锤头、砧块、冲头或通过模具对坯料施加压力，使之产生塑性变形而获得所需形状和尺寸的制件的成形加工方法。

1. 基本原理

（1）锻压时晶粒的变化　锻件的纤维流动分布情况比切削加工件好，承载能力也大。钢的可锻性随钢的含碳量增加而减小。钢中的硫导致红脆，磷导致冷脆，所以钢中的硫、磷含量合计不得超过 0.1%（质量分数）。

锻压时材料的抗拉强度必须超过其弹性极限。

在区域 1 中的晶粒变形小，区域 2 中的晶粒变形和滑移大，区域 3 中的晶粒变形和滑移也小。

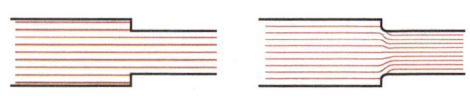
车制工件和锻制工件的纤维方向

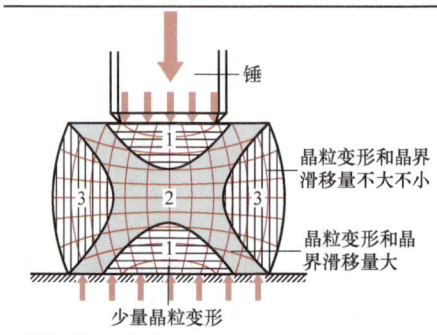
锻造时的晶粒变化

（2）锻造温度　锻造温度的高低取决于锻件材质。应尽可能缩短工件的加热时间。加热时间过长或过猛会使钢组织的晶粒粗化、变脆，并降低其强度。钢在白炽状态开始迸射，起鳞皮。过烧的钢不能再锻。在回火温度（290～350℃）下钢的延展性特别差。冷锻会产生晶间应力，开始时表现为硬化，最后形成裂纹。退火可消除内应力。纯铜可进行冷锻。锻造温度随铜内合金元素含量的提高而增高，最高达 800℃。

铝的锻造温度为 400～500℃。

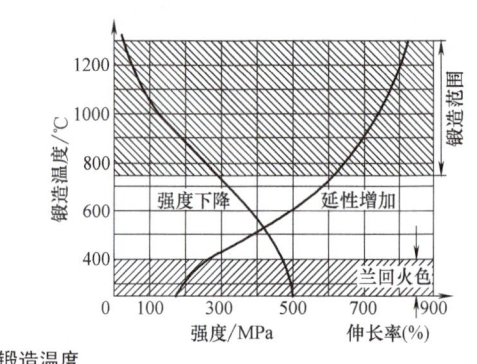
锻造温度

（3）热源　主要采用反射炉、重油炉和气炉、煤气锻造炉、电阻炉等几种加热炉。

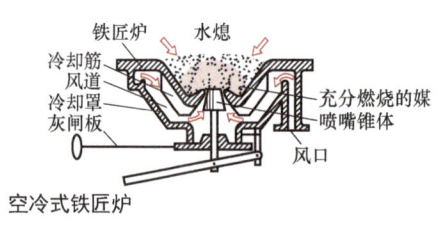
空冷式铁匠炉

2. 锻造设备

1）常用的自由锻设备有锻锤和压力机。锻锤常用的有空气锤和蒸汽—空气锤。常用的压力机有水压机和油压机。

2）常用的模锻设备有模锻锤、曲柄压力机、平锻机、摩擦压力机、螺旋压力机、精压机、楔横轧机等。

空气锤

曲柄压力机和摩擦压力机

3. 锻造操作

（1）**自由锻** 用简单的锻造工具把工件锻造成形。

（2）**拔长** 先在砧角、砧缘上用锻工凿进行纵向拔长，再在砧面上进行打平。

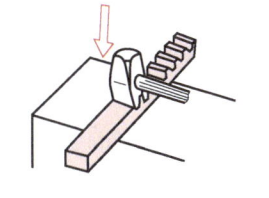
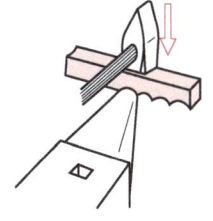

用锻工凿拔长　　　在砧角上拔长

（3）**镦粗** 锻坯加热后先限定需镦粗部位，然后在砧面或砧座上用锤子进行镦粗。

（4）**错移** 先把毛坯上的一部分相对另一部分错移开，然后把错移开的一部分锻成所需截面。

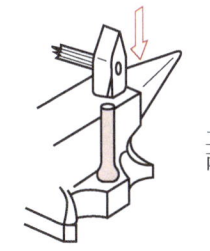

工作中间镦粗，两头冷却

工件端部镦粗　　　工件中部镦粗

（5）**切割** 用热锻工凿切割。

（6）**冲孔** 冲孔锤把冲子打入工件，工件绕轴心线转动并在冲孔垫板上把孔冲透。

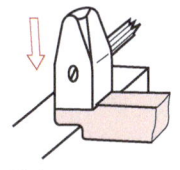
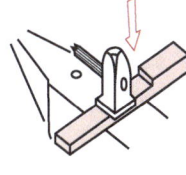

错移　　　　　　　展平

（7）**切槽** 用孔凿先在工件两端劈槽，再把该槽扩成所需孔形。

（8）**锻焊** 在黏稠状态下通过锻压方法把两个工件（碳质量分数低于 0.2% 的钢）连成一体称为锻焊。先把待锻焊工件加工成咬焊或搭焊形状，并加热至焊接温度（1300～1400℃），然后清除氧化皮，并进行快速锻焊。锻焊接强度为母材强度的 70%～85%。

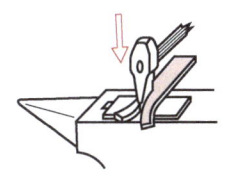
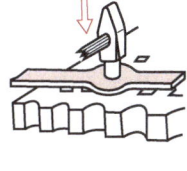

切割　　　　　　　冲孔

自由锻

4. 模锻

模锻是指将工件加热至锻造温度后，在模腔中由原始形状经一次或多级模锻成要求形状。

合模后材料充满模腔，多余材料被挤出，成为飞边。模锻时，材料先被镦粗，然后在型腔内流动，最后被镦粗成最终形状。

由于模具费用高，模锻只适用于大量生产。适于模锻的材料有合金钢和非合金钢、铜和铜合金、镁合金等。

模具由上、下模组成。

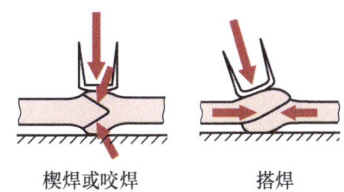

楔焊或咬焊　　　搭焊

锻焊

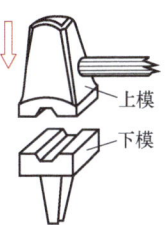

上模
下模

模锻

4.3 锻压

锻模是永久模。把经过预成形的加热至锻造温度的工件放入锻模内,锻压成模腔形状。较大或形状复杂的工件,在若干锻模内经过若干道工序锻压成形。模锻的优点是加工成本低、尺寸精确、表面较光洁。

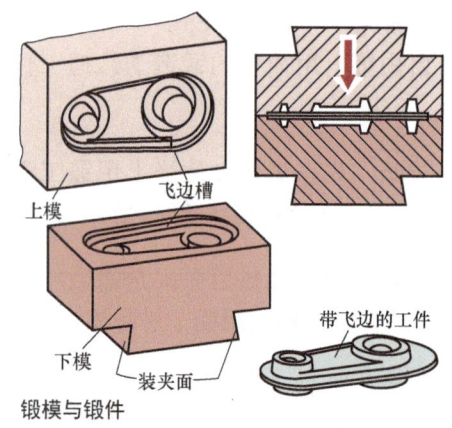

锻模与锻件

(1) 模具材料 水淬碳钢(碳的质量分数为0.9%)适用于制作模腔较浅的模具,变形量较大时用铬、镍、钼合金钢。模具是用整体模子钢铣出来的。为了便于卸料,模具上的拔模斜度:内模腔为1:5,外模腔为1:10。由于材料有冷缩、模具有热胀问题,所以应考虑1.2%~1.5%的收缩率。模腔经过抛光,必须坚硬、耐磨、耐高温,还必须耐压和抗裂。视精度要求不同,一个锻模可生产6000~25000个工件。

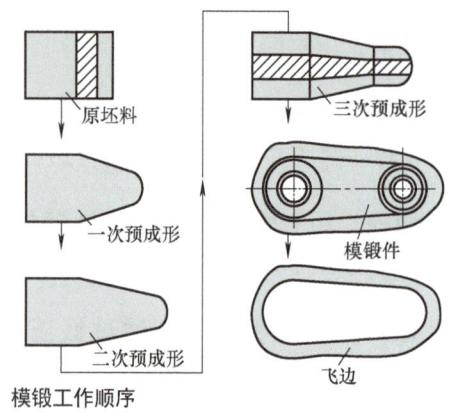

模锻工作顺序

(2) 工作顺序 备料模上的自由锻—模锻—消除应力退火。

主要由预锻模自由锻和中间模模锻完成基本成形工作,以提高锻件在终锻模的模锻精度,并延长终锻模的使用寿命。

(3) 平锻 原始料断面经平锻后有所增大。

平锻机的两个夹紧滑块夹紧毛坯。用装在主滑块上的凸模对其镦锻。多槽镦锻只需一次加热。

与模锻相比,平锻的优点是不设拔模斜度,烧损少因而较为经济。

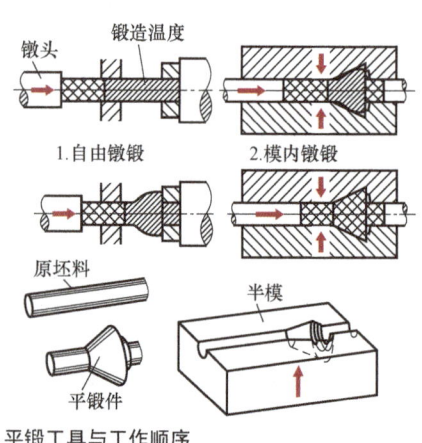

平锻工具与工作顺序

4.4 弯曲

弯曲是一种成形方法，弯曲时成形区内的（金属）流动主要是弯曲力矩引起的。

1. 基本原理

（1）**材料组织的变化** 工件的弯曲性能取决于工件材料的延展性。许多金属和合金可以冷弯；有几种金属和合金加热到一定温度后才能减小弯曲半径，例如：锌须加热到150℃，一种镁合金须加热到300℃。

弯曲时，内侧晶粒被压缩，外侧晶粒被拉伸，只有中性层无变化。

在晶粒内原子有滑移。外层的拉应力接近断裂极限，弯曲部分的拉应力区内断面有明显横向收缩，压力区内则有纵向收缩。所以组织的拉伸与压缩除了可引起纵向变形外，还可引起横向变形。拉伸会缩小横断面，压缩会增大横断面。

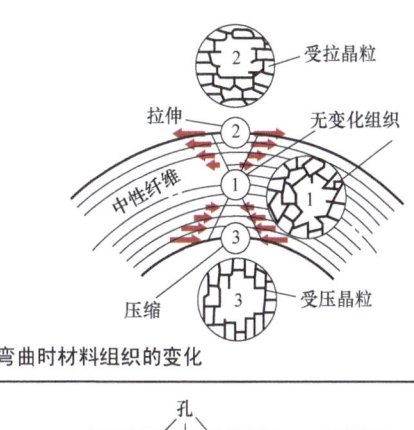
弯曲时材料组织的变化

（2）**工件的抗弯强度** 工件的抗弯强度与温度、工件材料、断面尺寸及和弯曲轴线的相对位置等因素有关。

抗弯强度与工件宽度成正比，如果宽度增大一倍，则受拉伸和压缩的纤维也必须增多一倍。在弯曲半径相同的情况下，高度方向弯曲时受拉伸和压缩的纤维量比宽度方向弯曲时受拉伸和压缩的纤维量大得多，所以前者所需弯曲力必须比后者大得多。

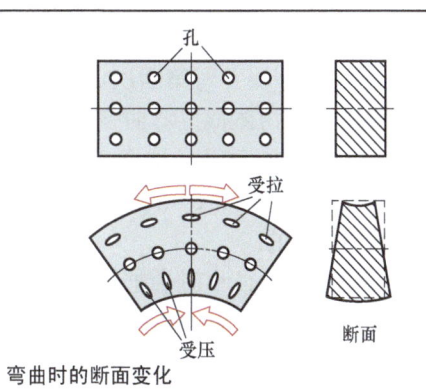
弯曲时的断面变化

（3）**弯曲半径** 弯曲半径不应低于最小值。弯曲半径与材料的伸长率、工件厚度、工件断面形状以及轧制方向有关。对于棒料来说，钢和软铝的弯曲半径为其厚度的1.5倍，硬铝的弯曲半径为其厚度2～4倍，铜、锌的弯曲半径合金为1/3～1/2。

由于弯曲时板材表面缺口敏感性强，所以板材表面须光洁并无气孔。

弯曲角小比弯曲角大有利。如果弯曲半径和弯曲角小于允许值，则应采用热弯法。

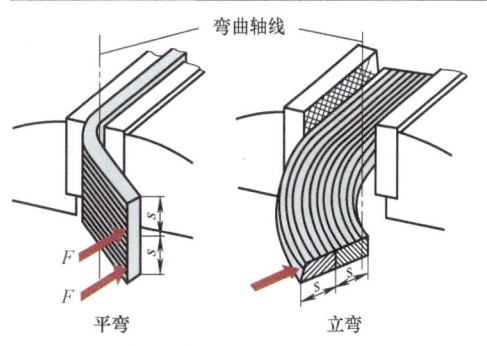
弯曲抗力与材料厚度和断面位置的关系

2. 板材弯曲

小的零件在机用虎钳上弯曲就可以了。为了得到所需弯曲半径，须使用边棱经过倒角的挡块。如果棱角弯得太锐，板材的弯曲部位会出现裂痕。

最小弯曲半径 = 板材厚度 × 换算系数

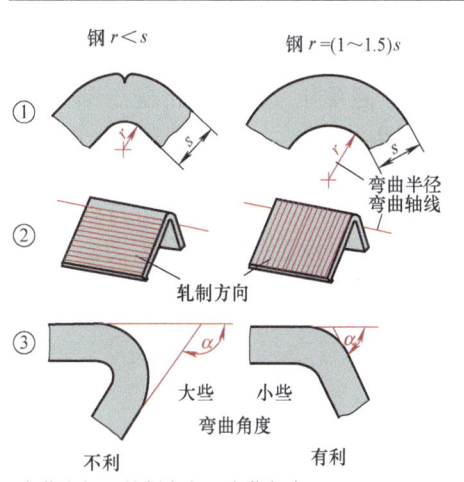
弯曲半径、轧制方向、弯曲角度

4.5 校正

最小弯曲半径的换算系数

材料	软钢	中硬钢	铜	黄铜	铝合金（经淬火）
换算系数	0.5	0.55	0.25	0.3～0.4	2～4

举例：厚 3mm 的中硬钢板在机用虎钳上弯成卡箍。其最小弯曲半径 =3mm×0.55=1.65mm。

弯曲工序：

1）工件划线并用机用虎钳把一端弯成直角。
2）高度划线并借助木挡块弯第二个直角。
…
4）垫上木挡块并弯第四次。

抗弯强度为物体抵抗弯曲变形的能力。宽度和高度比大的工件，如角钢、抗弯工字钢的抗弯强度大。可采用旋压凹槽、滚卷、弯曲或折合法提高刚度。

3. 管材的弯曲

管材的弯曲半径小时会把管材弯扁。弯曲时应在管内加填料或采用有导向轮的弯曲设备。弯曲半径大时管内可不加填料。小直径拉拔管或轧制管材可以冷弯。热弯时为避免起皱，管材内侧的加热温度须高于外侧。弯曲半径至少应等于管径的三倍。弯曲时为了避免产生拉应力和压应力，管材的焊缝必须在中性区。

4. 型钢的弯曲

型钢不好弯曲。为了将角钢、U 型钢、工字钢弯曲成较尖锐的角度，弯曲处需切缺口，弯后切口两边再焊接在一起。缺口的形状取决于弯曲角度和角钢边厚度。由于弯曲部位内侧受压，所以两坡口边的底部必须有一定的间距（即切边间距 a）。角钢边较厚，弯曲后角度较小时，该间距应大些。

$$a = s\tan\frac{\alpha}{2}$$

为了避免压缩，须钻出受压部分的金属。钻头直径 $d = s\dfrac{a}{100}$。

型钢弯圆在型钢弯曲机进行。该弯曲机的上、下辊不可调，手动或由电动机驱动。上辊可调，调整上辊可改变弯曲半径。

4.5 校正

校正的作用是减小板材、线材和棒材的直线度和平面度误差。

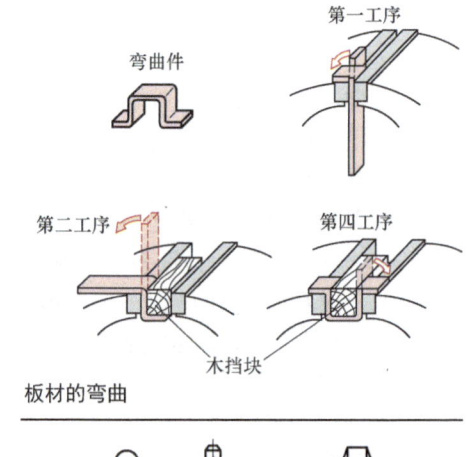

板材的弯曲

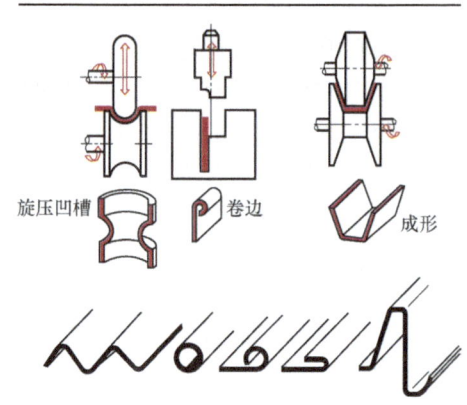

提高板材抗弯强度的办法

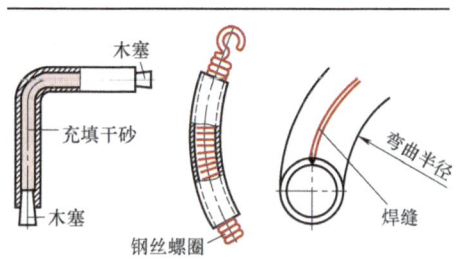

管材的弯曲

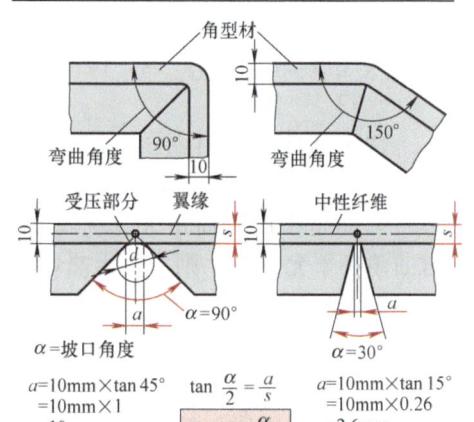

型钢的弯曲

1. 基本原理

内应力、单侧加热或单侧冷却、冲击、打击、单侧切削加工是导致材料翘曲、扭曲的原因。通过加压、锤打或火焰加热可校直、校平工件。

2. 锤打或加压校正

根据材料厚薄情况，选用冷校正或热校正。

校直力小时，把工件放在校直板上进行校直；校直力大时，应在校直机上进行校直。

（1）**板材校平**　软质（铜、锌、铝）板材上的隆起部位可用木锤、橡皮锤或塑料锤打平。质硬的板材应沿隆起部位外缘走螺旋线自内向外绕圈锤打使其拉伸。

板材通过校直辊时被均匀拉伸、压缩，直至校平。一般用辊式校直机校直板材比较经济。

（2）**线材校直**　校直线材时可用台虎钳夹住，通过两块木块将母材拉直，也可用线材校直机进行校直。

（3）**棒材和型材校直**　分别使用棒材校直机和型材校直机进行校直。

3. 加热校正

火焰加热分点加热、点线加热和楔形加热三种形式。选用哪种加热形式与工件的形状、尺寸和厚度有关。被加热的是翘曲面，即较长一面通过加热先增加翘曲度。但同时由于加热区体积增大而出现大的压应力。继续加热至材料屈服点，内部压力使较长一面受到压缩。冷却时，受压缩部分收缩，结果工件自行拉直。上述过程与锤打相配合进行。

板材和棒材采用点加热或点线加热；轧制的型材采用楔形加热，楔形加热必须先从楔尖开始。

校直、弯曲、敲打、拉拔时还会导致材料冷作硬化，并提高材料硬度，这些可以通过退火予以消除。

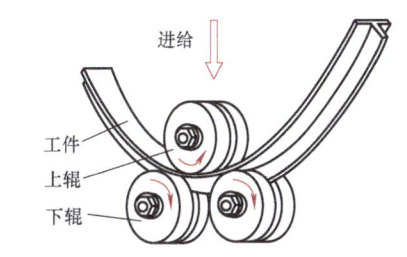

型钢弯曲辊

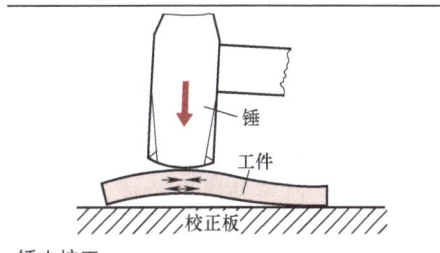

锤击校正

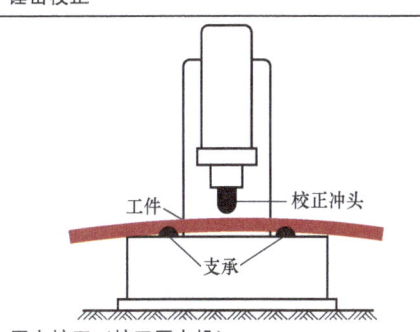

压力校正（校正压力机）

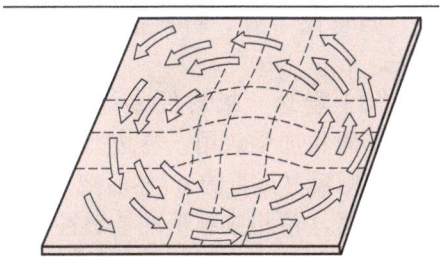

硬板材鼓胀锤击校直

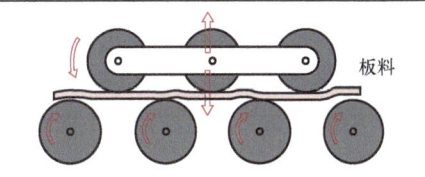

板材校正机原理

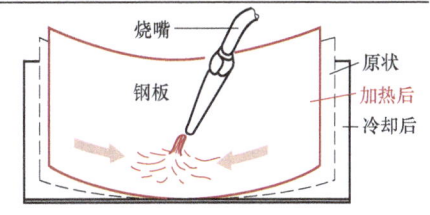

火焰加热校平

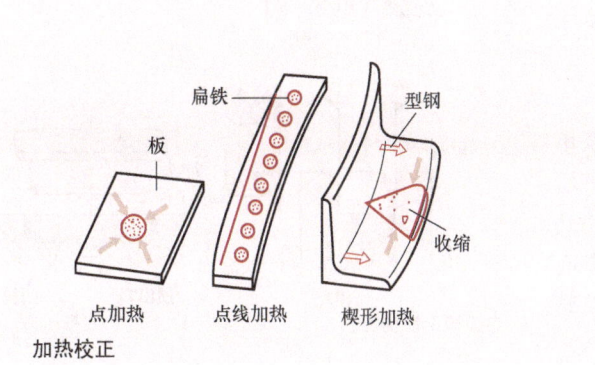

加热校正

4.6 冲压

靠压力机和模具对板材、带材、管材和型材等施加外力，使之产生塑性变形或分离，从而获得所需形状和尺寸的工件（冲压件）的成形加工方法称为冲压。有弯曲冲模、卷边冲模和定型冲模等。

1. 冲模

（1）**冲压过程**　冷成形时，材料弯棱处所受负载超过其弹性极限，开始并持续（塑性）变形。材料外缘在冷成形时该部位的拉伸量最大，产生的应力也最大。为了避免产生裂纹，冷成形时选用伸长率较大、强度适中的材料。

（2）**模具弯曲**　可用弯曲模具把板料或带材弯成角钢、Z型或U型钢。弯曲时不要求改变材料的厚度。弯曲模具由冲头和凹模组成。为了避免弯曲部位产生裂纹，弯曲半径不得小于最小允许值。由于工件弯曲后有反弹作用，所以冲头和凹模组成的弯曲角必须比成品工件的弯曲角小一些。工件反弹力与弯曲半径、材料厚度和材质等因素有关。

（3）**卷边**　板材经卷边成形可作铰接耳、加固和加强边用。卷边前板材应先行预弯（否则板材是直的），然后把预弯工件插入下模夹紧，带相应廓形的卷边冲头再向下运动进行卷边。

（4）**定形弯曲**　用该种模具可弯曲成任意形状的空心体或加强肋（罐头盖、汽车商标），做成相应形状的上、下模，把板料冲成所需形状。定形弯曲时板材厚度基本不变。

2. 压力机

压力机按滑块上、下运动方式分为摩擦压力机、曲柄压力机、偏心压力机、液压机等，与锻压设备相似。冲裁和拉伸模具的凸模或上冲头装夹在压力机滑块上。为了提高加工精度，压力机滑块须精确导向。凹模装在压力机台座上。

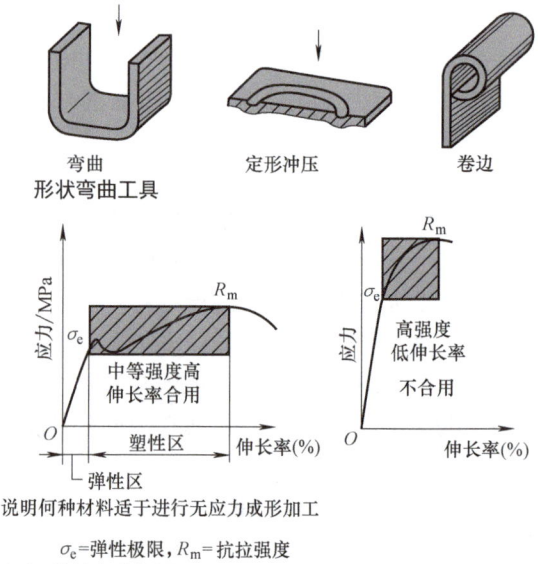

说明何种材料适于进行无应力成形加工

σ_e=弹性极限，R_m=抗拉强度

应力-伸长率曲线图

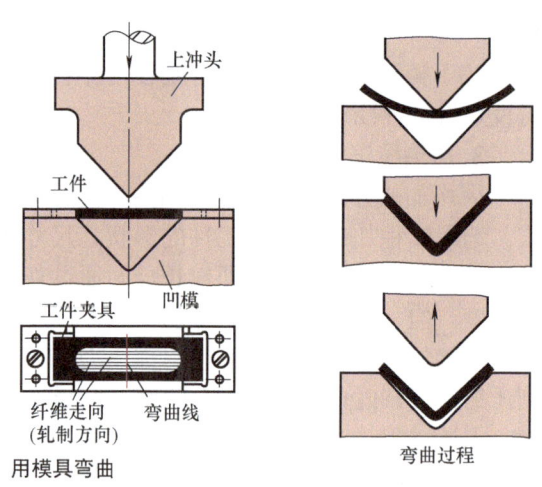

用模具弯曲　　　　弯曲过程

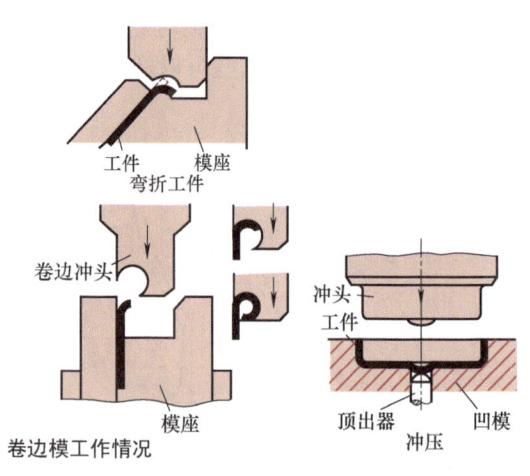

卷边模工作情况

（1）**摩擦压力机** 摩擦压力机是一种适用性较强的压力加工机器，应用较为广泛，在压力加工的各种行业中都能使用。在机械制造业中，摩擦压力机的应用更为广泛，可用来完成模锻、镦锻、弯曲、校正、精压等工作，有的无飞边锻造也用这种压力机来完成。

（2）**曲柄压力机、偏心压力机** 这两种压力机通过曲轴或偏心轴经连杆或球窝接头把电动机的回转运动转换成滑块的直线运动。

（3）**液压机** 液压机是一种以液体为工作介质，根据帕斯卡原理制成的用于传递能量以实现各种工艺的机器。液压机一般由本机（主机）、动力系统及液压控制系统三部分组成。

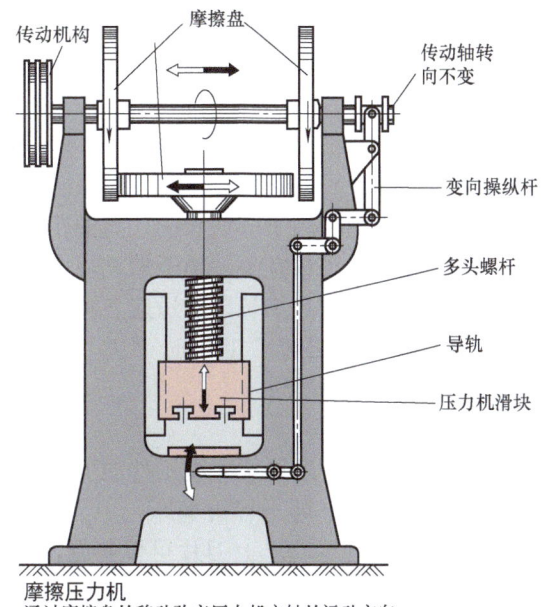

摩擦压力机
通过摩擦盘的移动改变压力机主轴的运动方向

4.7 剪切

剪切是利用双刃刀具分割材料的工艺。

1. 用剪刀切断

一般工具是用一个切削刃切入工件材料，而在剪切过程中是两个楔形切削刃相对对材料进行加工。上刀片和下刀片的两个楔形切削刃互相从旁边滑过。工件起初从两个切削刃处在两面被切成凹槽。楔形切削刃的压力使材料的组织变得致密。当材料阻力增大时，刀片只能切入材料的一定深度。进一步提高压力，使之超过材料的屈服点，组织便分离，于是两个断面相互滑移开来。工件的分离表面因剪切过程不同而不规则，外部是光滑的，内部粗糙、有裂纹。

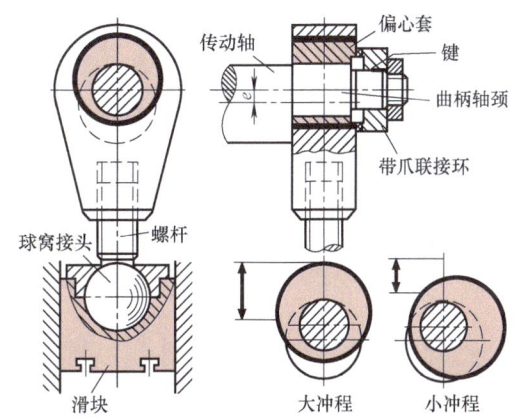

偏心压力机
装在曲柄轴颈上可旋转的偏心套通过轴端的带爪连接环与驱动轴作可拆连接。松开爪环便可以转动偏心套，以调节行程长度

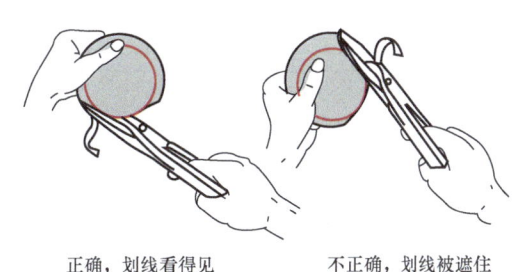

正确，划线看得见　　不正确，划线被遮住
圆剪

4.8 冲裁

2. 手工剪切简单的板料

用手工剪刀可以剪切厚度不大于 1.5mm 的薄板。

（1）**直口手工剪**　用于剪直的、弯度不大的、短的切口。

（2）**直通剪**　用于剪切长的、直的工件。

（3）**孔剪**　刃口有尖，用于剪切内曲线。

（4）**圆剪**　刀片细长，以适应各种形状。

（5）**电动手工剪**　工作时下刀片固定不动，上刀片做剪切运动。

3. 手动机器剪

（1）**杠杆剪**　适用于大型工件的剪切。

（2）**机器剪**　即平行刃剪床，上刀片在一个导轨内做垂直运动。上刀片可以斜摆，也可以与下刀片平行。

（3）**圆剪、曲线剪**　用于剪切任意的圆和曲线，剪曲线时板料用手工送进。

4. 剪切缺陷

切口毛刺大、耗费剪切力大、刀片崩刃、切口偏离划线。

5. 冲剪工具

用冲孔器冲孔，也是一种剪切过程。薄板材、硬纸板、弹簧钢板、密封圈等，冲孔比钻孔快。较厚的材料采用冲孔压力机冲孔，效率高，不产生切屑。软材料采用刃口式冲裁模冲孔。

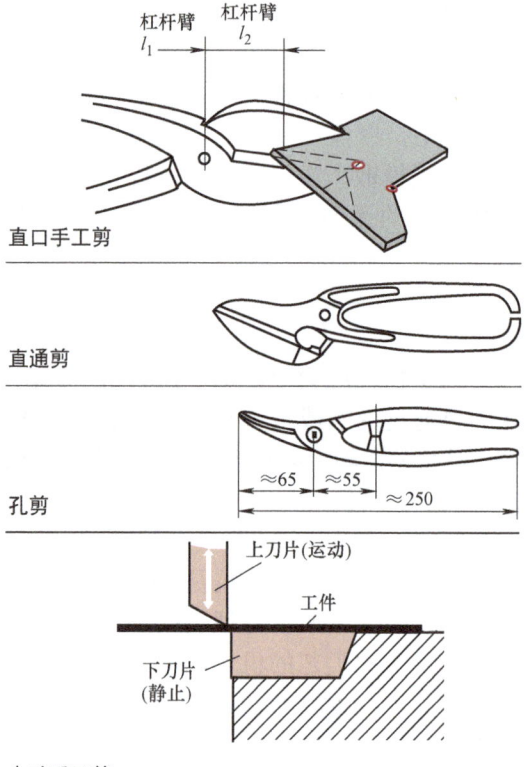

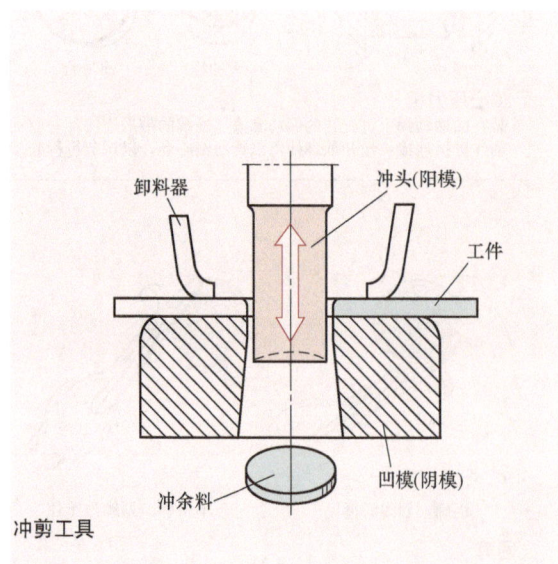

冲剪工具

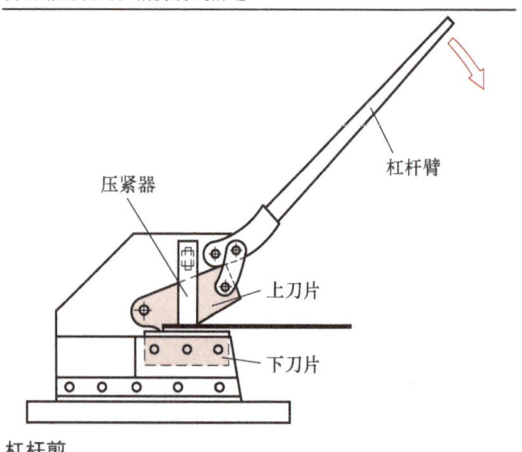

杠杆剪

冲剪

4.8 冲裁

冲裁模具由冲头（阳模）和凹模（阴模）组成，可以将板材冲出任意形状。由于每一形状需配有一套模具，所以该方法适用于大量生产。

由于材料有冷变形，板材与冲头刚开始接触时很容易压入。若冲头四周有小圆角，则板材的下缘也会出现小圆角。冲头继续向下运动，其剪切力超过材料的剪切强度时，材料组织以较光滑的剪切面分离。在冲头、刃口与凹模刃口交错之前，材料的残余断面相互分离。凹模孔为一缓梯形结构。

冲裁是利用冲模使部分材料或工件与另一部分材料、工件或废料分离的一种冲压工序。冲裁是剪切、落料、冲孔、冲缺、冲槽、剖切、凿切、切边、切舌、切开、整修等分离工序的总称。

冲裁常用于直接加工垫圈、自行车链轮、仪表齿轮、凸轮、拨叉、仪表面板，以及电动机与电器上的硅钢片、集成电路中的插接件等。

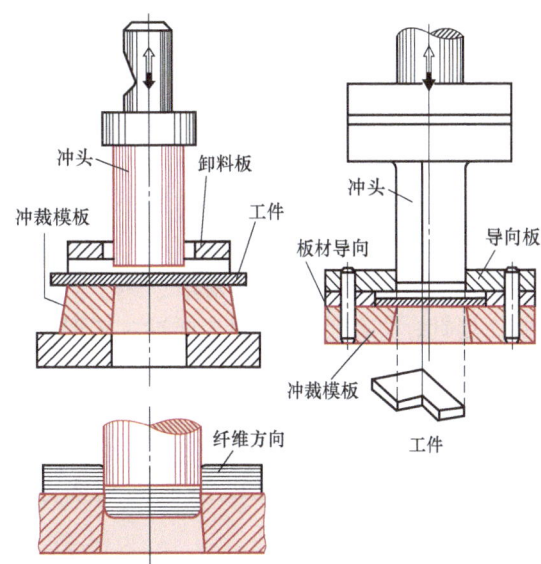

不设导向板的冲裁作业　　设导向板的冲裁状况

4.9 钳工基本操作

钳工常用设备如下：

1）钳台。钳工的主要工作场所，用于放置工件和各种工具、量具。

2）台虎钳。用来夹持工件的通用夹具。

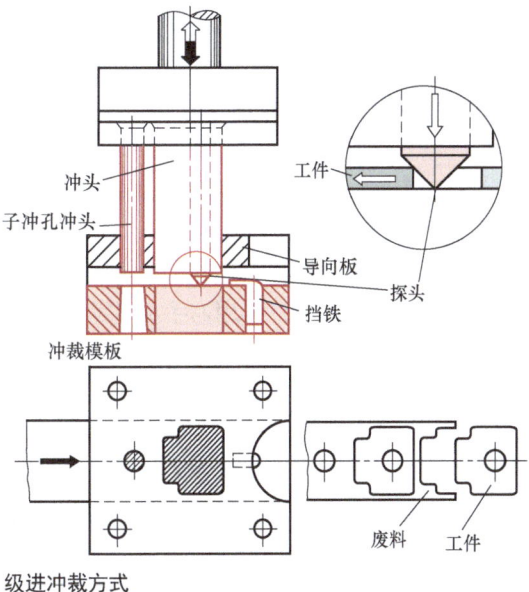

级进冲裁方式

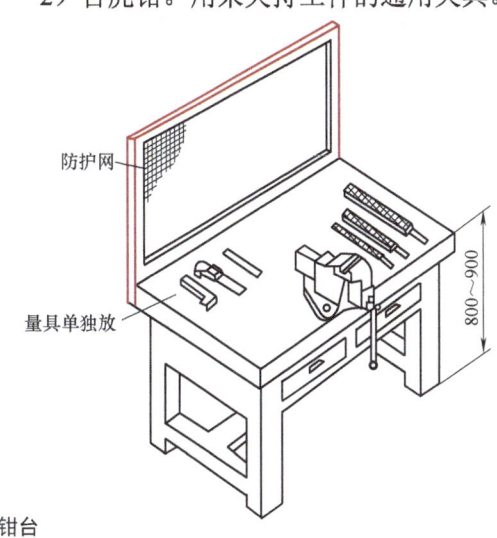

钳台

台虎钳

4.9 钳工基本操作

4.9.1 划线

根据设计图样或实物要求的尺寸，在工件毛坯或半成品上划出加工界线或找出基准点、线的操作称为划线。通过划线能确定工件加工表面的加工余量和位置，检查毛坯的形状、尺寸是否符合图样要求，并合理分配加工余量。

（1）**划线常用工具** 常用划线工具有划线平板、划针、划线盘、划规、样冲、V形铁、千斤顶等。

（2）**基本划线手法**

工具用划针。正确使用方法是使划针向钢直尺外侧倾斜15°～20°，同时向划线方向倾斜45°～75°。

1）划直线。划线时左手按住钢直尺，右手拇指和食指夹住划针，中指顶住划针使划针针尖紧贴钢尺导向面，向划针身后拉动，即可划出清晰的直线。

2）划垂直线。垂直线可以采用几何作图法、直角尺划线和划针盘划线三种方法作出。最简单的是以相邻侧面为基准，用直角尺轻松地划出垂直线。

3）划平行线。可采用几何法、直角尺划线和划针盘划线三种方法。

4）划圆弧。工具用划规。使用时，用双手掰开划规两脚进行调整，再用右手握住划规铰接部分。划圆周时，要用顺划、反划两个半圆弧合并而成。

5）冲眼。为了方便工件在后续加工中找正，冲眼要求大小适中且均匀，冲眼点必须在加工线的中央，不能偏离，偏离的冲眼点会误导以后补线。

操作时左手握住样冲略向前倾斜，使样冲的尖部对准线中心，对准后即扶正样冲，使样冲垂直对准线中央，用锤子轻敲样冲端部进行冲眼。

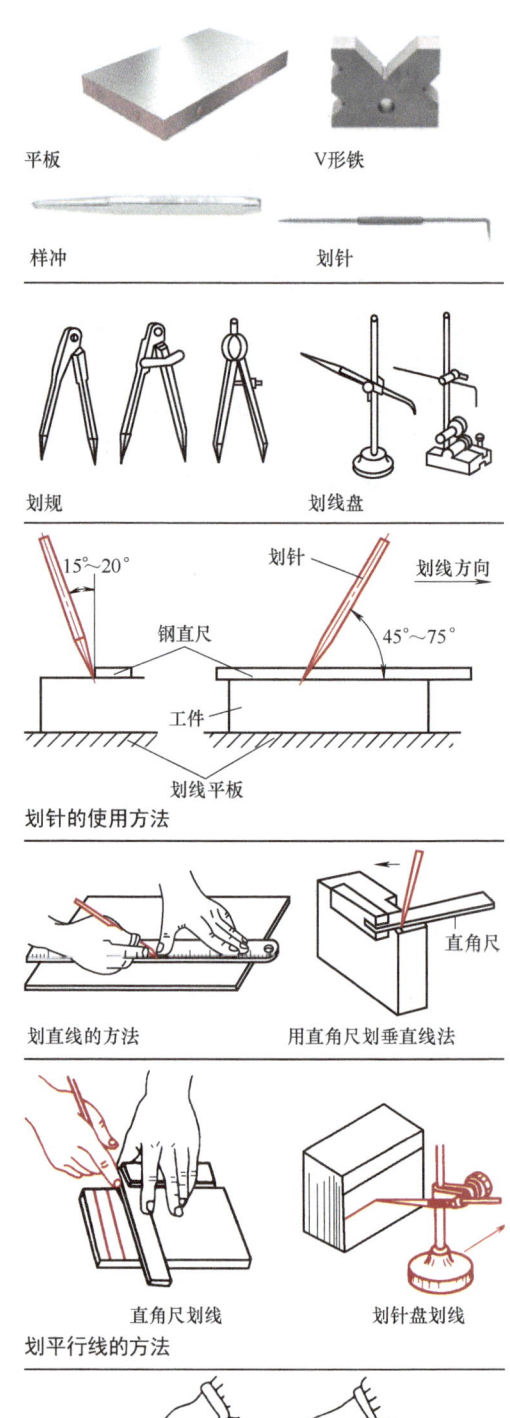

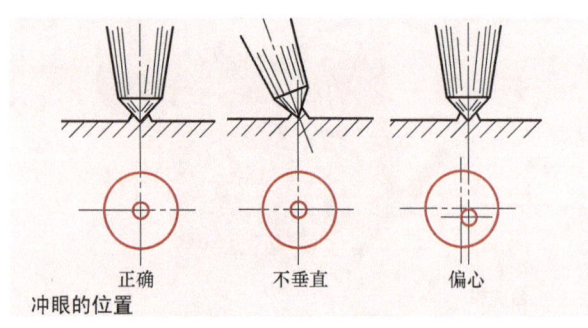

冲眼的位置

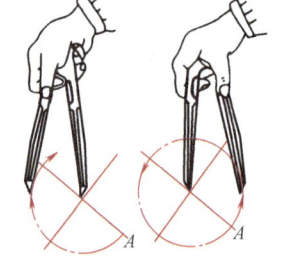

圆弧的划法

4.9.2 錾削

錾削是利用钢锤敲击錾子对工件进行切削的一种加工方法。錾削主要用于不便于机械加工的场合，工作范围包括去除凸缘、分割材料、錾削油槽，或用于薄型工件落料、粗加工等。

（1）**錾子**　有扁錾、尖錾和油錾三种。錾子的握法有正握法、反握法和立握法三种。

（2）**锤子**　锤子的握法有紧握法和松握法两种。紧握法：要求在抬起或锤击时都用五个手指紧紧握住锤子；松握法：在抬起锤子时拇指和食指紧握，小指、无名指和中指适当放松，在进行锤击时随着锤子接近落点，小指、无名指和中指突然握紧，使下落的锤子增加锤击力度。

挥锤的方法有手挥法、肘挥法和臂挥法三种。

（3）**錾削姿势**　操作者站在钳台前，左脚与台虎钳中心线成35°，右脚与台虎钳中心线成75°，以保证站立着挥锤时落点对准錾子端部。握錾子的手的小臂应保持水平位置，肘部不能下垂和抬高，以免影响錾子的切削角。

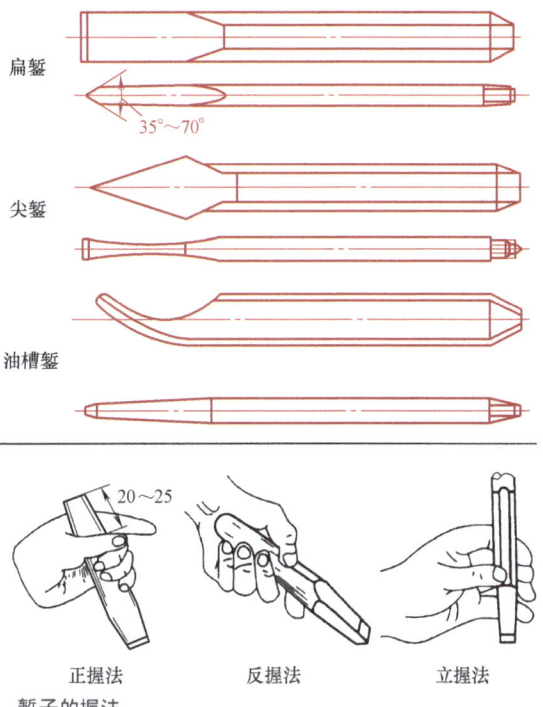
錾子的握法

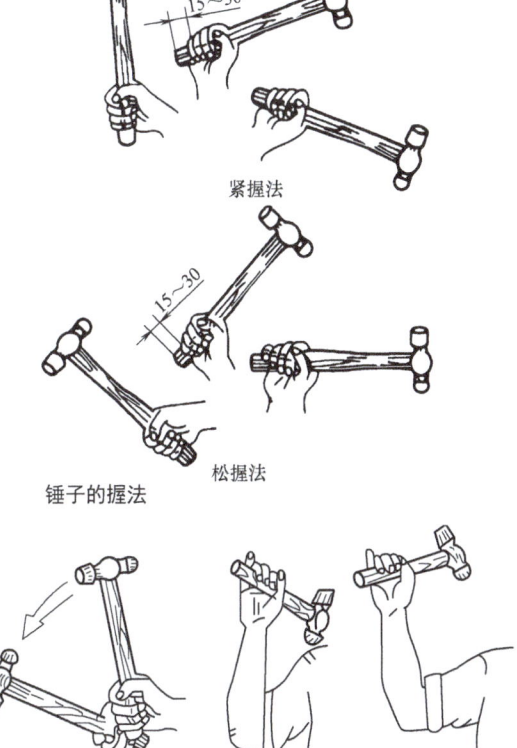
锤子的握法

挥锤的方法

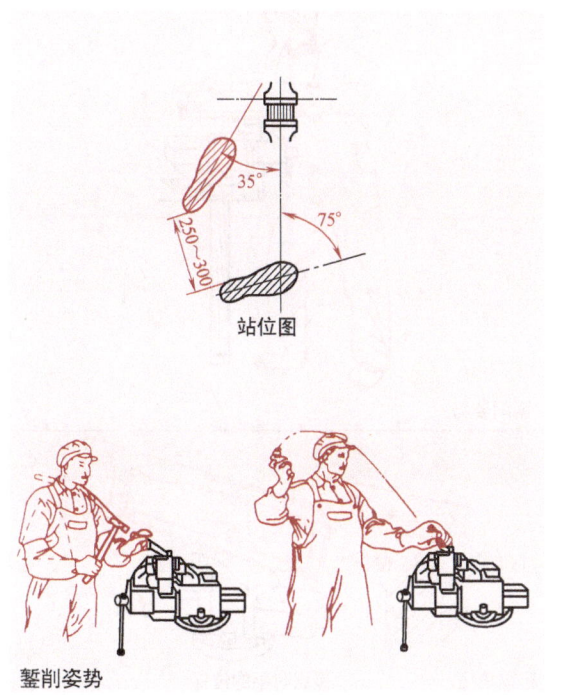
站位图

錾削姿势

4.9.3 锯削

锯削是用手锯锯断金属材料或在工件上锯出沟槽的操作，可以用来分割各种材料或半成品，也可以用来锯掉工件上的多余部分或锯槽。

（1）锯削工具

1）锯弓。用以张紧锯条，锯弓分固定式和可调整式两种。

2）锯条。直接锯削材料或工件的工具。长度以两端装夹孔的中心距来表示，手据常用锯条的长度为300mm，宽度为12mm，厚度为0.8mm。

3）锯条的安装。手据在前推时才能起到切削作用，在安装手锯时齿尖应向前。

（2）锯削姿势

1）锯弓的握法。握法正确与否对锯削质量有很大的影响。正确方法是左手扶锯弓前端，右手握住锯柄。

2）站立位置。锯削时，操作者面对台虎钳站在中心线一侧，左脚与台虎钳中心线成35°角，右脚与台虎钳中心线成75°角。

3）锯削姿势。当右手推锯时身体随之前倾，这样身体摆动可增加右手推力，减缓右手疲劳，提高工作效率。锯削时推力均由右手控制。左手所加压力不要太大，主要是扶正锯弓。

（3）基本锯削方法

1）工件夹持。工件一般夹在台虎钳左边，以便操作。工件伸出钳口不应过长，应使锯缝离开钳口侧面20mm左右，以防止工件在锯削时产生振动。锯缝要与钳口侧面保持平行。工件要夹紧夹牢，避免工件夹坏或变形。

2）速度及选种长度控制。推锯时给力适当，拉锯时应取消压力，以减少锯齿的磨损。锯削时尽量采用锯条的有效长度。推拉频率应适当，普通钢铁每分钟往复30～40次，软金属和非金属每分钟往复50～60次。

3）起锯方法。利用锯条的前端或后端靠在一个面的棱边上起锯，锯条与工作表面倾

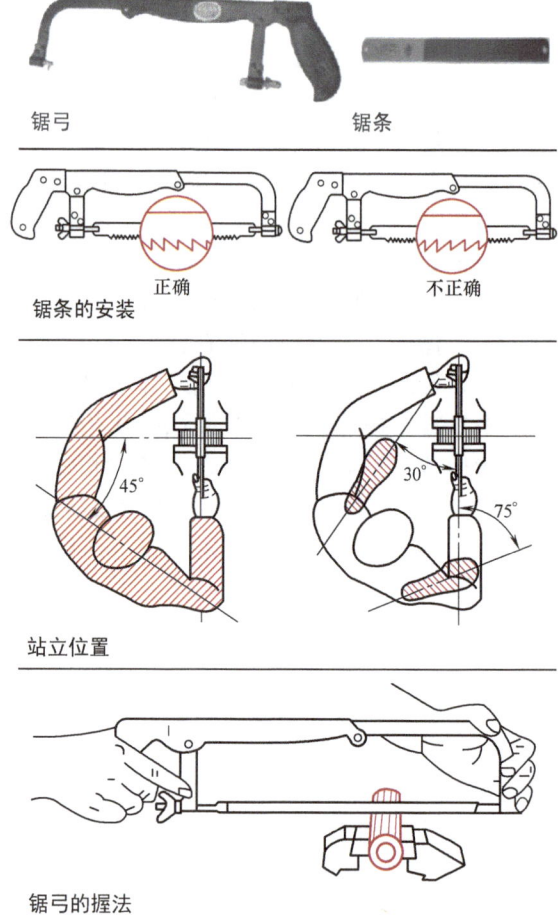

斜角15°，最少要有三个锯齿同时接触工件。为了平稳准确，可用大拇指挡住锯条，使锯条保持正确位置。

4）锯削圆管的方法。选用细齿锯条，当管壁锯透后，随即将管子沿着推锯方向转动一个适当的角度，再继续锯削，依次转动，直到将管子锯断。

5）锯削棒料。如果断面要求平整，则应从一个方向开始连续锯到结束；若要求不高，可分几个方向锯下，以减少锯切面，提高效率。

6）锯削薄板。尽可能从宽面下锯。若必须从窄面下锯，可用两块木垫夹持，连木块一起锯下，也可将薄板直接夹在台虎钳上，用手锯横向斜推锯。

7）锯削扁钢。在锯口处划线，分别从宽面的两端锯下，两锯缝要接触时，轻轻敲击使之断裂分离。

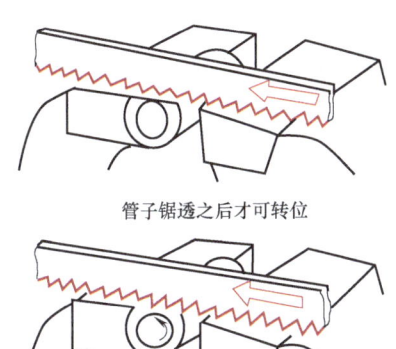

管子锯透之后才可转位

按锯切方向转一下管子再锯，快锯断时要当心

锯管子

4.9.4 锉削

锉是有齿的切削工具。

锉削可加工工件的外表面、内孔、沟槽和各种形状复杂的表面。锉削精度达0.01mm。

（1）锉刀 锉刀有钳工锉、整形锉和特种锉。钳工锉按断面形状又分为平锉、方锉、圆锉、三角锉、半圆锉。整形锉用于修整工件上的细小部位。特种锉用于加工特殊表面。锉刀的种类、规格、型号很多，可根据工件的形状、软硬、加工余量、精度要求等选用合适的锉刀。

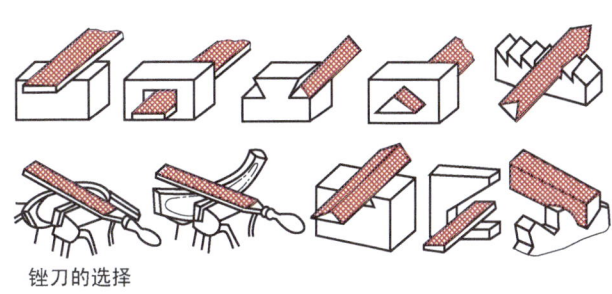

锉刀的选择

（2）锉刀的握法 右手紧握刀柄，柄端抵在大拇指根部的手掌上，大拇指放在刀柄上部，其余手指由下而上握着刀柄。左手将拇指根部的肌肉压在锉刀头上，拇指自然伸直，其余四指弯向手心，用中指、无名指捏住锉刀前端。锉削时手推动锉刀并决定推动方向，左手协同右手使锉刀保持平衡。

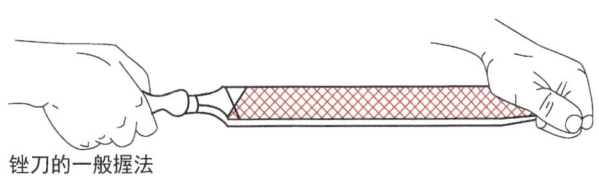

锉刀的一般握法

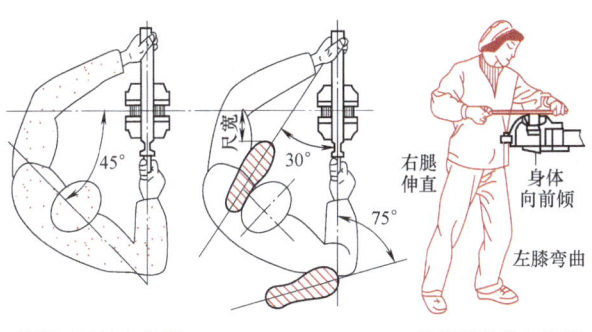

锉削时的站立位置　　　锉削时的站立姿势

（3）锉削姿势 锉削时，操作者面对台虎钳站在中心线一侧，左脚与台虎钳中心线成 35° 角，右脚与台虎钳中心线成 75° 角。

锉削时两脚站稳，身体向前倾，重心放在左脚上，身体靠左膝弯曲，两肩自然放平，目视锉削面，右小臂与锉刀面基本保持平行。

（4）基本锉削方法

1）锉削平面。其方法有顺向锉、交叉锉和推锉三种。

2）锉削外圆弧。常用横锉和滚锉两种，其中横锉用于圆弧粗加工。滚锉用于圆弧精加工或余量较小的加工。

3）锉削内圆弧。常用横锉和推锉两种，其中横锉用于外圆弧粗加工。采用推锉法时，前进运动、向左或向右移动、绕锉刀中心线转动，三个运动同时完成。

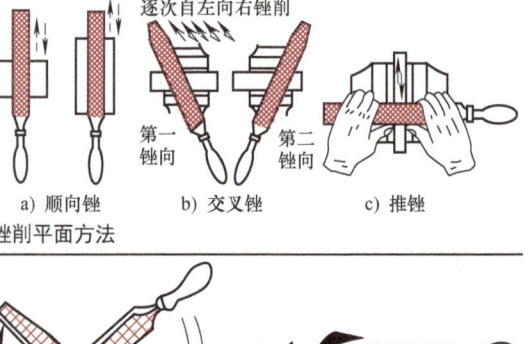

a）顺向锉　　b）交叉锉　　c）推锉

锉削平面方法

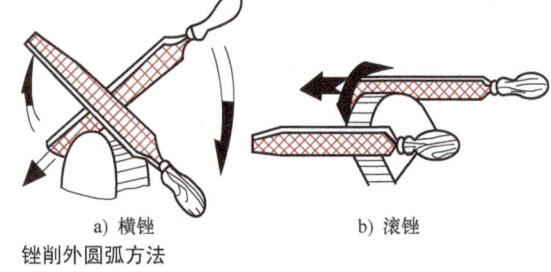

a）横锉　　　　b）滚锉

锉削外圆弧方法

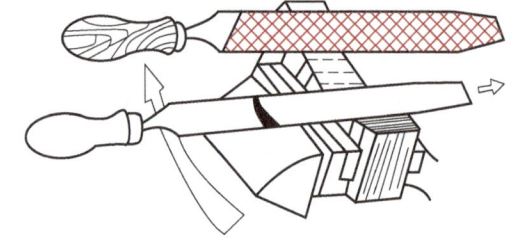

锉内圆弧方法

4.9.5 刮削和研磨

刮削和研磨是提高表面质量和尺寸精度的手工精密加工。

除了机械加工（压光、滚光）外，刮削和研磨是许多加工工序中的最后一道。把残留的粗糙峰尖刮平。表面粗糙度是实际表面质量对规定表面的偏差。它以 1/1000mm 表示。经精加工后，支承面、配合面和密封面的承载部分可提高到 80%。经过刮削的面应该是完全密封的。

（1）刮削 刮刀应能切削细的切屑，如平面所用的平刮刀，曲面所用的匙形刮刀、三角刮刀，楔角为 85°～95°，前角是负的。

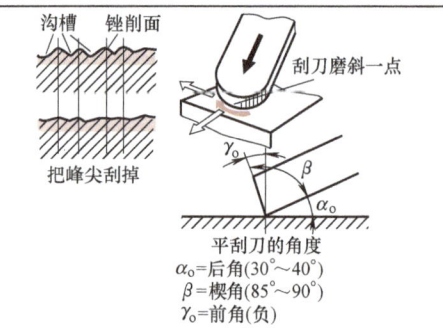

平刮刀的角度
α_o = 后角（30°～40°）
β = 楔角（85°～90°）
γ_o = 前角（负）

刮削平面用的平刮刀
前角 γ_o 为负（切削称刮削）时刮下的切屑很细

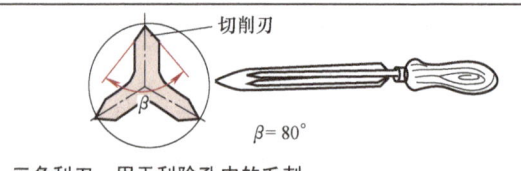

$\beta = 80°$

三角刮刀，用于刮除孔内的毛刺

匙形刮刀
用于凹面（轴瓦）

经长条刮削，可铲除残留的粗糙峰尖，使纹痕减少。这时刮刀应斜对纹痕进行刮削，不然会钩住刮刀。向前刮时要轻压，一个刮削动作结束时压力应减弱，使其不会产生下凹。

注意：刮刀应用刚玉砂轮或碳化硅砂轮磨刃，然后用磨石打光。

（2）研磨 平面上涂色，以确定极小的不平度。先在刮研平板上涂一层色，然后把工件放在平台上，大工件则将色涂在工件表面，然后把刮研平板或刮研尺寸放在上面运动。高点光亮，应用刮刀铲除，刮削动作应短促、稍带圆弧。这样加工，一直到整个面上的点尽量多而均匀。每进行一遍刮削后应更换刮削方向。

如果刮研表面每平方厘米可看到 5～10 个点就可以了。

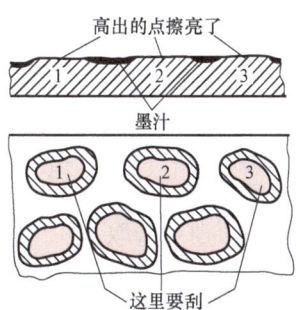

平面的刮削
高出的点必须刮掉，刮到面上的点均匀为止

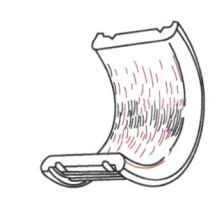 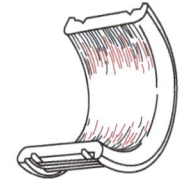

轴瓦的刮削
左图：轴瓦是好的，滑动面不需修整
右图：轴瓦不好，外面咬住，必须修整

4.10 孔加工（钻孔、锪孔、铰孔）

孔加工是钳工的重要操作技能之一。孔加工的方法主要有两类：一是在实体工件上加工出孔，即用麻花钻、中心钻等直接钻孔；二是对已有孔进行再加工，即用扩孔钻、锪孔钻和铰刀对孔进行扩孔、锪孔和铰孔等。铰孔是用铰刀对已钻出孔进行加工的方法。锪孔是用锪孔钻锪出孔端平面或各种形状的孔口的钻削方法。

（1）常用工具

1）钻头。种类很多，有麻花钻、扁钻、深孔钻、中心钻等。常用的是麻花钻，分直柄和锥柄两种。

2）扩孔钻。扩孔的工具，与钻头不同的是，扩孔钻有 3～4 个切削刃，无横刃，加工孔的精度和表面质量较好。

3）铰刀。铰孔的工具，有手用、机用、可调锥形等多种。

4）锪孔钻。锪孔的工具，有锥形、柱形、端面等几种样式。

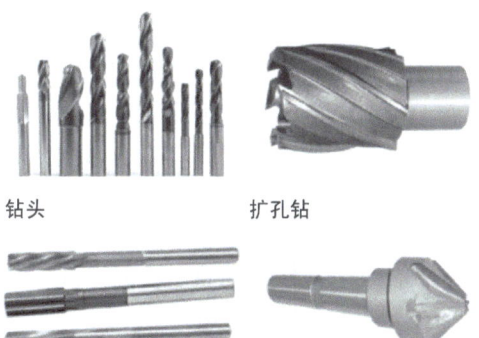

（2）操作方法

1）钻孔。划线、打样冲眼；试钻一个深度约为孔径 1/4 的浅坑，判断是否对中；钻孔时进给力不要太大，时常抬起排屑，同时加切削液，在孔要通时，要减小进给量以防止切削力突然增大而

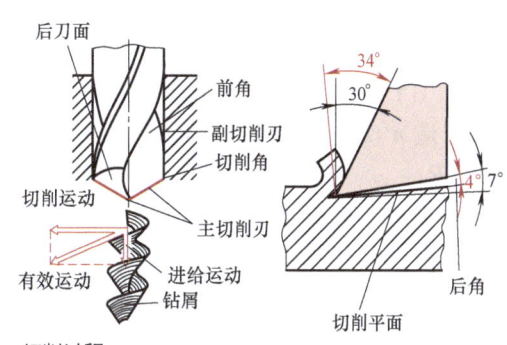

折断钻头。

2）扩孔。用于扩大已经加工的孔，常作为孔的半精加工。

3）铰孔。用铰刀从工件孔壁上切除微量金属层，以提高其尺寸精度和表面质量。余量和孔的大小从相关手册中查取。

4）锪孔。目的是保证孔端面与孔中心线的垂直度，以便使与孔连接的零件位置正确，连接可靠。

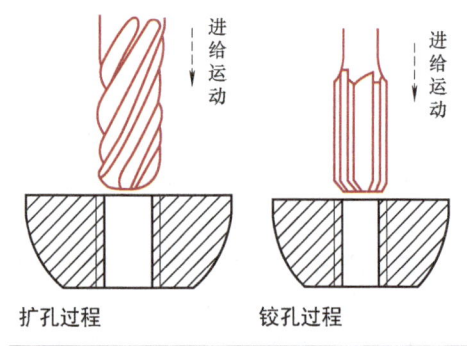

扩孔过程　　　　　铰孔过程

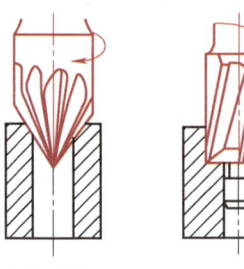 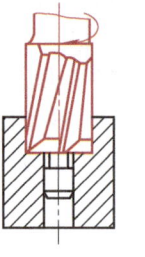 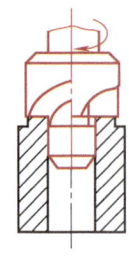

锪孔过程

4.11 螺纹加工

4.11.1 螺纹的形成

一平面图形（如三角形、矩形、梯形等）沿一圆柱或圆锥面上的螺旋线运动，在该圆柱或圆锥面上形成连续的凸起和沟槽即为螺纹。在圆柱（或圆锥）外表面上形成的螺纹称为外螺纹，在圆柱（或圆锥）孔内表面上形成的螺纹称为内螺纹。

4.11.2 螺纹的几何参数

（1）大径 d（外径）（D）　与外螺纹牙顶相重合的假想圆柱面直径，也称公称直径。

（2）小径 d_1（内径）（D_1）　与外螺纹牙底相重合的假想圆柱面直径，在强度计算中可作为危险剖面的计算直径。

（3）中径 d_2　在轴向剖面内牙厚与牙间宽相等处的假想圆柱面的直径，近似等于螺纹的平均直径，即 $d_2 \approx 0.5(d+d_1)$。

（4）螺距 P　相邻两牙在中径圆柱面的母线上对应两点间的轴向距离。

（5）导程（L_h）　同一螺旋线上相邻两牙在中径圆柱面的母线上的对应两点间的轴向距离。

（6）线数 n　螺纹螺旋线数目，一般为便于制造 $n \leqslant 4$；螺距、导程、线数之间的关系为 $L_h = nP$。

（7）螺旋升角 ψ　在中径圆柱面上螺旋线的切线与垂直于螺旋线轴线的平面的夹角。

（8）牙型角 α　螺纹轴向平面内螺纹牙型两侧边的夹角。

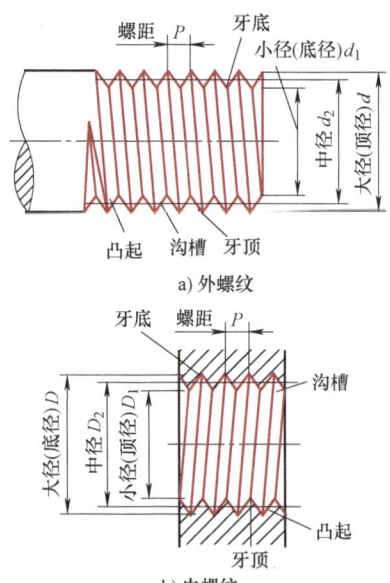

a）外螺纹

b）内螺纹

螺纹的要素

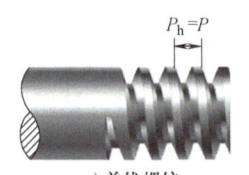 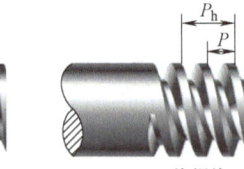

a）单线螺纹　　　b）双线螺纹

螺纹的线数

（9）旋向　螺纹分右旋和左旋两种。顺时针方向旋转时旋入的螺纹为右旋螺纹，逆时针方向旋转时旋入的螺纹为左旋螺纹。

4.11.3 螺纹的牙型

（1）三角形螺纹　牙型角大，自锁性能好，而且牙根厚、强度高，多用于连接。常用的有普通螺纹、寸制螺纹和管螺纹。

1）普通螺纹。国家标准中，把牙型角 $\alpha=60°$ 的三角形米制螺纹称为普通螺纹，其大径为公称直径。同一公称直径可以有多种螺距，其中螺距最大的称为粗牙螺纹，其余都称为细牙螺纹，粗牙螺纹应用最广。细牙螺纹的小径大、升角小，因而自锁性能好、强度高，但不耐磨、易滑扣，适用于薄壁零件、受动载荷的连接和微调机构的调整。

2）寸制螺纹　牙型角 $\alpha=55°$，以 in 为单位，螺距以每英寸的牙数表示，也有粗牙、细牙之分。

3）管螺纹　牙型角 $\alpha=55°$，牙顶呈圆弧形，旋合螺纹间无径向间隙，紧密性好，公称直径为管子的公称通径，广泛用于水、煤气、润滑等管路系统的连接。

（2）梯形螺纹　牙型为等腰梯形，牙型角 $\alpha=30°$，效率比矩形螺纹低，但易于加工，对中性好，牙根强度较高，当采用剖分螺母时还可以消除因磨损而产生的间隙，因此广泛应用于螺旋传动中。

（3）矩形螺纹　牙型为矩形，牙型角 $\alpha=0°$，牙厚为螺距的一半，当量摩擦因数较小，效率较高，但牙根强度较低，螺纹磨损后造成的轴向间隙难以补偿，对中精度低，且精加工较困难，较少采用。

（4）锯齿形螺纹　锯齿形螺纹工作面的牙侧角为3°，非工作面的牙侧角为30°，兼有矩形螺纹效率高和梯形螺纹牙根强度高的优点，但只能承受单向载荷，适用于单向承载的螺旋传动。用于单向受力的传力螺旋机构，如螺旋压力机、千斤顶等。

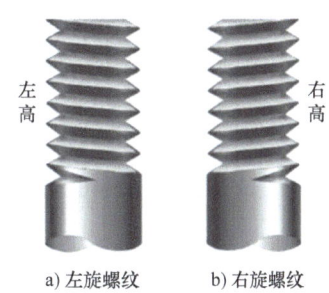

a) 左旋螺纹　　b) 右旋螺纹

螺纹的旋向

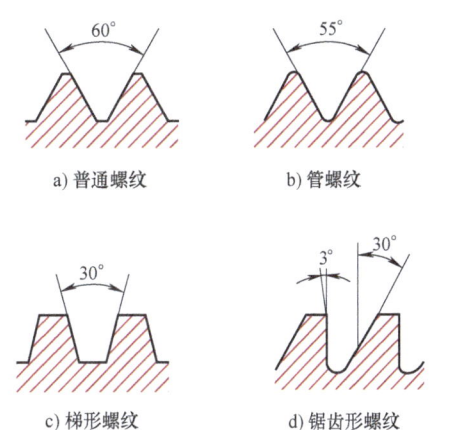

a) 普通螺纹　　b) 管螺纹

c) 梯形螺纹　　d) 锯齿形螺纹

螺纹的牙型

4.11.4 螺纹的标记

（1）普通螺纹

1）普通螺纹的粗牙螺距不标注，细牙必须注出螺距。如 M20 为粗牙，螺距 2.5mm 不标注；M20×2 为细牙，螺距 2mm 要标注。

2）左旋螺纹要注写 LH，右旋螺纹不用。

3）螺纹公差带代号包括中径和顶径公差带代号，外螺纹公差带代号用小写字母，内螺纹公差带代号用大写字母。如 M20-5g6g，表示外螺纹中径公差带代号为 5g，顶径公差带代号为 6g。如果中径与顶径公差带代号相同，如 M20-7H 就表示内螺纹中径与顶径公差带均为 7H。

4.11 螺纹加工　　第4章　常用制造工艺

4）普通螺纹的旋合长度规定为短（S）、中（N）、长（L），中等旋合长度（N）不必标注，如 M24-5g6g-L、M20×1.5-6H-S-LH 或 M20×1-6g 等。如果旋合长度为一具体数值，可直接标注，如 M20-5g6g-40 就表示旋合长度为40mm。

（2）**梯形螺纹**　标注同普通螺纹，如 Tr40×7LH-7H-L 表示梯形螺纹，公称直径为40mm、螺距为7mm、左旋、中径公差带代号为7H、长旋合长度。

（3）**55°非密封管螺纹**　55°非密封管螺纹，其外螺纹有 A 和 B 两个公差等级，应注出；内螺纹只有一个公差等级，不必注出。如 G1/4 A 表示非螺纹密封的管螺纹，是外螺纹，尺寸代号为 1/4，公差等级为 A 级；G1/4 表示非螺纹密封的管螺纹，是内螺纹，尺寸代号为 1/4。

4.11.5　常用螺纹紧固件

用螺栓、螺钉和螺母可构成可拆连接。

（1）**螺栓和螺钉**　带头螺栓和螺钉头部有各种形状，可以用作夹紧螺栓、对穿螺栓或配合螺栓。

夹紧螺栓　用于固定盖板、法兰盘、压板和其他机器上的零件。旋入深度与双头螺柱一样。带内六角的圆柱螺栓虽然可以埋头，但仍然可以像六角螺栓一样拧紧。

对穿螺栓　要用螺母和垫片锁紧。要注意螺栓头和螺母的接触面和垫片的平整。

配合螺栓　用于机器零件位置的固定或承受横向力。这种连接需要配合（H7/k6），故比较贵。采用对穿螺栓结合一二个配合销比较经济。

（2）**开槽螺钉**　开槽螺钉的螺钉头有各种不同形状。这种螺钉只能用螺钉旋具拧紧。因此拧紧力小于用扳手拧紧的螺丝。十字槽螺钉的螺钉头没有贯穿的槽缝，因此不会减弱强度。强度较高，可拧得较紧，形状也好看。

（3）**自攻螺钉**　用于在铁板上固定公司招牌，护板等。

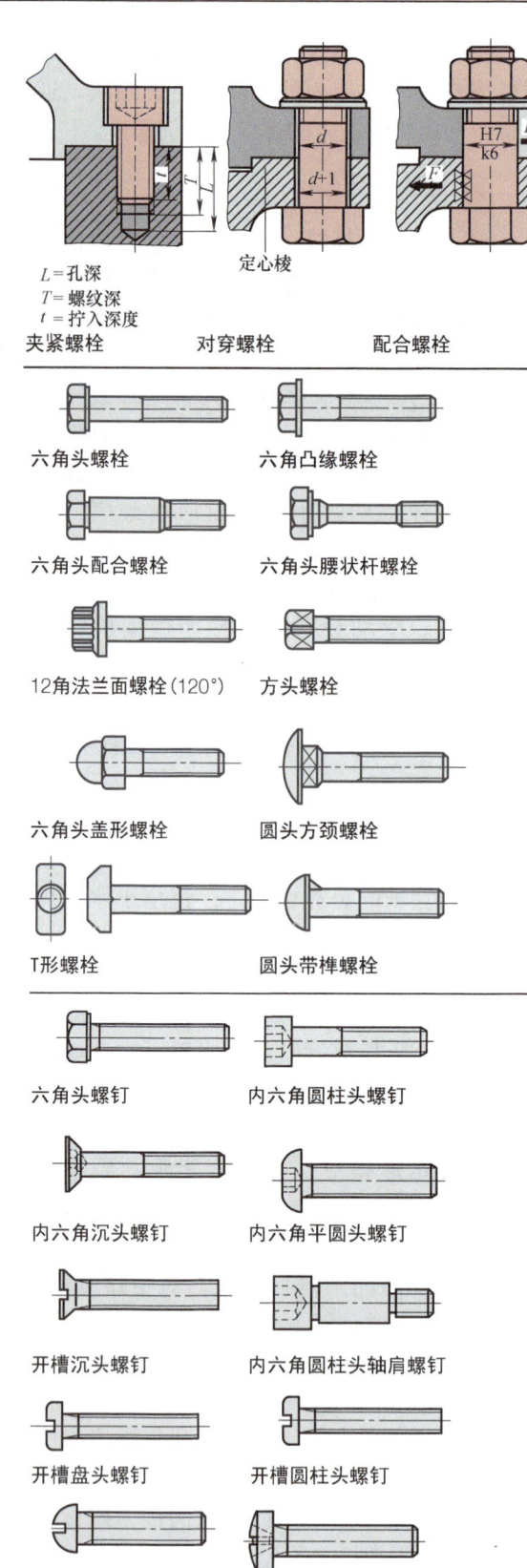

L＝孔深　　定心棱
T＝螺纹深
t＝拧入深度

夹紧螺栓　　　对穿螺栓　　　配合螺栓

六角头螺栓　　　六角凸缘螺栓
六角头配合螺栓　　　六角头腰状杆螺栓
12角法兰面螺栓（120°）　　　方头螺栓
六角头盖形螺栓　　　圆头方颈螺栓
T形螺栓　　　圆头带榫螺栓
六角头螺钉　　　内六角圆柱头螺钉
内六角沉头螺钉　　　内六角平圆头螺钉
开槽沉头螺钉　　　内六角圆柱头轴肩螺钉
开槽盘头螺钉　　　开槽圆柱头螺钉
开槽圆头螺钉　　　十字槽球面圆柱头螺钉

4.11 螺纹加工

（4）螺柱 螺柱由拧入端（经倒棱）、螺杆和螺母端（顶端）构成。用途与夹紧螺柱一样。优点是：夹紧螺柱经多次松开后会损坏螺纹，而螺柱的拧入端一直可以拧入。要取下用螺柱固定的零件只须卸下螺母。拧入深度要符合螺杆材料的强度，以免螺柱拉断。

（5）紧定螺钉 螺钉整个长度上都是螺纹，端部有一凹槽用于旋入拧紧，用于固定定位环、轴套等机器零件，防止移动或扭转错位。螺柱是螺钉的一种变型，用于固定可取下的零件。

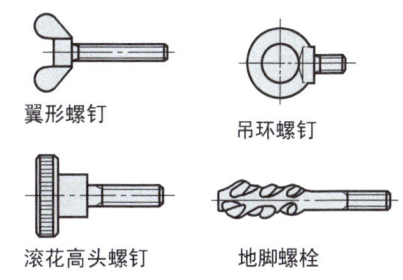
翼形螺钉　　吊环螺钉
滚花高头螺钉　　地脚螺栓

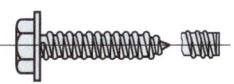
六角凸缘自攻螺钉

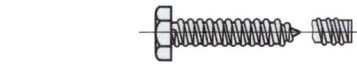
六角头自攻螺钉

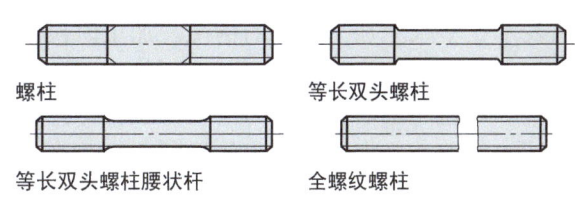
螺柱　　等长双头螺柱
等长双头螺柱腰状杆　　全螺纹螺柱

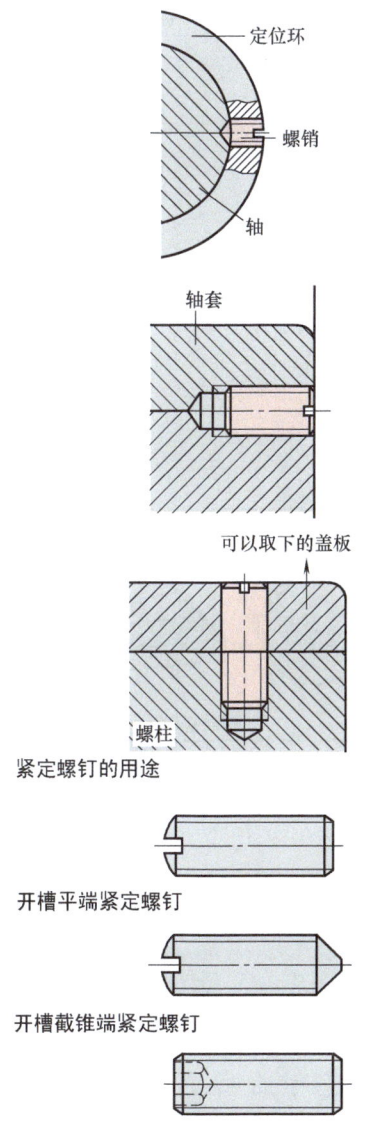
紧定螺钉的用途
开槽平端紧定螺钉
开槽截锥端紧定螺钉
内六角紧定螺钉

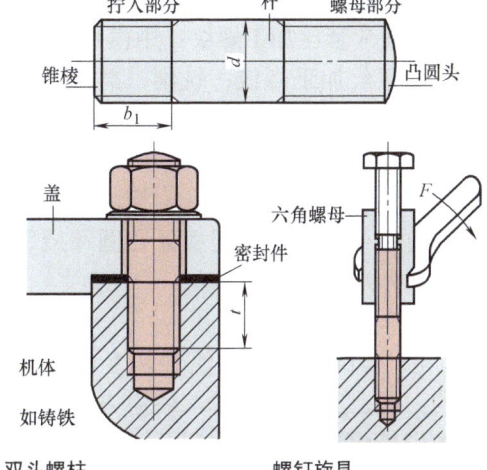
双头螺柱　　螺钉旋具

双头螺柱的拧入深度

材料	钢青铜	灰铸铁炮铜	铝合金	软金属绝缘材料
拧入深度	$1d$	$1.25d$	$2d$	$2.5d$

（6）螺母种类 右图表示几种标准螺母形状。对于螺母螺钉连接的强度来说，螺母的螺纹长度很重要。螺纹长度决定着承载螺纹线数。大多数螺母，螺母高度也等于螺纹长度。例外的有：盲螺母。标准螺母的高度=0.8×螺纹公称直径。扁螺母的高度<0.5×d，只用于受力小或防松的地方。若受力很大就得用超高螺母，高度>1+d。

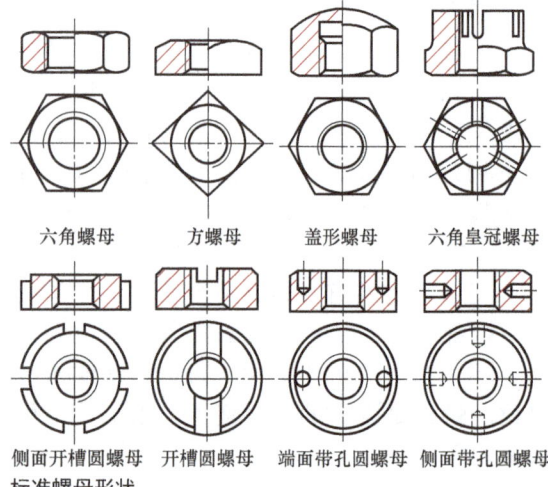

标准螺母形状

4.11.6 螺纹加工

1. 车削螺纹

螺纹是根据螺旋线原理加工而成的。右图表示在车床上加工螺纹的情况。加工时圆柱形工件作等速旋转运动，车刀则与工件相接触作等速的轴向移动，刀尖相对工件即形成螺旋线运动。由于切削刃的形状不同，在工件表面切去部分的截面形状也不同，可加工出各种不同的螺纹。

螺纹的其他加工方法还有：用丝锥攻螺纹、用板牙套丝加工螺纹；用模具加工螺纹；搓丝、滚丝加工螺纹；铣削、磨削、研磨加工螺纹等。

2. 攻螺纹和套螺纹

攻螺纹是用丝锥在孔中切削出内螺纹的加工方法；套螺纹是用板牙在圆棒或管子上切削出外螺纹的加工方法。

（1）常用工具

1）丝锥和铰杠。丝锥是专门用来攻螺纹的刀具。其结构简单，使用方便，在小尺寸的内螺纹加工上应用广泛。丝锥按牙的粗细不同可分为粗牙丝锥和细牙丝锥；按功能可分为螺母丝锥、板牙丝锥、锥形螺纹丝锥、梯形螺纹丝锥等。

铰杠是用来夹持丝锥柄部的方榫，并带动丝锥旋转切削的工具。

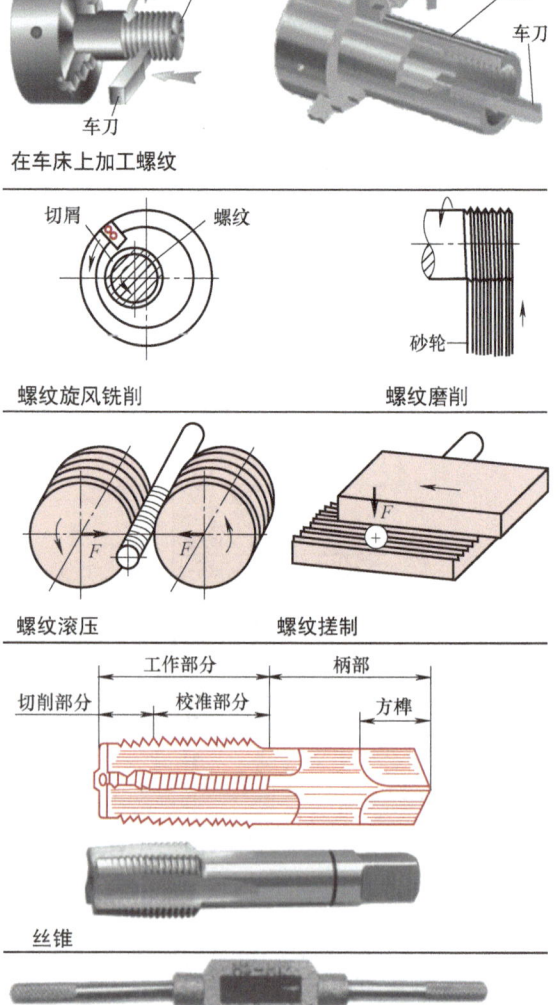

2）板牙和板牙架。板牙是加工外螺纹的工具，有固定式和开缝式两种。常用固定式板牙，其孔的两端有60°的锥度部分，这是板牙的切削部分，后面的牙为导向部分。

板牙架是装夹板牙的工具，不同规格的板牙配有相应的板牙架。

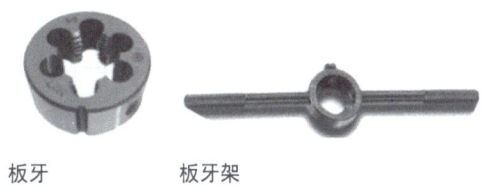

板牙　　　　板牙架

（2）攻螺纹的方法

1）攻螺纹前先钻螺纹底孔，底孔直径选择参照相关手册，也可用公式计算。

2）攻螺纹前要先钻孔的孔口倒角，以便于丝锥的定位和切入。

3）起攻时用右手掌按住铰杠中部，沿丝锥轴线用力加压，左手配合做顺时针旋转。

4）检查垂直度。当丝锥旋入1～2圈后，用角尺检查丝锥与孔端面的垂直度，如不垂直应立即矫正。可目测和用直角尺从两个方向检查是否垂直。

5）攻螺纹。当丝锥开始切削，即导向部分进入工件时，就可平行转动手柄，不再加压，这时每转动1～2圈，要反转1/4圈，以便使切屑断落，防止切屑挤坏螺纹，攻螺纹的同时要加切削液。

6）排屑。对于攻不通的螺纹，除了要在丝锥上做出深度标记外，还应经常退出丝锥，以清除切屑。

（3）套螺纹的方法

1）首先确定圆杆直径，太大难以套入，太小形成不了螺纹，可按公式计算。

2）起套的手法与攻螺纹一样。

3）套螺纹时，板牙端面与圆杆垂直，圆杆要倒30°～45°角，手法和攻螺纹一样。开始转动时要加压，导向部分切入后，两手平行转动手柄即可，时常反转断屑，加切削液。

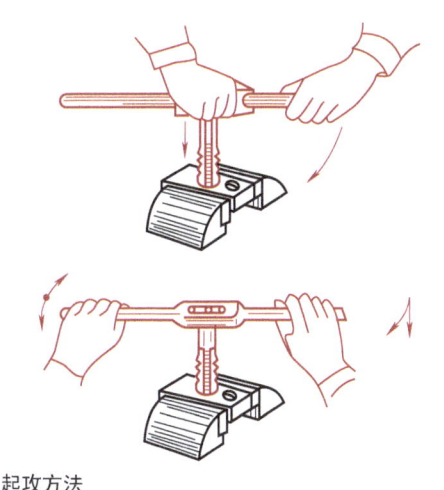

起攻方法

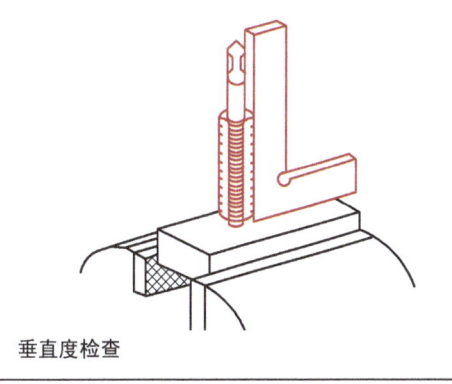

垂直度检查

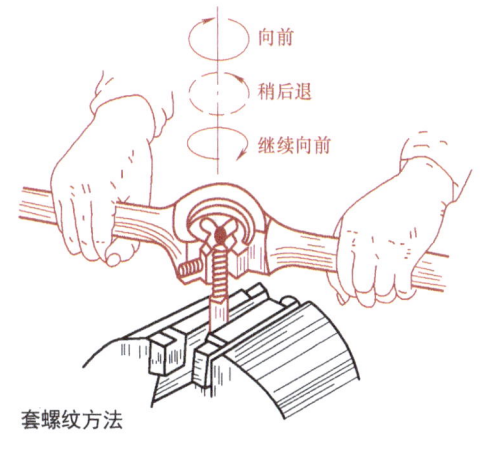

套螺纹方法

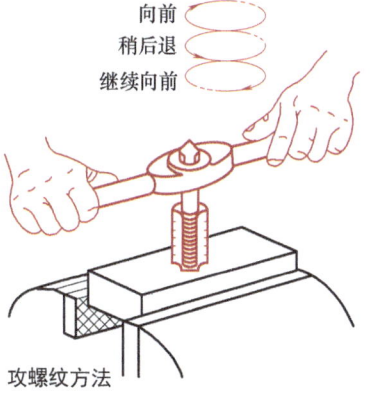

攻螺纹方法

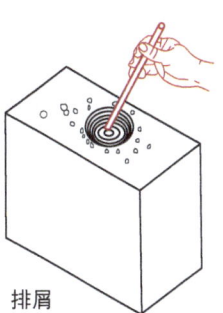

排屑

4.11.7 螺纹连接

（1）螺栓连接 分为普通螺栓连接和精密螺栓连接。

1）普通螺栓连接 被连接件不太厚，螺杆带钉头，通孔不带螺纹，螺杆穿过通孔与螺母配合使用。装配后孔与杆间有间隙，并在工作中不许消失，结构简单，装拆方便，可多次装拆，应用较广。

2）精密螺栓连接 装配后无间隙，主要承受横向载荷，也可作定位用，采用基孔制配合铰制孔螺栓连接（例如 H7/m6、H7/n6）。

（2）双头螺柱连接 螺杆两端无钉头，但均有螺纹，装配时一端旋入被连接件，另一端配以螺母。适用于常拆卸而被连接件之一较厚的情况。拆装时只需拆螺母，而不将双头螺栓从被连接件中拧出。

（3）螺钉连接 适用于被连接件之一较厚（上带螺纹孔），不需经常装拆，一端有螺钉头，不需螺母，受载较小的情况。

（4）紧定螺钉连接 拧入后，利用杆末端顶住另一零件表面或旋入零件相应的缺口中以固定零件的相对位置。可传递不大的轴向力或扭矩。

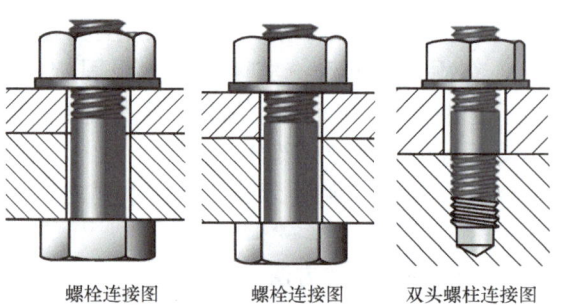

螺栓连接图　　螺栓连接图　　双头螺柱连接图

4.11.8 螺纹防松

若螺纹连接用于摇动、冲击或振动的地方，螺钉可能松动。这些连接与人身安全有关的地方必须保险，根据安全规定必须保险防松，如汽车、电梯、铁路、缆车、电扇等。防松措施主要有以下几种。

（1）摩擦力防松 应用最广的一种防松方式，这种方式在螺纹副之间产生一不随外力变化的正压力，以产生一可以阻止螺纹副相对转动的摩擦力。这种正压力可通过轴向或同时两向压紧螺纹副来实现，但不能完全防止松动。如采用弹性垫圈、双螺母、自锁螺母和尼龙嵌件锁紧螺母等，均属于摩擦力防松。

（2）机械防松 用止动件直接限制螺纹副的相对转动，只有去除止动件后，才能拆开。如采用开口销与开槽螺母、串连钢丝、止动垫圈等。

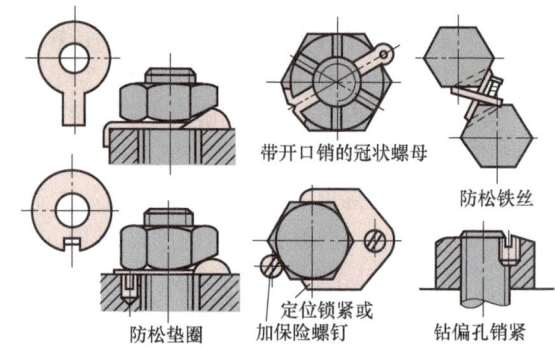

摩擦力防松

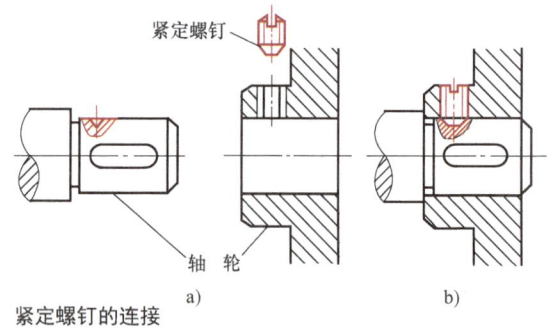

紧定螺钉的连接

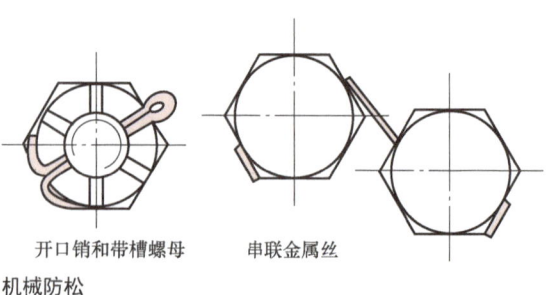

开口销和带槽螺母　　串联金属丝

机械防松

（3）永久防松　在拧紧后采用冲点、焊接、粘结剂粘结等方法，使螺纹副失去运动副特性而连接成为不可拆连接。特点是螺栓只能使用一次，且拆卸十分困难，必须破坏螺纹副方可拆卸。

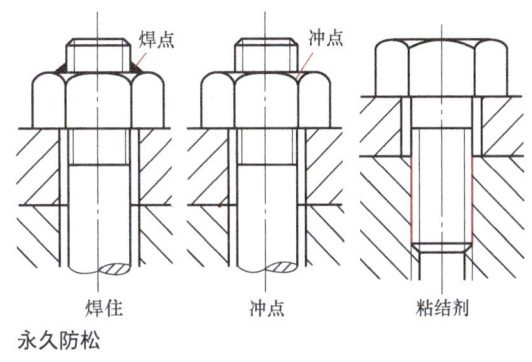

永久防松

4.12　气割

气割是指利用可燃气体同氧混合燃烧所产生的火焰分离材料的热切割，又称氧气切割或火焰切割。气割是各个工业部门常用的金属热切割方法，手工气割使用灵活方便，是工厂零星下料、废品废料解体、安装和拆除工作中不可缺少的工艺方法。

1. 气割过程

切割和成形是用气体燃料 - 氧气火焰切割材料，条件是该材料在其熔点以下能点燃并燃烧，含碳量在1.6%（质量分数）以下的钢都能满足这个条件，因为它的熔化温度为1500℃，高于氧化物熔化温度1350℃，所以只是氧气物熔化，并被吹出熔缝。

随着钢的含碳量增加，它的熔点在下降，含碳量大于1.6%（质量分数）的钢就不宜采用气割了。

2. 割炬

割炬的作用是使氧与乙炔按比例进行混合，形成预热火焰，并将高压纯氧喷射到被切割的工件上，使被切割金属在氧射流中燃烧，氧射流并把燃烧生成的氧化物熔渣吹走而形成割缝。割炬是气割工件的主要工具。

3. 切割操作

测定喷嘴到工件的距离，不能让火焰锥碰到工件，切割点达到炽热，打开氧气阀开始切割。

切割速度、喷嘴距离、切割和加热喷嘴的大小以及氧气气压应根据材料厚度选定。

4. 应用范围

气割主要应用于容器制造、钢结构制造、机器制造、造船、废料处理、管线敷设等。

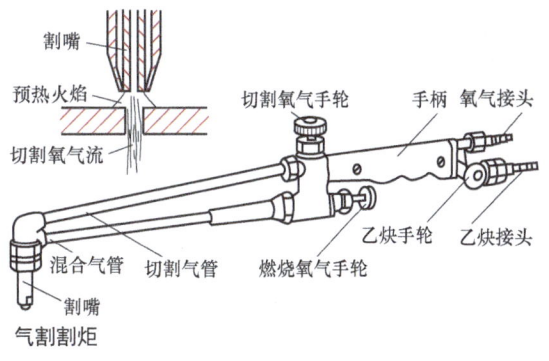

气割割炬

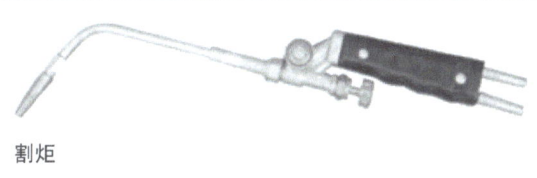

割炬

4.13　焊接

焊接是通过加热、加压，或两者并用，使两工件产生原子间结合的加工工艺和连接方式。焊接应用广泛，既可用于金属，也可用于非金属。焊接技术主要应用在金属母材上，常用的有电弧焊、氩弧焊、CO_2保护焊、氧气 - 乙炔焊、激光焊接、电渣压力焊等多种，塑料等非金属材料也可进行焊接。金属焊接方法有 40 种以上，主要分为熔焊、压焊和钎焊三大类。

（1）**熔焊** 熔焊是在焊接过程中将工件接口加热至熔化状态，不加压力完成焊接的方法。熔焊时，热源将待焊两工件接口处迅速加热熔化，形成熔池。熔池随热源向前移动，冷却后形成连续焊缝而将两工件连接成为一体。

在熔焊过程中，如果大气与高温的熔池直接接触，大气中的氧就会氧化金属和各种合金元素。大气中的氮、水蒸气等进入熔池，还会在随后的冷却过程中在焊缝中形成气孔、夹渣、裂纹等缺陷，恶化焊缝的质量和性能。

熔焊又分为以电弧热为热源的熔化极焊和非熔化极焊。

（2）**压焊** 压焊是在加压条件下，使两工件在固态下实现原子间结合的焊接方法，又称固态焊接。常用的压焊工艺是电阻对焊，当电流通过两工件的连接端时，该处因电阻值很大而温度上升，当加热至塑性状态时，在轴向压力作用下连接成为一体。压焊的特点是在焊接过程中施加压力而不加填充材料。

（3）**钎焊** 钎焊是使用比工件熔点低的金属材料为钎料，将工件和钎料加热到高于钎料熔点、低于工件熔点的温度，利用液态钎料润湿工件，填充接口间隙并与工件实现原子间的相互扩散，从而实现焊接的方法。

焊工

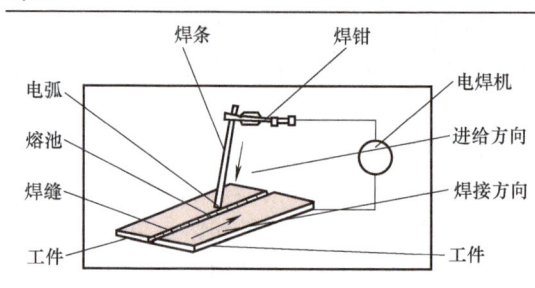
焊条电弧焊

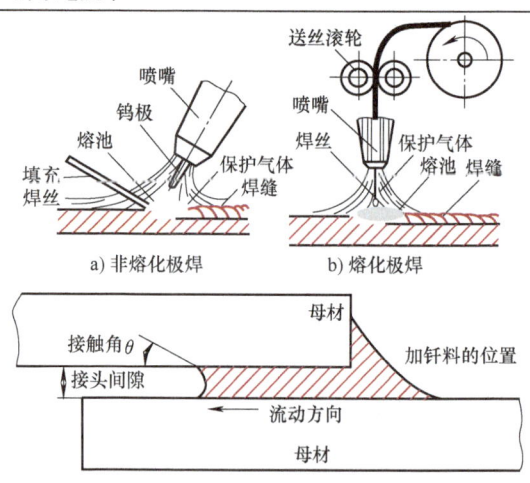
a) 非熔化极焊　b) 熔化极焊

钎焊接头

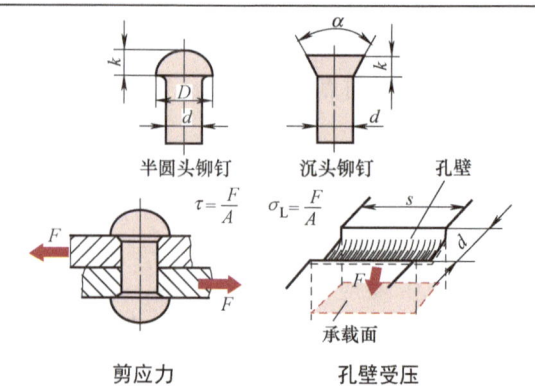
半圆头铆钉　沉头铆钉

$\tau = \dfrac{F}{A}$　$\sigma_L = \dfrac{F}{A}$

剪应力　孔壁受压

4.14　铆接

1. 原理

铆接是利用轴向力，将零件铆钉孔内的钉杆墩粗并形成钉头，使两件或两件以上零件相连接的工艺。

（1）**冷铆** 铆钉在常温状态下进行的铆接。若使用钢制铆钉，在冷铆前首先要进行退火处理，以提高铆钉的塑性。

（2）**热铆** 热铆不是焊接，它通过提高温度将两种金属的连接部位变性乃至融化在一起。

（3）**铆钉材料** 必须有一定的塑性和韧性，采用强度为 340～520MPa 的镇静钢和非镇静钢、铜、铜合金、铝和塑料等材料制成。为了防锈，应尽可能选用与母材相同的材料。

2. 铆接过程

铆接工艺：钻孔—（锪窝）—（去毛刺）—插入铆钉—顶模（顶把）—顶住铆钉—旋铆机铆成形（或手工—墩紧—墩粗—铆成—罩形）。

3. 铆接接头

铆接接头是零件相互连接的形式，搭接是钢板相互重叠的铆接，加盖板铆接是指零件边缘相互对好，另加一块或两块盖板把两个零件铆接在一起。

铆钉可以铆成单排或多排，多排可排成平行或交错的。

1）特种铆接法——光面铆接。用于薄板的铆接，有许多不同铆接形式。

2）空心铆钉。可用于薄板、纸板、皮革的铆接。

3）单面铆接法。用于只能从一面进行铆接的地方，采用带冲头的空心铆钉或热铆铆钉。

4. 铆接缺陷

缺陷会降低铆接强度和铆钉附着力。铆接主要缺陷有钻孔错开、铆钉打弯、铆孔太大、铆钉拉得太松或太紧、铆钉太短等。

4.15 粘结（金属、塑料）

粘结是指通过粘合层把两个工件粘结在一起。

金属粘结技术是使用金属修补剂实现金属与金属和金属与非金属的固体界面相连接的技术。粘结力是物理连接力与化学键连接力的总合。粘结界面不仅能传递应力，而且能密封、防腐，表面和整体可以进行车、钻、铣等机械加工。

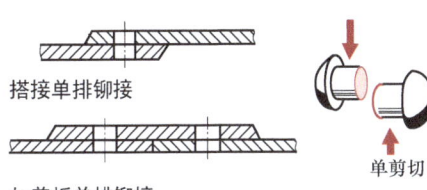

搭接单排铆接

加盖板单排铆接

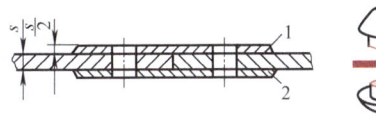

双盖板单排铆接（双剪切）

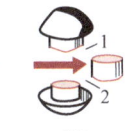

单剪切

双剪切

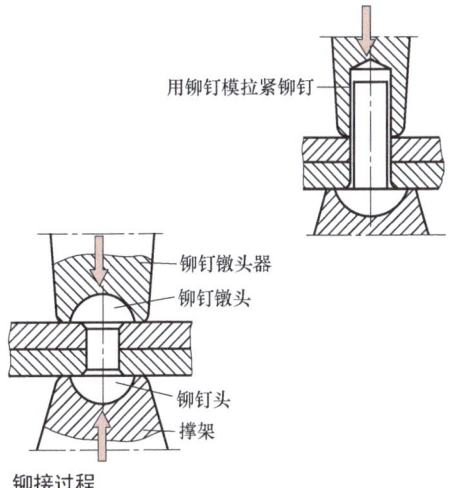

用铆钉模拉紧铆钉

铆钉镦头器
铆钉镦头
铆钉头
撑架

铆接过程

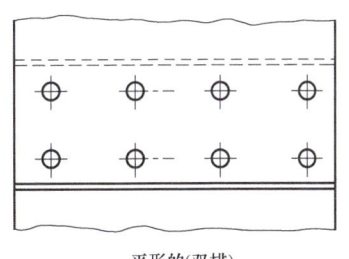

平形的(双排)

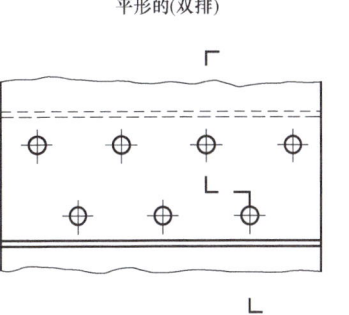

交错的(双排错开)

铆接

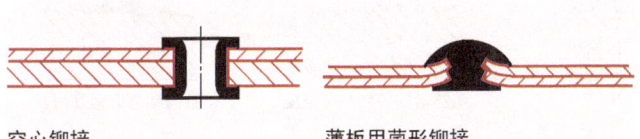

空心铆接　　薄板用菌形铆接

4.15 粘结（金属、塑料）

1. 粘结剂的分类
粘结剂种类很多，通常可作如下分类：

（1）按材料来源分

1）天然粘结剂。它取自于自然界中的物质，包括淀粉、蛋白质、糊精、动物胶、虫胶、皮胶、松香等生物粘结剂；也包括沥青等矿物粘结剂。

2）人工粘结剂。它是用人工制造的物质，包括水玻璃等无机粘结剂，以及合成树脂、合成橡胶等有机粘结剂。

（2）按使用特性分

1）水溶型粘结剂。用水作溶剂的粘结剂，主要有淀粉、糊精、聚乙烯醇、羧甲基纤维素等。

2）热熔型粘结剂。通过加热使粘结剂熔化后使用，是一种固体粘结剂。一般热塑性树脂均可使用，如聚氨酯、聚苯乙烯、聚丙烯酸酯、乙烯-醋酸乙烯共聚物等。

3）溶剂型粘结剂。不溶于水而溶于某种溶剂的粘结剂，如虫胶、丁基橡胶等。

4）乳液型粘结剂。多在水中呈悬浮状，如醋酸乙烯树脂、丙烯酸树脂、氯化橡胶等。

5）无溶剂液体粘结剂。在常温下呈黏稠液体状，如环氧树脂等。

2. 粘结原理

> 粘结剂的效果取决于粘结剂与工件之间的粘附力和粘结剂的内聚力。

3. 粘结操作

（1）预处理 粘结面必须清洗干净，除去脏物和油脂，使粘结剂分子能够紧密附在材料上，还可用砂纸、喷砂或酸洗把表面弄毛，以增加附着面。

（2）粘结过程 粘结要求粘结件放置牢固。粗糙面两面都要涂粘结剂和固化剂，光滑面只要涂一面，粘结剂层应为 25～100μm，两个粘结件在完全固化前不能推移，用环氧树脂时不需外加压力，本身压力就够了。

4. 粘结结构和粘结形式

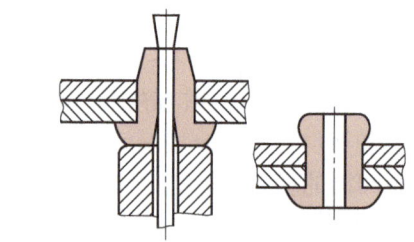

薄板的单面铆接

孔错开了　　铆钉打弯了　　孔太大

拉得太松　　拉得太紧　　铆钉太短

铆接缺陷

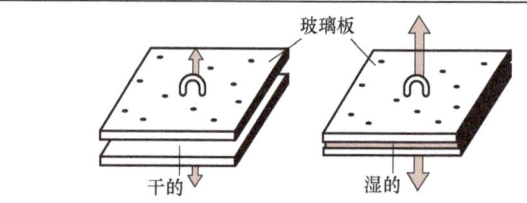

干的　　　　湿的

两块玻璃板之间的附着作用

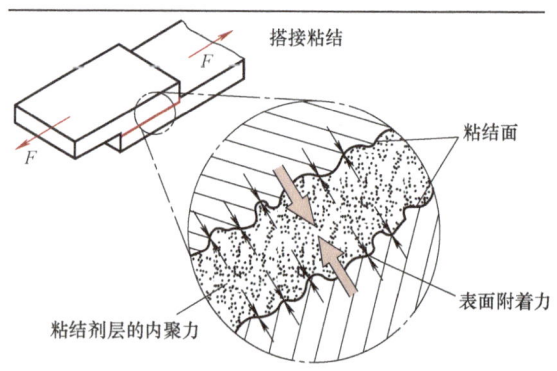

粘结的作用

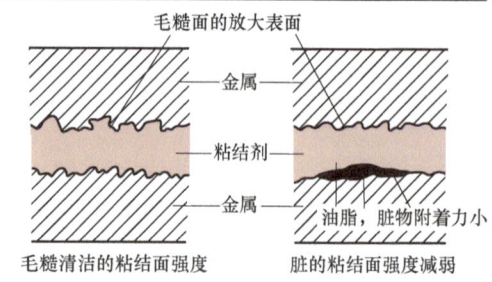

毛糙清洁的粘结面强度　　脏的粘结面强度减弱

金属粘结剂的附着作用

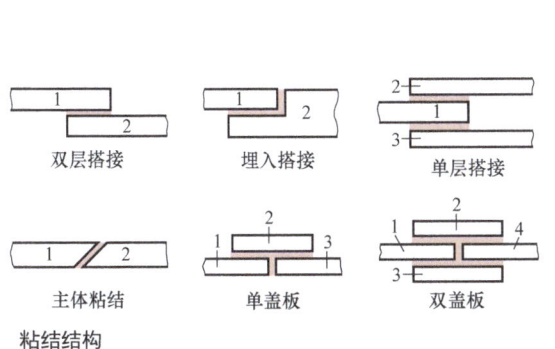

粘结结构

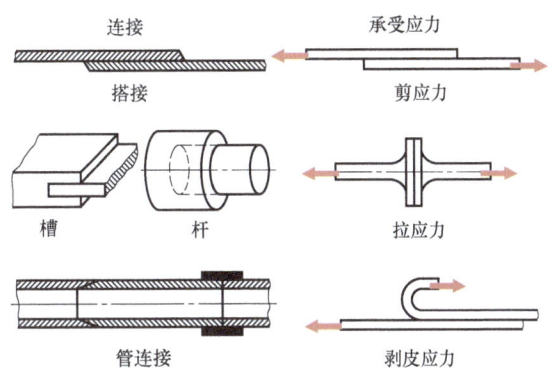

粘结形式
粘结层可用撕拉工具扯开。如不成，可用喷灯加热到约120℃再扯。

4.16 键、销连接

4.16.1 键连接

键是用来连接轴和轴上的传动零件（如齿轮、带轮），起传递转矩作用的标准件，其两个侧面和底面与工件接触，结构简单。

1. 平键

（1）普通平键

1）普通平键的种类。键是标准件，普通平键分为A（圆头）、B（方头）、C（半圆头）三种型号。

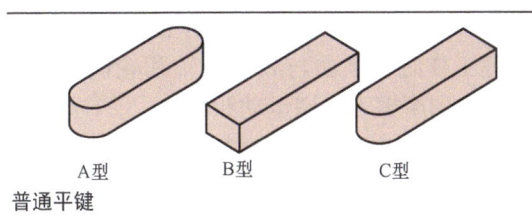

普通平键

2）普通平键的标记。键公称尺寸为轴的直径，普通平键的尺寸和键槽的剖面尺寸，可按公称尺寸轴的直径查阅相关国家标准。

普通平键的标记中，"A"型平键的"A"可省略不标，而B、C型普通平键必须标注"B"或"C"。

3）普通平键的连接。

普通平键连接

> 普通平键的标注示例：
> 宽度 $b=16$mm、高度 $h=10$mm、长度 $L=100$mm 普通B型平键的标记为：
> GB/T 1096 键 B16×10×100

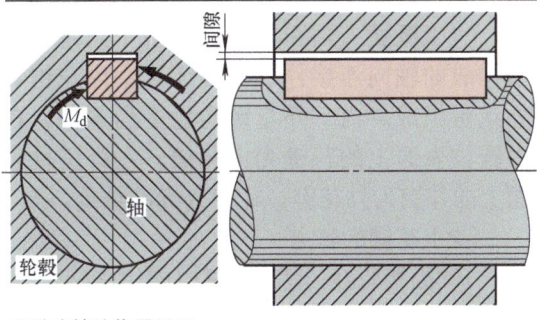

直键连接的作用原理

（2）导向平键与滑键

1）导向平键。固定在轴上，工作时允许轴上零件沿轴滑动的平键。

2）滑键。固定在轮毂上，工作时与轮毂一起沿轴上的键槽移动的键。

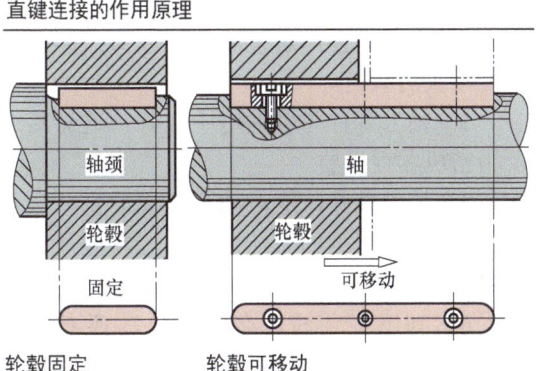

轮毂固定　　　　轮毂可移动

2. 半圆键连接

半圆键也是一种标准键，其尺寸也可根据公称尺寸轴的直径查阅相关标准。

> 半圆键标记示例：
> 宽度 b=6mm、高度 h=10mm、直径 D=25mm 的半圆键的标记为：
> GB/T 1099.1 键 6×10×25

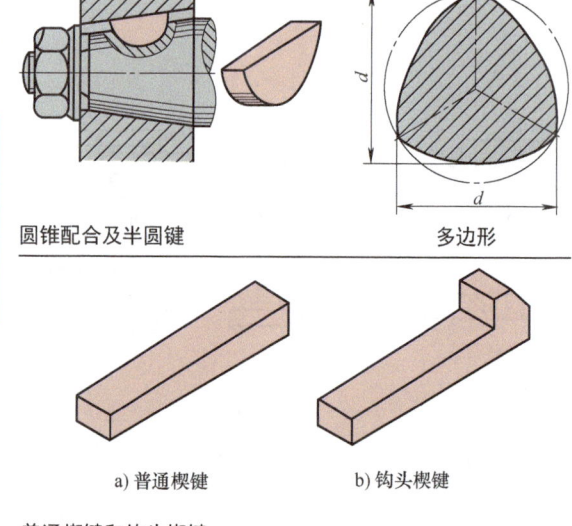

圆锥配合及半圆键　　多边形

3. 楔键

楔键分普通楔键和钩头楔键，普通楔键又分 A、B、C 三种类型，楔键顶面斜度 1:100，楔键工作时靠顶面与底面及轴和轮的槽底挤压产生的摩擦力传递运动和动力。

a) 普通楔键　　b) 钩头楔键

普通楔键和钩头楔键

> 楔键标记示例：
> 宽度 b=16mm、高度 h=10mm、长度 L=100mm 普通 A 型楔键的标记为：GB/T 1564 键 16×100
> 宽度 b=16mm、高度 h=10mm、长度 L=100mm 普通 B 型楔键的标记为：GB/T 1564 键 B16×100
> 宽度 b=16mm、高度 h=10mm、长度 L=100mm 普通 C 型楔键的标记为：GB/T 1564 键 C16×100

4. 花键

（1）概述　轴和轮毂上有多个凸起和凹槽构成的轴向连接件。花键连接由内花键和外花键组成。内、外花键均为多齿零件，在内圆柱表面上的花键为内花键，在外圆柱表面上的花键为外花键。花键为标准结构。

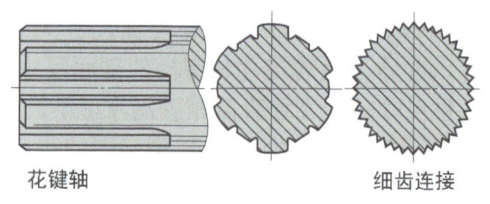

花键轴　　细齿连接

（2）花键的特点

1）因槽较浅，齿根处应力集中较小，轴与毂的强度削弱较少。

2）齿数较多，总接触面积较大，因而可承受较大的载荷。

3）轴上零件与轴的对中性好，这对高速及精密机器很重要。

4）导向性好，这对动连接很重要。

5）可用磨削的方法提高加工精度及连接质量。

6）制造工艺较复杂，有时需要专门设备，成本较高。

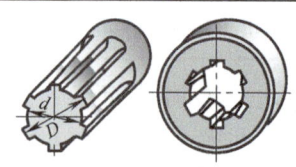

花键连接

（3）适用场合　定心精度要求高、传递转矩大或经常滑移的连接。适用于高速轴、同轴度要求高的机构。

4.16.2 销连接

1. 销的作用与分类

销贯穿于两个零件孔中,主要起定位、连接和导向作用。

销按结构分为圆柱销、圆锥销、槽销、销轴和开口销等;按作用可分为定位销、连接销和安全销。

2. 销的连接

当采用销定位时,为了便于销的拆卸,孔尽可能加工成通孔;若不允许加工成通孔,则应采用带内螺纹孔的销;对于圆锥销,为保证锥面配合,锥销顶与锥孔底孔必须留有间隙。

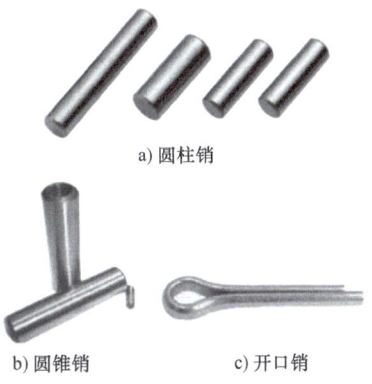

a) 圆柱销
b) 圆锥销 c) 开口销
圆柱销、圆锥销和开口销

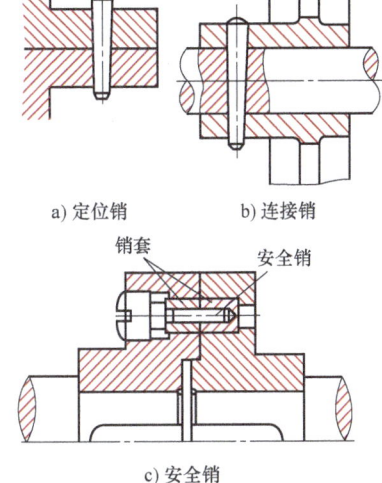

a) 定位销 b) 连接销
c) 安全销
销连接

4.17 装配知识

4.17.1 装配概述

1. 装配概念

产品都是由若干个零件和部件组成的。按照规定的技术要求,将若干个零件接合成部件或将若干个零件和部件接合成产品的劳动过程,称为装配。前者称为部件装配,后者称为总装配。它一般包括装配、调整、检验和试验、涂装、包装等工作。

(1) 装配单元　为了保证有效进行装配工作,通常将机器分为若干能进行独立装配的装配单元。

零件是组成机器的最小单元。套件是在每一基准零件上装上一个或若干个零件构成的。组件是在一个基准件上装上若干个零件和套件构成的。部件是在一个基准零件上装上若干个组件、套件、零件构成的。在一个基准零件上,装上部件、组件、套件、零件就成为了机器或产品。

(2) 装配过程　装配过程是使零件、套件、组件和部件间形成一定的位置关系。

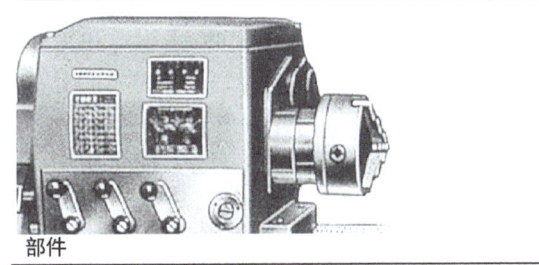

部件

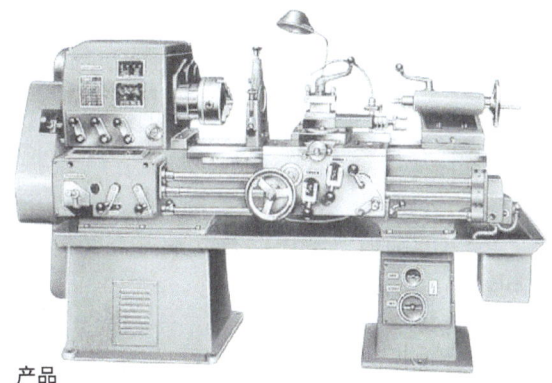

产品

2. 装配精度

装配精度是装配工艺的质量指标。它包括零、部件间的尺寸精度、相对运动精度、相互位置精度和接触精度。零、部件间的尺寸精度包括配合精度和距离精度。

一般情况下，装配精度是由有关组成零件的加工精度来保证的。对于某些装配精度要求高的项目，或组成零件较多的部件，装配精度如果完全由有关零件的加工精度来直接保证，则对每个零件的加工精度要求很高，这会给加工带来困难，甚至无法加工。

3. 装配尺寸链

在机器装配关系中，由相关零件尺寸或相互位置关系所组成的尺寸链称为装配尺寸链。装配尺寸链中的装配精度是封闭环，相关零件的设计尺寸是组成环。

（1）**直线尺寸链** 由长度尺寸组成，且各环尺寸相互平行的装配尺寸链。如图所示，齿轮空套在轴上，建立装配尺寸链 A_1、A_2、A_3、A_4、A_5，以保证齿轮与挡圈有一定的间隙 A_0。

（2）**角度尺寸链** 它由角度、平行度、垂直度等组成的装配尺寸链。角度尺寸链由 α_1、α_2 以及 O—O 与 A—A 两轴线的平行度组成，以保证车床装配合理的角度。

（3）**平面尺寸链** 它由构成一定角度关系的长度尺寸及相应的角度尺寸构成，且处于同一平面内或彼此平行的平面内。

（4）**空间尺寸链** 它位于空间相交平面的直线尺寸和角度尺寸构成。

4.17.2 装配工作的主要内容

1. 清洗

（1）**目的** 去除粘附在零件上的灰尘、切屑和油污，并使零件具有一定的防锈能力。

（2）**方法** 有擦、浸、喷、超声波振动等。

（3）**清洗液** 常用的有煤油、汽油、碱液和化学清洗液等。

2. 连接

3. 校正、调整和配作

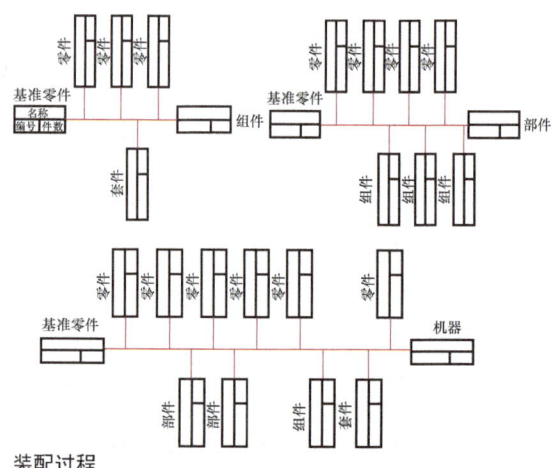

装配过程

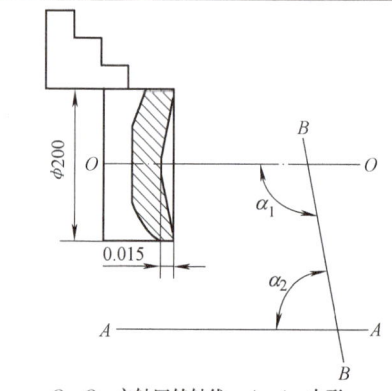

直线尺寸链

O—O—主轴回转轴线　A—A—山形导轨中心线　B—B—下溜板移动轨迹
角度尺寸链

常用连接方法及形式

连接方法	分类	实现方式
固定连接	不可拆卸	焊接、铆接、胀接、过盈配合、铸造连接、粘结剂连接、塑性材料的压制等
	可拆卸	螺纹连接、键连接、销连接等
活动连接	不可拆卸	滚珠、滚柱轴承、油封等
	可拆卸	圆柱面、圆锥面、球面和螺纹面等的间隙配合以及其他各种材料方法达到

（1）校正　对各零件间相互位置的找正和相应的调整，装配中的调整法、修配法就包含校正的内容。当零件具备互换性或由装配夹具保证精度时，无需找正。大型动力机械设备中校正工作应用较多。

（2）调整　指相关零件、部件间相互位置的调节工作。

（3）配作　指几个零件配钻、配铰、配刮和配磨等，是装配过程中附加的一些钳工和机械加工工作。配钻和配铰要在找正、调整后进行。配刮和配磨的目的是增加相配合的接触面积并提高接触精度。

4.17.3　装配的组织形式与结构

1. 装配组织形式

根据装配机器、工作地点及装配工人之间配合的不同，可分为固定式和移动式装配，也可分为集中工序和分散工序。

（1）集中工序　整个装配只有一个工序，全部装配工作只由一组工人在同一工作位置完成。集中工序要求工人技术水平较高，生产作业面积大，装配周期较长，适用于单件生产、大型机器、试制产品及修理车间的装配工作。

（2）分散工序　装配工作过程分散，一台机器的装配由不同的几组工人完成，每组工人只完成其中一部分特定的工作任务。分散工序使工人专业化，有较好的专用夹具和工作地点，可同时装配，生产率高。

2. 接触面与接合面结构的合理性

1）两个零件在同一方向上，只能有一个接触面或接合面。

2）在轴肩处加工出退刀槽，或者在孔的断面加工出倒角。

3）为了保证接触良好，接触面

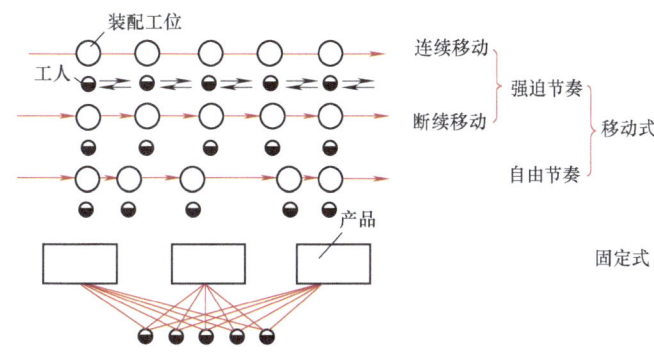

装配生产组织形式

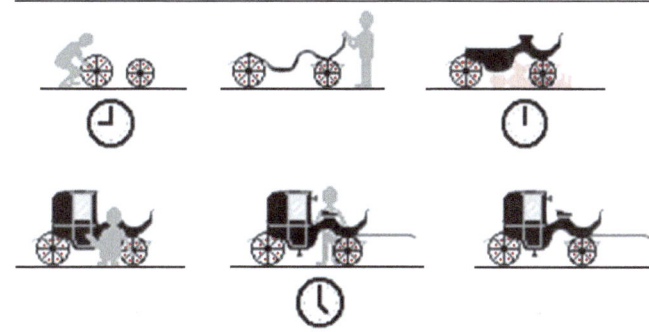

集中工序示意图

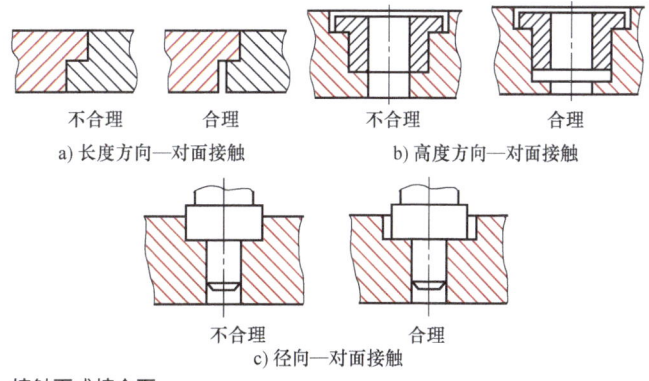

a) 长度方向—对面接触　　b) 高度方向—对面接触

c) 径向—对面接触

接触面或接合面

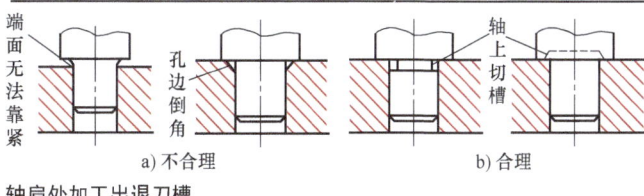

a) 不合理　　b) 合理

轴肩处加工出退刀槽

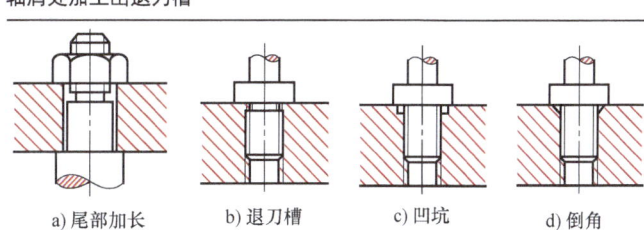

a) 尾部加长　b) 退刀槽　c) 凹坑　d) 倒角

螺纹连接的合理结构

需经机械加工，合理减小加工面积，降低成本，改善接触情况。

3. 螺纹连接的合理结构

1）螺纹连接结构要合理。
2）通孔直径应大于螺杆直径。
3）要留出扳手空间。
4）要留出螺钉装、拆空间。
5）加孔或改用双螺栓。

4. 滚动轴承的固定装置

使用滚动轴承时，应根据其受力情况，采用一定的结构将滚动轴承的内、外圈固定在轴上或机体中。考虑到工作温度的变化会导致滚动轴承在工作时卡死，所以要留有一定的轴向间隙。

5. 密封装置

为了防止灰尘及杂屑等进入轴承、润滑油外溢，以及阀门或管路中的气、液体的泄漏，通常要采用适当的密封装置。在机械装配过程中，如密封位置不当，选用密封材料或预紧不合适，或密封装置的装配工艺不符合要求，都可能造成机器设备漏油、漏水、漏气等。

4.17.4 装配方法的选择

1. 互换装配法

（1）**完全互换装配法** 只要零件各个部位的尺寸分别按照尺寸要求制造，就能做到完全互换装配，达到要求。

优点：装配质量可靠，过程简单，效率高，易于实现自动化，产品修配方便。

缺点：当装配精度要求较高，尤其是组成环较多时，零件制造困难，加工成本高。

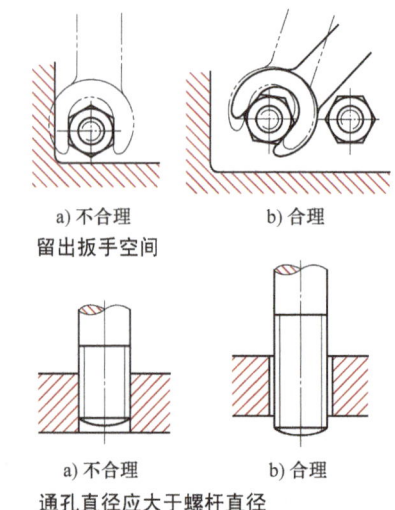
a) 不合理　　b) 合理
留出扳手空间

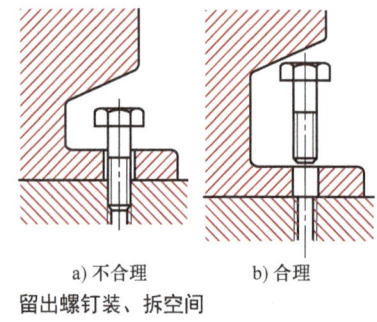
a) 不合理　　b) 合理
通孔直径应大于螺杆直径

a) 不合理　　b) 合理
留出螺钉装、拆空间

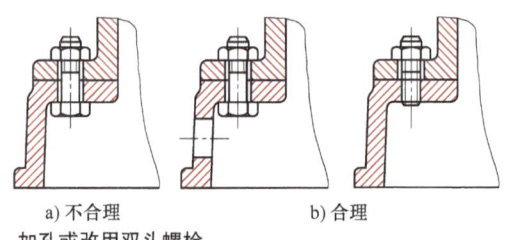
a) 不合理　　b) 合理
加孔或改用双头螺栓

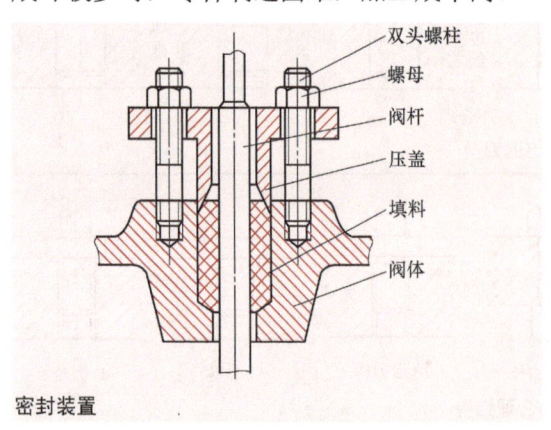
密封装置

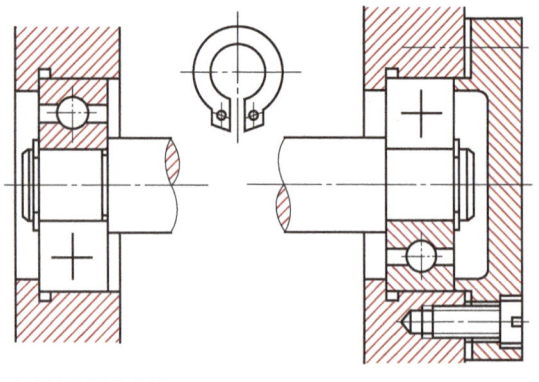
滚动轴承固定装置

适用：成批生产、大量生产中的装配。

（2）**不完全互换装配法**　将组成环的制造公差适当放大，使零件容易加工。

优点：组成环的制造公差较大，零件制造成本低，装配过程简单，生产率高。

缺点：装配后有极少数产品达不到规定的装配精度要求，须采取相应的返修措施。

适用：在大量生产中装配那些装配精度要求较高且组成环数又多的机器。

2. 选择装配法

（1）**直接选配法**　在装配时，工人从许多待装配零件中，直接选择合适的零件进行装配，以满足装配精度要求。

（2）**分组装配法**　零件加工时，常将各组成环的公差相对完全互换法所求数值放大数倍，使其尺寸能按经济精度加工，再按实际测量尺寸将零件分为数组，按对应组进行装配，以达到装配精度要求。

优点：零件制造精度不高，可获得很高的装配精度；组内零件可以互换，装配效率高。

缺点：额外增加了零件测量、分组和储存的工作量。

适用：大批量生产中，装配那些组成环数少而装配精度又要求特别高的机器。

（3）**复合选配法**　分组装配法与直接选配法的复合，即零件加工后先测量分组，装配时在对应组内选配。

3. 修配装配法

在成批生产或单件小批量生产中，当装配精度要求较高，组成数目又较多时，若按互换法装配，对组成环的公差要求过严，加工困难；而采用选择装配法又因零件数量少、种类多而难以分组。这时采用修配法来保证装配精度。

（1）**单件装配法**　在多环装配尺寸链中，选定某一固定的零件作为选配件，装配时用去除金属层的方法改变其尺寸，以满足装配精度的要求。

（2）**合并加工修配法**　将两个或更多的零件合并在一起再进行修配，合并后的尺寸可看作一个组成环，这样就减少了装配尺寸链组成环的数目，并可以相应减少修配劳动量。主要用于单件、小批量生产。

（3）**自身加工修配法**　机床制造中，有些零件的装配精度要求较高，又没有合适的修配件可选，则在总装时，可以利用机床本身来加工自己的某些部位，以保证机床的装配精度。

4. 调整装配法

在以装配精度要求为封闭环建立的装配尺寸链中，除调整环外各组成环均以加工经济精度制造。

（1）**可动调整法**　在机器中可随时通过调节调整件来补偿由于磨损、热变形等原因引起的误差，使之恢复到原来的装配精度。

优点是组成环的制造精度虽然不高，但可获得比较高的装配精度。缺点是需增加一套调整机构，增加了结构复杂程度。生产中应用广泛。

（2）**固定调整法**　在以装配精度要求为封闭环建立的装配尺寸链中，组成环均按加工经济精度制造，由于扩大组成环制造公差带使封闭环尺寸变动范围超差，可通过更换不同尺寸的固定调整环进行补偿，最终达到装配精度的要求。适用于大批量生产中，以及装配精度要求较高的机器。

（3）**误差抵消调整法**　在机器装配中，通过调整被装零件的相对位置，使误差相互抵消，可以提高装配精度。

优点是组成环均能以加工经济精度制造，且可获得较高的装配精度，装配效率比修配装配法高。缺点是装配时需测量误差的大小和方向，并计算出数值，增加了辅助时间，降低了生产效率，对工人技术水平要求高。因此，只适用于单件小批量生产或精密机床的生产中。

第5章 常用机床切削方法

5.1 机床切削基础

常用机械加工方法主要有车、刨、磨、铣、镗、钻、插等。机床靠刀具切削工件,所以机床必须有装夹工具和刀具,且具备工作运动。

1. 机床切削运动

刀具和工件之间的相对运动是进行切削的条件,工作运动主要有主运动和进给运动。

(1) **主运动** 完成切削的工作运动。主运动的形式有旋转运动、往复直线运动两种(或由工件、刀具进行)。车、磨、铣、钻加工时主运动为旋转运动。

(2) **进给运动** 由机床或人力提供的运动,它使刀具与工件之间产生附加的相对运动,加上主运动,可不断地或连续地切削工件。主运动是旋转运动时,进给运动是连续的,如车、钻、铣等;主动为直线运动时,进给运动是断续的,如刨、插等。吃刀量取决于进给运动。

(3) **吃刀运动** 决定吃刀量,体现为刀具切入工件。

(4) **加工运动** 车、钻、铣、磨时,主运动和进给运动同时进行,而产生的合成运动称为加工运动。

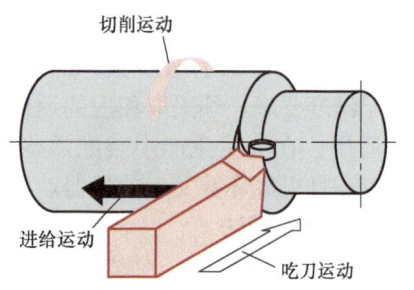
车 黑箭头:刀具移动方向
红箭头:工件旋转方向

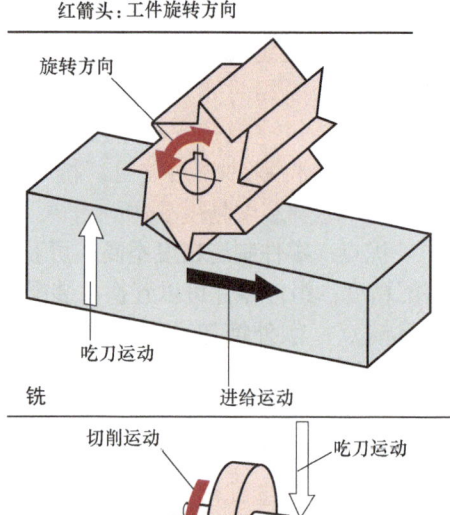
铣

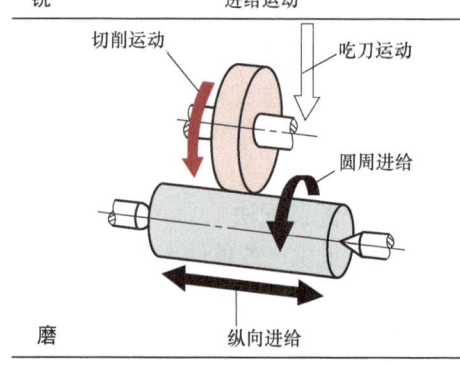
磨

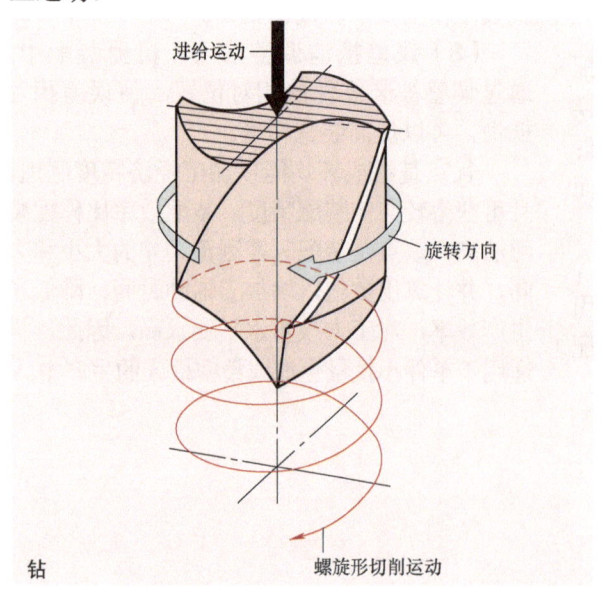
钻

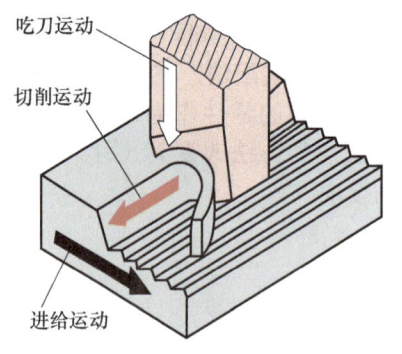
刨与插

2. 刀具几何角度

刀具的楔形切削刃切入工件材料使切屑从材料上分离。影响刀具切削的因素主要有刀具几何角度、刀具材料和工件材料。

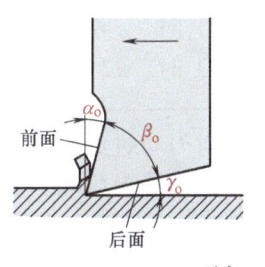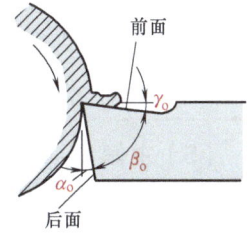

α_o：后角
β_o：楔角
γ_o：前角

刨刀和车刀角度

刀具锋利与否决定于刀具的形状，刀具的形状由刀具的各种角度确定。

（1）**楔角 β**　前面与主后面之间的夹角。刀具的楔角小时，刀具锋利，易于切削，但在切削坚硬材料时容易崩刃。

> 切削软金属时：$\beta_o=40°\sim 50°$，如铝等。
> 切削韧性大的金属时：$\beta_o=55°\sim 75°$，如42钢等。
> 切削硬而脆的金属时：$\beta_o=75°\sim 85°$，如青铜、铸件等。

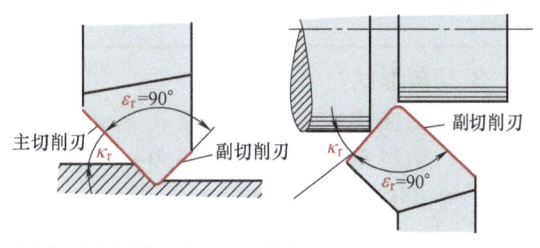

刨削和车削时的主偏角和刀尖角

（2）**前角 γ_o**　对切屑的形成和切削力有影响。前角范围为 $-5°\sim 30°$，大小决定于工件材料和刀具材料。

> 前角大时，切屑易于流动，切削力小。
> 前角 γ_o 小甚至为负值时，切削力大、切削刃的强度高。

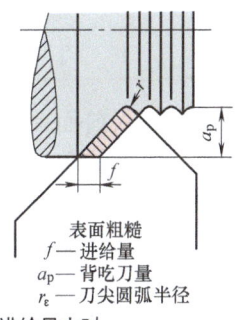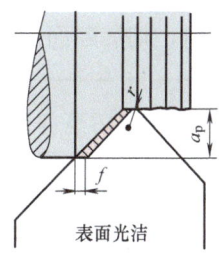

f—进给量
a_p—背吃刀量
r_ε—刀尖圆弧半径

进给量大时：
切屑厚，切削效率高
刀尖圆弧半径小时：
工件表面刀纹深

进给量小时：
切屑薄，切削效率低
刀尖圆弧半径大时：
工件表面刀纹浅

（3）**后角 α_o**　可减小刀具和工件之间的摩擦。后角范围为 $5°\sim 12°$。

> 工件材料越软，工件直径和吃刀量越大，则后角 α_o 随之增大；后角 α_o 越大，加工表面越粗糙。

（4）**刀尖角 ε_r**　主切削刃与副切削刃在基面上投影之间的夹角。刀尖角大，散热量大，因为刀具的外延散热面积大。切削刃发热量小，不易变钝，所以有利于延长刀具寿命。刀具寿命指刀具两次刃磨的时间间隔。

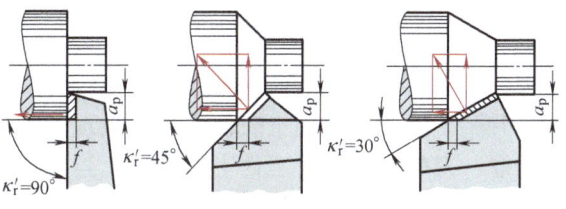

主偏角对切削力方向和切屑形状的影响
主偏角缩小时，切屑形状适宜，但径向力大入

> 进给量小（≤1mm/r）时，ε=90°；
> 进给量大（>1mm/r）时，ε>90°。

（5）**主偏角 κ_r** 主切削刃与进给方向的夹角。影响切削力的分解、切屑形状和刀具寿命。主偏角 κ_r 可在 30°～90° 范围内选择，最有利的 κ_r=45°。

（6）**刃倾角 λ_s** 主切削刃与基面之间的夹角。当刀尖是主切削刃上的最低点时，刃倾角定为负值；当刀尖是主切削刃上的最高点时，则刃倾角为正值。

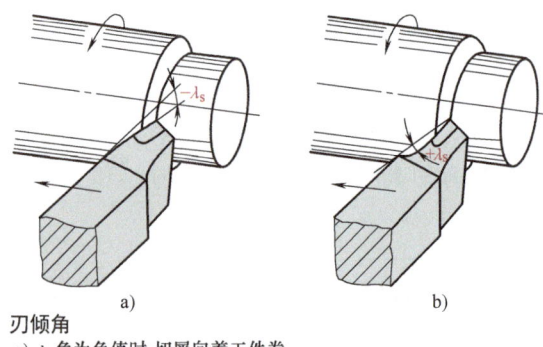

刃倾角
a) λ_s 角为负值时，切屑向着工件卷
b) λ_s 角为正值时，切屑背着工件卷

> 负载较大时，刃倾角较大，取 –10°～10°。

3. 切屑形状

切屑截面面积是背吃刀量 a_p 和进给量 f 的乘积。切屑形状取决于主偏角 κ，背吃刀量与工件形状、尺寸有关。

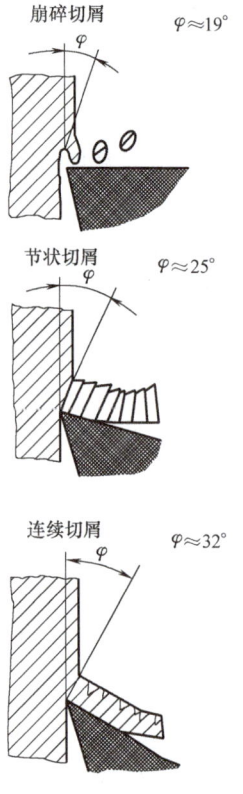

> 进给量 f 小，表面粗糙度值小，切削时间较长；背吃刀量 a_p 大：切削时散热性好；背吃刀量 a_p 比进给量 f 大 3～8 倍时，切屑断面适宜。

切屑被切离前，切削刃先挤入前面前的材料，材料产生裂缝，切削刃继续挤入，直到因切削刃的尖楔作用将切屑分离。

（1）**崩碎切屑** 切削时出现碎切屑，切屑不连续；切削后的工件表面凹凸不平。

（2）**节状切屑** 切离的切屑呈片状。这些片状切屑又部分焊粘成一条切屑。

（3）**连续切屑** 材料在切削区被切离时呈流动状态；材料没有破裂现象，是一种连续切屑。

> **刀瘤** 在切削较软和韧性大的材料时，在切削刃上会形成不希望有的粘结物，即"刀瘤"。结果导致加工表面粗糙和出现深刀纹。材料碎粒瞬间内粘结在切削刃上，形成刀瘤。刀瘤嵌入刀前工件上的裂纹，当刀瘤脱落时，即在工件表面上留下压痕。通过提高切削速度，增大背吃刀量，研磨刀具前面可避免出现刀瘤。

4. 切削液

在切削过程中,合理使用切削液能降低切削区温度,提高表面质量、精度及刀具使用寿命。

(1)切削液的作用

1)冷却。切削液浇注到切削区域后,通过切削液的热传导、对流和汽化,使切屑、刀具和工件的热量散去,从而起到冷却作用。

2)滑润。切削液渗入切屑、刀具与工件的接触表面之间,并粘附在金属表面形成润滑膜,以减小摩擦因数,抑制积屑瘤,从而达到提高工作表面加工质量和刀具使用寿命的目的。

3)清洗。切削液冲走切屑的过程中产生的细屑或砂粒粉末,从而起到清洗、防止刮伤已加工表面和机床导轨面的作用。

4)防锈。在切削液中加入防锈添加剂,能在金属表面形成保护膜,使机床、工件和刀具不受周围介质的腐蚀,起防锈作用。

(2)切削液的选用 常用切削液有水溶液、乳化液和切削油三种。

1)水溶液是以水为主要成分并加入防锈添加剂的切削液,主要起冷却作用。

2)乳化液是切削加工中使用较广的切削液,它是油和水的混合液体,其中还加入有适量的脂肪酸、钠皂和钾皂等乳化剂。

3)切削油主要起滑润作用,常用有全损耗系统用油、轻柴油和煤油等。

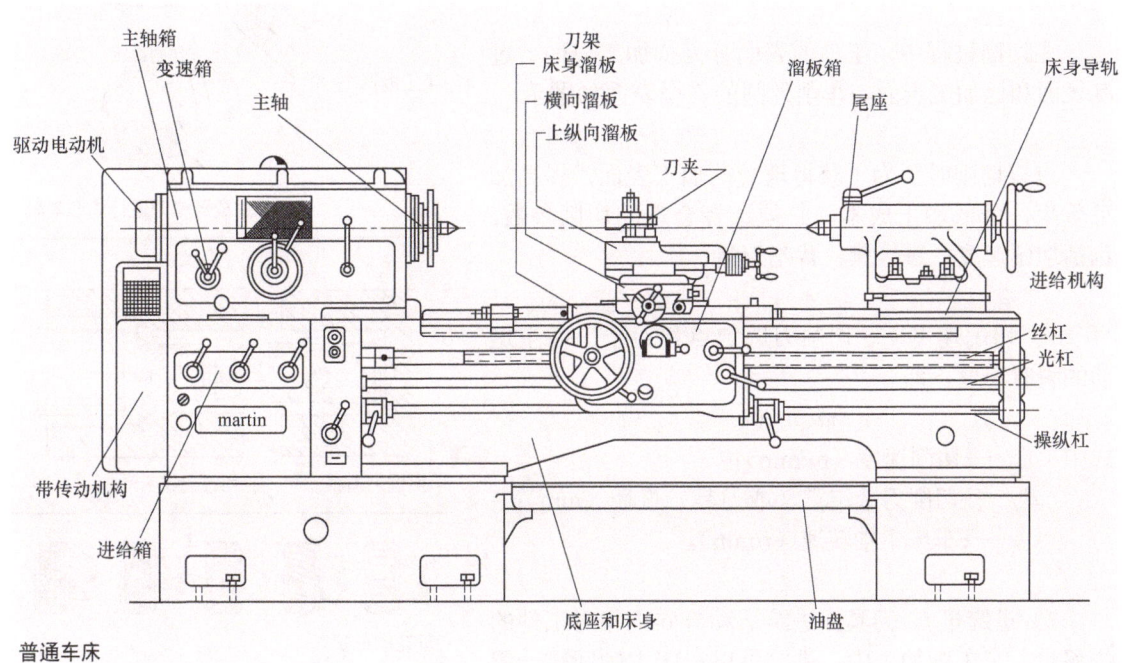

普通车床

5.2 车削

卧式车床是应用很广泛的一种万能机床,可进行各种车削加工。各种专用车床适用于大量生产,有的适用于加工特大工件;有的适用于加工特小工件;有的适用于特种工序加工。

1. 车削加工基础

(1)概述 车削加工就是在车床上利用工件的旋转和刀具的移动来加工各种回

5.2 车削

转表面的切削加工方法。切削加工的特点是加工回转零件,可加工金属材料,还可以加工木材、塑料、橡胶、尼龙等非金属材料。车削尺寸精度达IT6～IT11、表面粗糙度值达 $Ra0.1～12.5\mu m$。车削加工范围广泛,可以加工外圆、钻中心孔、切槽、车各种螺纹、车端面、镗孔、车锥面、滚花和盘弹簧等。若装上相应的夹具和附件,在车床上还可以进行磨削、研磨、抛光、拉削和铣削平面,以及其他特殊、复杂零件的内、外圆加工。

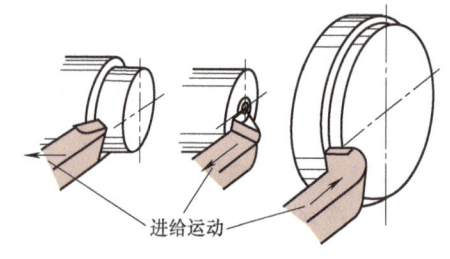

车外圆　　车端面(精车)　　车端面(粗车)

(2)切削主要参数　金属切削过程中刀具与工件之间的相对运动称为切削运动。切削运动分主运动和进给运动。直接切除毛坯上的被切削层,使之变为切屑的运动称为主运动;保证被切削层不断或间断地投入切削,以逐渐加工出整个工件表面的运动称为进给运动。

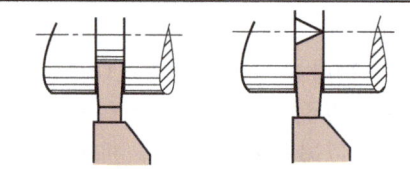

切槽　　　　　切断

在切削过程中,工件的表面分为待加工表面、过渡表面和已加工表面,车削外圆的三个表面如图示。

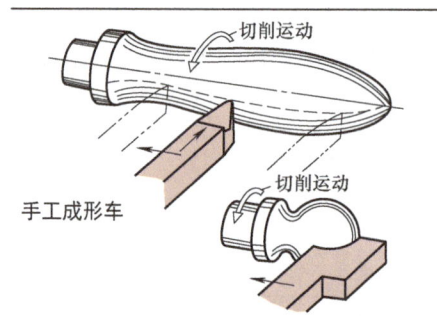

手工成形车

用成形车刀进行成形车削

进行切削时,为了获得理想的加工表面,提高加工效率,降低加工成本,必须选择合理的切削参数,包括切削速度、进给量、背吃刀量。

1)切削速度 v_c。切削刃选定点相对于工件主运动的瞬时速度,即

$$v_c = \pi d_w n / 100$$

式中　v_c——切削速度(m/min);
　　　d_w——切削刃选定点(或刀具)直径(mm);
　　　n——车床主轴转速(r/min)。

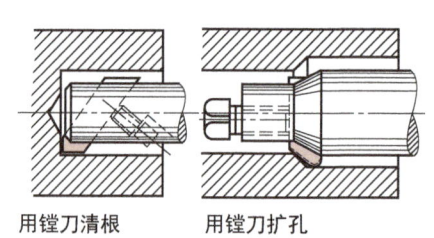

用镗刀清根　　　用镗刀扩孔

2)进给量 f。刀具在进给运动方向上相对工件的位移量,在车削加工中,进给量以车床主轴回转一周时刀具的移动量来表示(mm/r)。

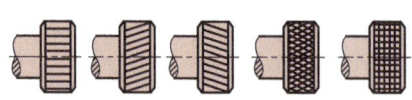

滚花纹形状

3)背吃刀量 a_p。在通过切削刃基点并垂直于工作平面的方向上测量的吃刀量,即

$$a_p = (d_w - d_m)/2$$

式中　a_p——背吃刀量(mm);
　　　d_w——工件待加工表面直径(mm);
　　　d_m——工件已加工表面直径(mm)。

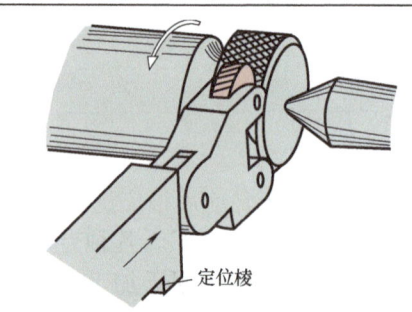

定位棱

滚花刀在加工位置

2. 车刀

车削加工中用到的车刀多种多样，按用途可分为直头外圆车刀、45°弯头外圆车刀、90°车刀、端面车刀、镗刀、切断刀等。按结构可分为整体式车刀、焊接式车刀、机夹式车刀、机夹式可转位车刀等。

车刀由承担切削任务的刀头和刀杆组成，切削部分由三面、两刃、一尖组成。

（1）**前面** 刀具上切屑流过的表面。

（2）**主后面** 刀具上同前面相交形成主切削刃的后刀面。

（3）**副后面** 刀具上同前面相交形成副切削刃的后刀面。

（4）**主切削刃** 对车刀来说前面与主后刀面的交线，承担主要切削任务。

（5）**副切削刃** 对车刀来说是前面与副后刀面的交线，参加部分切削工作。

（6）**刀尖** 主切削刃与副切削刃的连接处相当少的一部分切削刃，为增加刀尖强度，通常磨成一小段过渡圆弧。

3. 工件的夹紧

工件的形状、大小、加工数量和质量要求不同，选用的装夹工具也不同。工件夹具须把旋转运动传至工件并能完全承受切削时形成的反作用力。

（1）**自定心卡盘** 自定心卡盘用于装夹截面为圆形、三角形和六角形的工件。

用卡盘扳手拧动锥齿轮时形成卡爪的夹紧运动，可从外向内夹紧。卡爪上的台阶可扩大夹紧范围。装夹细长棒料时可把棒料伸进空心主轴内。

（2）**单动卡盘** 用于夹紧四角形和八角形工件。

（3）**顶尖** 如果工件是完全圆形的并经常重新装卡，则须用左、右两顶尖夹紧。拨盘和鸡心夹头把回转运动传至工件。为了减小接触面压力和避免损坏顶尖，顶尖可做成活顶尖。

（4）**中心架** 用中心架支承细长工件，防止加工时工件挠曲变形。加工长工件端面时也须用中心架。中心架紧固在车床床身的滑动导轨上。工件圆度好是采用支承爪的条件。为了

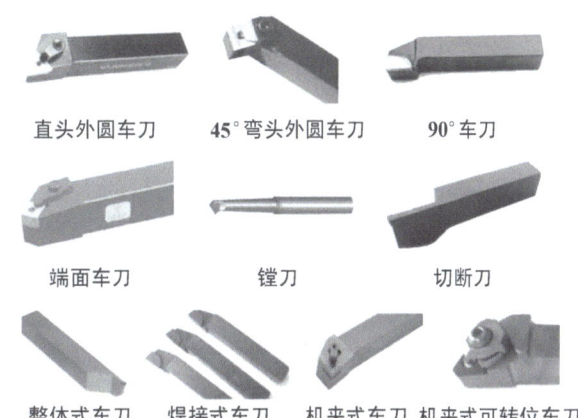

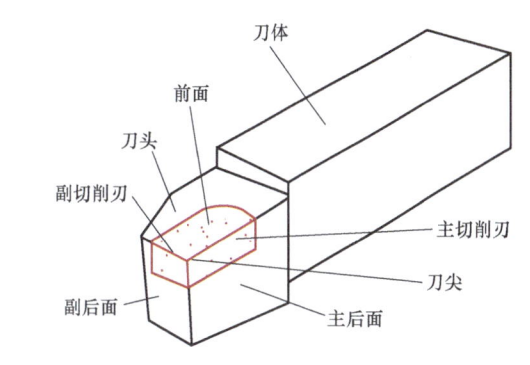

车刀刀头组成

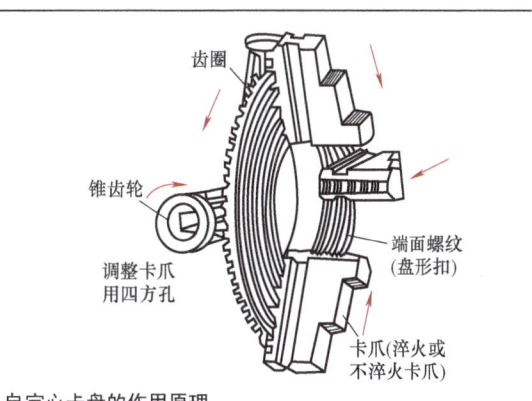

自定心卡盘的作用原理

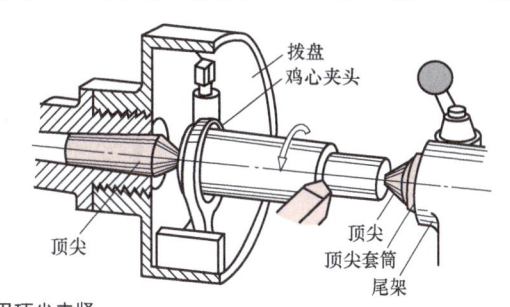

用顶尖夹紧

5.2 车削

防止支承爪和工件之间的咬死现象，支承爪的材质应为淬火钢或青铜、硬质合金或塑料衬板。

（5）夹紧心轴 工件的孔和外圆同轴度要求很高时采用夹紧心轴。

（6）固定心轴 直径和工件孔径的大小相同。心轴经淬火、磨削后的锥度很小，为1:400，所以可以形成很大的夹紧力。

（7）可胀心轴 用环形螺母把外表面为圆柱形、内表面为锥形、侧面有三个槽的夹紧套套在一个锥形回转心轴上。夹紧套胀开，从内向外夹紧工件内孔。可胀心轴两端用顶尖夹紧。

（8）弹簧夹头 用于夹紧短的小直径圆柱形工件。夹紧既快又精确、牢固。

夹头前方有倒锥并有三个槽。可用一个外套螺母把倒锥压入主轴的锥孔内或通过穿入空心主轴的夹紧扳手把倒锥拉入主轴锥孔内。但是只有通过抛光、去过毛刺、直径合适的圆柱形工件装卡在里面才能保证无径向振摆。

（9）花盘 夹紧直径大或形状不对称的工件时采用花盘。花盘有四个可单独调整的卡爪。卡爪可转180°。既可当内爪，也可当外爪使用。

夹紧工件时先目测找正，然后用划线盘使工件定心，如加工精度要求较高，则用指示表使工件定心。

因为花盘的径向有若干个花盘槽，所以也可用螺钉、夹钳或弯板夹紧工件。

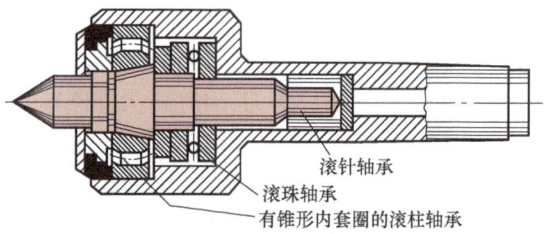

活顶尖
转速高和工件重时采用

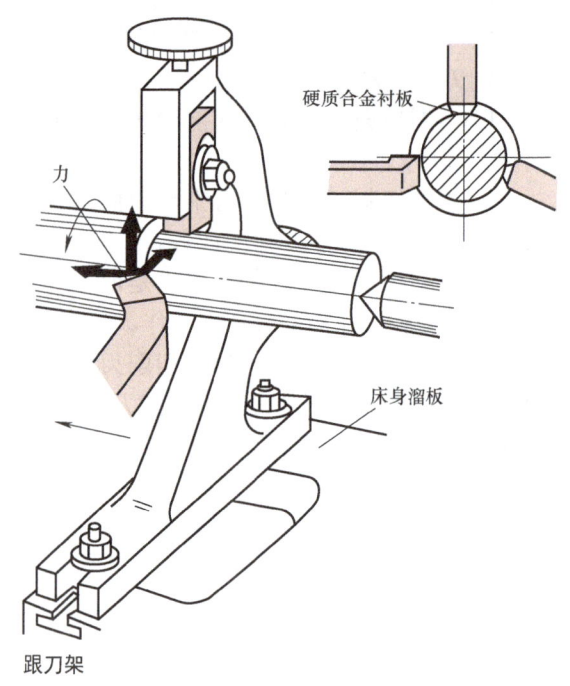

跟刀架

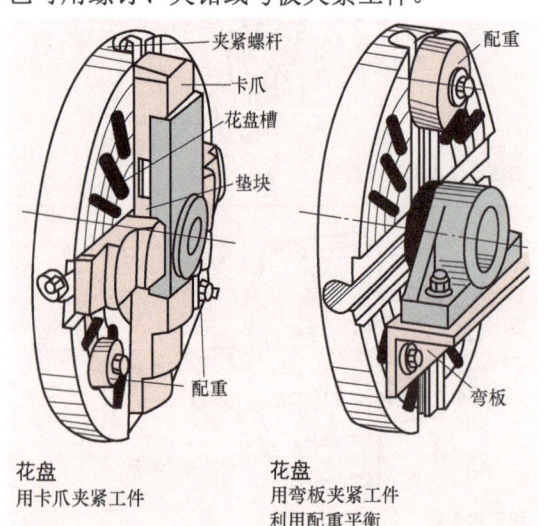

花盘
用卡爪夹紧工件

花盘
用弯板夹紧工件
利用配重平衡

可胀心轴

弹簧夹头

5.3 磨削

1. 砂轮

砂轮是由磨料和粘结剂组成的,具有一定的形状。砂轮高速旋转时,磨粒接触工件进行切削。

变钝的磨粒发生崩裂并在碎裂面上形成新的锋利磨粒(刃口)。

砂轮主要有平形、单面凹形、筒形、碗形、碟形、双斜边形等,以适应磨削不同形状和尺寸的表面。

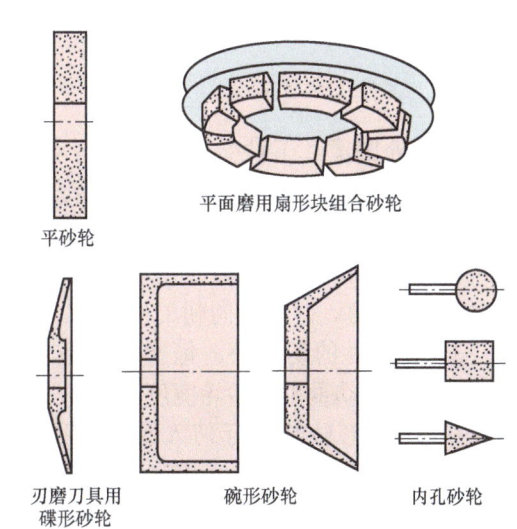

砂轮形状:DIN69120

(1) **砂轮的构造** 砂轮由磨料(砂轮中构成磨粒的材料)、粒度(磨粒的粗细)、硬度(结合强度)、组织(砂轮的孔隙度)和粘结剂(把磨粒结合在一起的材料)组成。

(2) **砂轮的装夹** 安装砂轮前须需将砂轮吊起进行声响检查(轻敲砂轮,应声音清脆没有杂音)。然后用灰铸铁、钢等材料的法兰夹紧。再安装用韧性材料(钢、铸钢等)制成的防护罩。处于安装状态的砂轮因转速很高必须经过静、动平衡检查和调整。

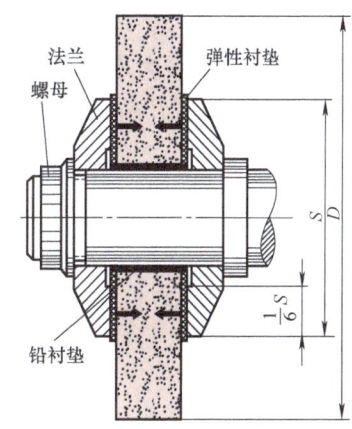

用法兰装夹砂轮

2. 磨削工艺

(1) **平面磨** 根据砂轮轴的位置,平面磨分轮周磨(砂轮轴水平)和端面磨(砂轮轴垂直)。磨床有做往复运动的长工作台或做圆周运动的圆工作台。

磨削可以分三个阶段:

1) 粗磨。磨削量大、改善工件形状、削除加工痕迹。砂轮粒度为 F40~F60,背吃刀量 0.010~0.030mm。

2) 半精磨。改善表面质量、尺寸精度可达 IT5。砂轮粒度为 F80~F100,背吃刀量 0.005~0.015mm。

3) 精磨。进一步改善表面质量,尺寸精度可达 IT3~IT4。砂轮粒度为 F220~F320,背吃刀量 0.001~0.008mm。

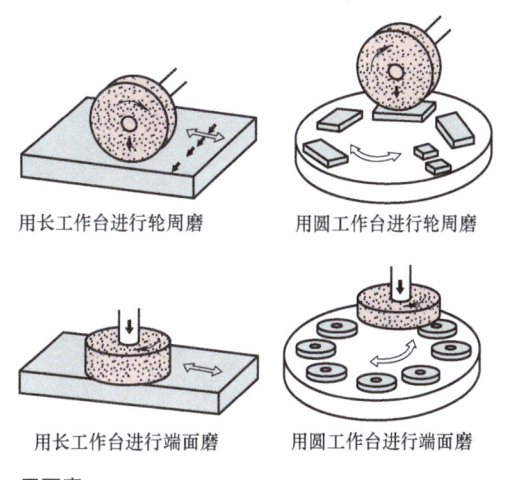

平面磨

5.3 磨削

磨削余量根据工件大小在 0.1～0.6mm 之间。

（2）外圆磨 工件做低速回转运动。这种运动是进给运动，可以与砂轮回转方向一致，也可相反。根据辅助运动不同可分为：

1) 纵向磨。工件旋转并做轴向移动。
2) 切入磨。砂轮径向朝工件运动。
3) 长工件的切入磨。每次切入磨之后，工件的轴向移动量小于砂轮宽度。
4) 用成形砂轮进行切入磨。这种磨削中，直径差别不能太大。
5) 无心磨。工件处于磨轮与导轮之间而无需夹紧。磨轮以较高速度对工件进行磨削。

（3）内圆磨 孔的磨削一般用纵向磨和切入磨。为了保证砂轮和工件的接触面积不至过大，砂轮直径最大不得超过孔径的 2/3。内圆磨的困难是温度升高和排屑条件差。

3. 磨床

磨床是高精度加工机床。经过磨床加工的工件应该具有很高的形状精度、尺寸精度和表面质量。

常见的磨床主要有平面磨床、万能工具磨床、外圆磨床、无心磨床等。

5.4 铣削

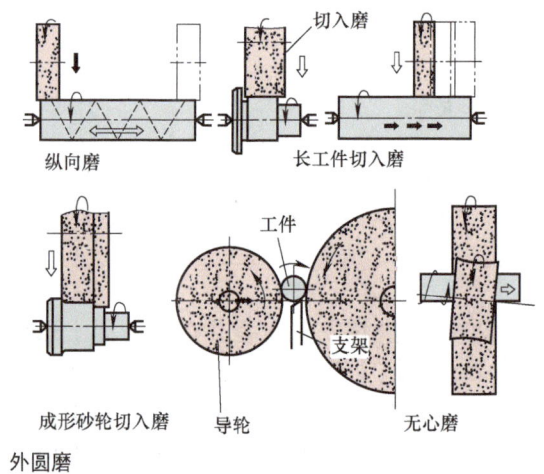

外圆磨

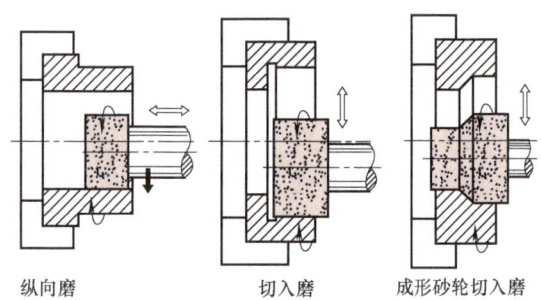

内圆磨

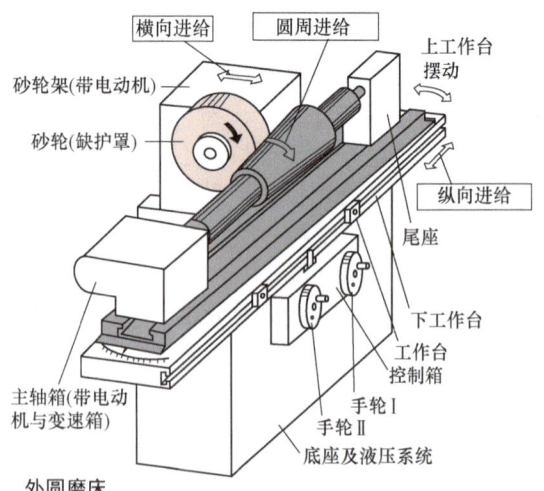

外圆磨床
上工作台用于磨锥体时偏摆半个锥角
图中未画砂轮安全护罩。

铣削加工

1. 铣削加工基础

（1）概述　铣削加工是目前应用最为广泛的金属切削加工方法之一，是指铣刀的旋转和工件相对铣刀做进给运动共同作用，将金属从工件表面切削下来的过程。

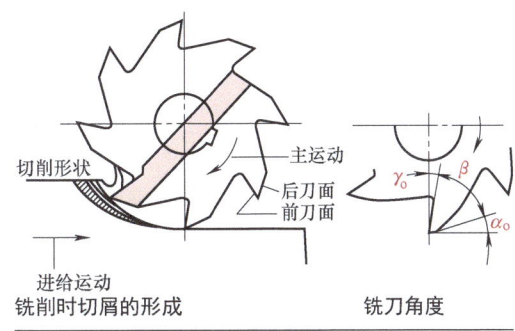

铣削加工的特点：用多切削刃的铣刀来进行切削，效率高，加工范围广，可以加工各种形状复杂的零件；加工精度较高，可达IT7～IT9，表面粗糙度值可达 $Ra1.6 \sim 12.5\mu m$。

（2）铣削工作　切削工作是铣刀与工件接触，产生加工过程和加工表面的工作。

辅助工作是加工前的准备工作（安装刀具、工件，调整机器参数等）和加工后的辅助工作（停车、退刀、取下成品等）。

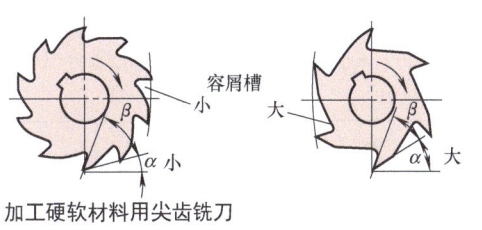

加工硬软材料用尖齿铣刀

1）切削运动。在切削过程中，形成加工表面所必需的刀具与工件间的相对运动，分主运动和进给运动。主运动是形成机床切削速度或消耗主要动力的运动，铣刀的旋转运动为主运动。进给运动是不断送进工件材料进行切削形成切削层的运动，铣削时工件的移动和转动、铣刀的移动等为进给运动。

2）辅助运动。为了完成加工中辅助工作面必须进行的运动，铣削工作台快速接近工件，切削完毕后又快速退回的运动等。

3）切削时产生的表面。切削时产生的表面分为待加工表面、已加工表面和切削表面三类。

（3）铣削参数　切削运动中，铣刀切下切屑的过程包含许多要素，基本参数如下。

1）铣削速度。铣刀上离中心最远的一点在1min内走过的距离。

2）进给量。铣削过程中，工件相对铣刀移动的距离。包括进给速度、每转进给量和每齿进给量。

3）背吃刀量（对应面铣刀为铣削层深度，圆柱铣刀与此相反）。通过切削刃基点并垂直于工件平面的方向上测量的吃刀量，是沿铣刀轴线方向测量的刀具切入工件的深度。

4）侧吃刀量（对应面铣刀为铣削层宽度，圆柱铣刀与此相反）。在平行于工件平面

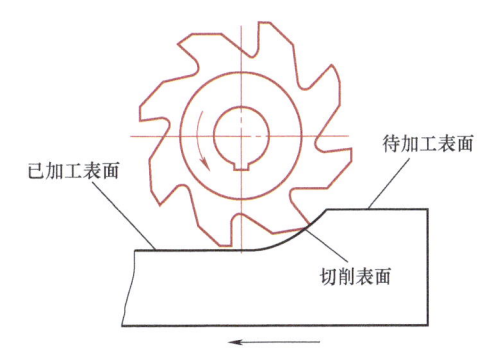

切削时产生的表面

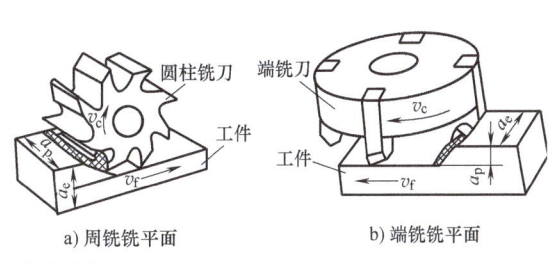

a) 周铣铣平面　　b) 端铣铣平面

铣削参数

5.4 铣削

并垂直于切削刃基点的进给方向上测量的吃刀量,是沿垂直于铣刀轴线方向测量的工件被切削部分的尺寸。

2. 铣刀的分类

铣刀种类繁多,按用途可分为加工平面、直角沟槽、特形沟槽、特形面等铣刀。按照形状可分为整体、镶齿铣刀。

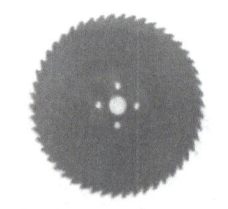

锯片铣刀

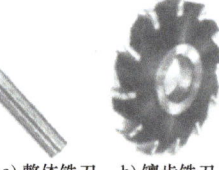

a) 整体铣刀 b) 镶齿铣刀

整体铣刀和镶齿铣刀

a) 面铣刀 b) 圆柱铣刀 c) 立铣刀 d) 三面刃盘铣刀

加工平面用铣刀

a) T形槽铣刀 b) 角度铣刀 c) 燕尾槽铣刀

加工特形沟槽用铣刀

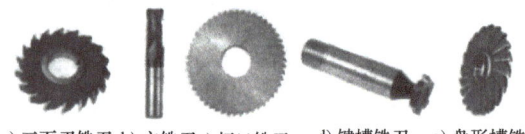

a) 三面刃铣刀 b) 立铣刀 c) 切口铣刀 d) 键槽铣刀 e) 盘形槽铣刀

加工直角沟槽用铣刀

3. 铣削加工的基本方法

铣削加工是一种重要的金属材料加工方法,它可以用于加工平面、斜面、特形面、沟槽和齿形等。

(1) 平面的铣削 用铣削方法加工工件的平面,主要有周铣和端铣。

周铣是利用分布在铣刀圆柱面上的切削刃进行铣削形成平面的加工,包括顺铣和逆铣。周铣主要在卧式铣床上进行,铣出的平面与工作台面平行。

选择顺铣和逆铣的原则是:机床精度高、刚性好,精加工适宜顺铣;零件内拐角处精加工用顺铣;粗加工用逆铣,精加工用顺铣。

端铣是利用铣刀端面上的切削刃进行铣削并形成平面的加工方法。用面铣刀铣平面可以在卧式铣床上进行,铣出的平面与工作台面垂直。

a) 凹凸圆弧铣刀 b) 齿轮盘铣刀

加工特形面用铣刀

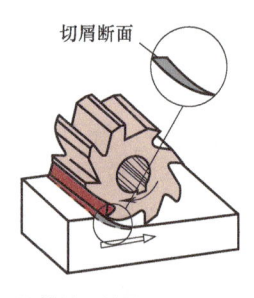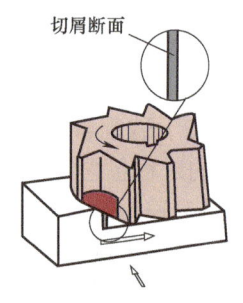

圆柱铣刀铣平面

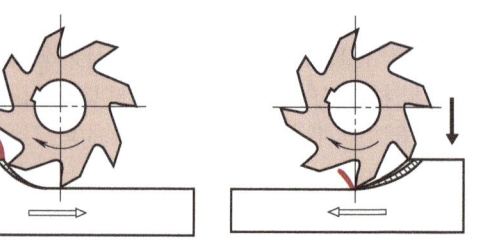

逆铣 顺铣

（2）**斜面的铣削**　斜面是指工件上对基准平面倾斜的平面，即与基准平面相交成所需角度的平面。斜面的铣削方法有工件倾斜铣斜面、铣刀倾斜铣斜面和角度铣刀铣斜面三种。

（3）**沟槽的铣削**　在铣床上加工沟槽的方法很多，常用的有直角沟槽、V形槽、燕尾槽、T形槽和各种键槽等。另外花键、齿轮、齿形离合器等也可采用铣削加工，但对铣刀要求比较严格。

（4）**特形面的铣削**　一个或多个方向截面内的形状为非圆曲线的型面称为特形面。只在一个方向截面内的形状为非圆曲线的特形面为简单特形面。素线较短时称为曲线回转面，如凸轮的工作型面。素线较长时称为成形面。

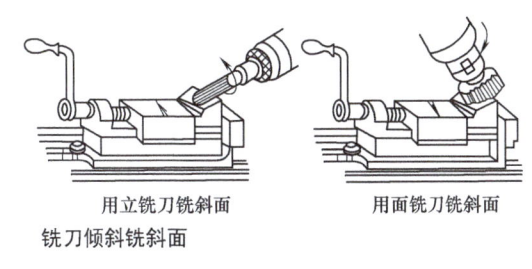

铣刀倾斜铣斜面　　　用立铣刀铣斜面　　用面铣刀铣斜面

用立铣刀按划线铣削曲线回转面

用成形铣刀铣削简单的特形面

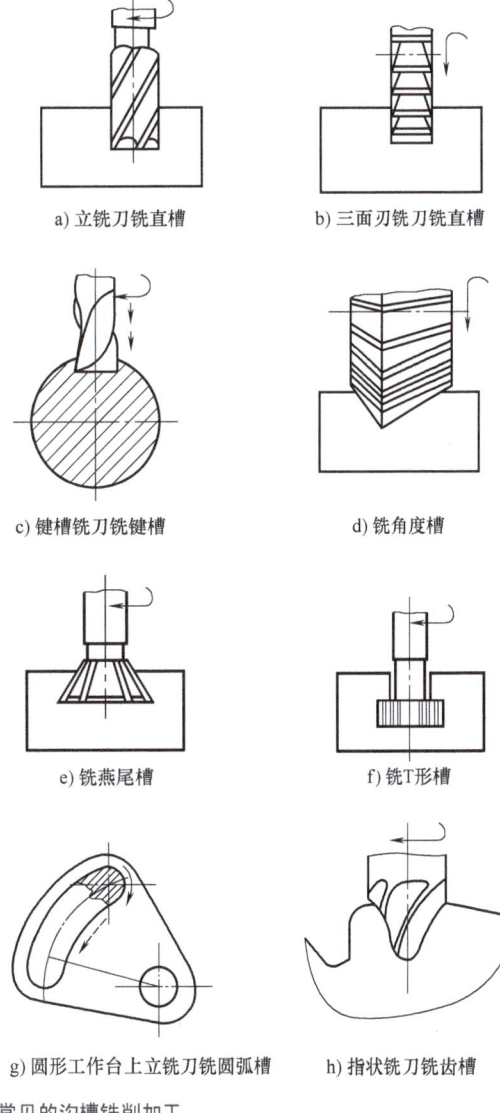

a) 立铣刀铣直槽　　b) 三面刃铣刀铣直槽

c) 键槽铣刀铣键槽　　d) 铣角度槽

e) 铣燕尾槽　　f) 铣T形槽

g) 圆形工作台上立铣刀铣圆弧槽　　h) 指状铣刀铣齿槽

常见的沟槽铣削加工

5.5 刨削和插削

> 刨床和插床用于加工平面和曲面。

1. 加工过程和刀具

（1）**刨削** 主运动由工作台来完成，刀具进行进给和吃刀运动。刨削工艺适用于加工长而狭窄的表面。条件许可时，工作台上可装夹多个工件。

与铣削相比，刨削加工的优点是工件的热变形小、加工精度高、刀具价格低；缺点是加工时间长、主运动动力消耗大。

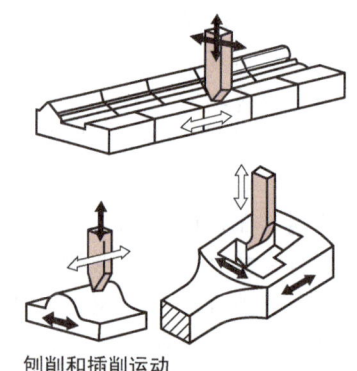

刨削和插削运动

（2）**插削** 主运动由刀具来完成，工件进行进给运动。插削工艺适用于加工短表面和单件生产。水平插削（牛头刨）大多数用于加工成形外表面，垂直插削大多用于加工成形内表面。

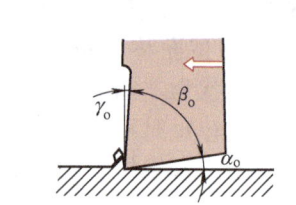 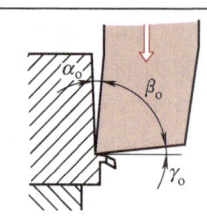

刨刀和插刀角度

（3）**进给量 f 和背吃刀量 a_p** 在回程终点转为工作行程时，刨、插和车削一样，进给量小、背吃刀量要大。主偏角 κ_r 应为 45°，立插时因工作台运动与切削刃平行或垂直，所以主偏角为 90°。

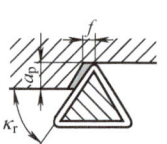

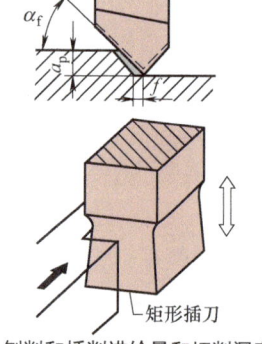 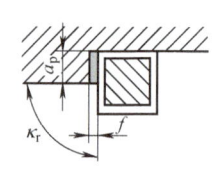

刨削和插削进给量和切削深度

（4）**刨刀和插刀** 与车刀一样可镶硬质合金刀片。立插须用专用刀具。

（5）**回程抬刀** 为防止切削刃在回程时与工件发生摩擦，在工作台返回时，刀具须抬离工件，机床设有自动抬刀装置。

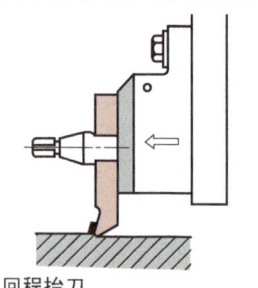 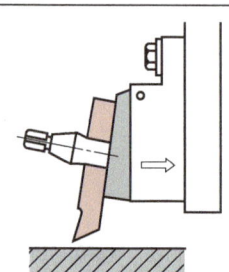

回程抬刀

> 工作开始前要检查刀具是否已准确退回工作位置，否则会出现崩刀、工件报废、人身事故等危险。

（6）切削速度　切削速度的高低取决于工件和刀具的材质及进给量的大小。插削时切削速度和行程数靠操作人员估计。刨削长工件时，由于加工时间长，切削速度和往复行程数须精确计算。

一般用公式计算

$$往复行程数 = \frac{切削速度}{2 \times 行程长度}$$

2. 刨床和插床

（1）**牛头刨床的结构**　牛头刨床的滑枕采用机械传动（曲柄摇杆机构）或液压传动。

牛头刨床主要由床身、滑枕、工作台横梁、工作台、主运动变速箱和进给机构组成。

（2）**插床的结构**　插床的主运动是垂直直线运动，由刀具进行。

插床适用于在单件生产中加工内平面或内曲面。插床主要由立柱、床身、插头、工作台、插头的传动系统和进给机构组成。

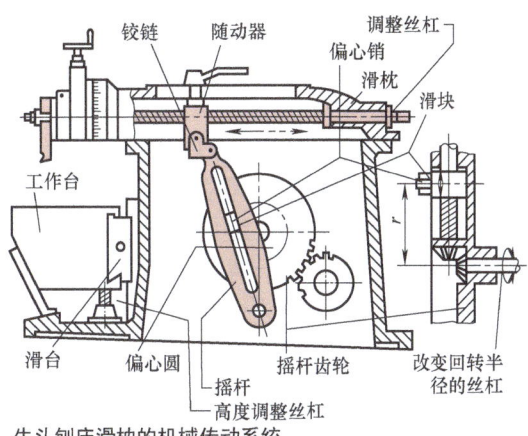

牛头刨床滑枕的机械传动系统

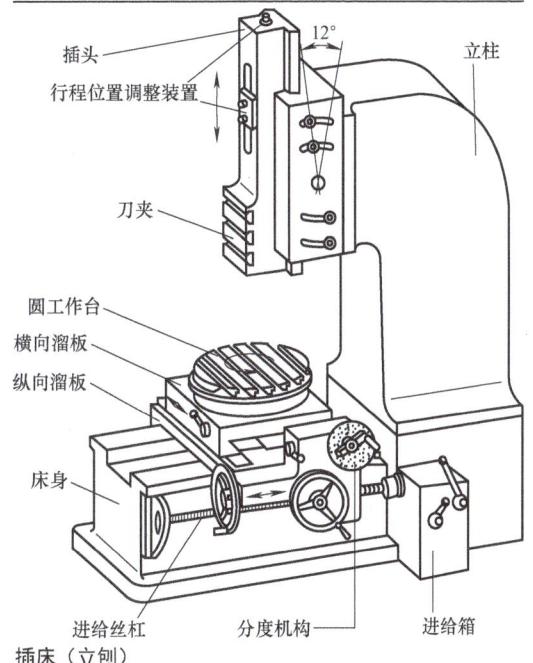

插床（立刨）

5.6　拉削

拉削就是用一个长棒形刀具（拉刀）穿过工件的孔进行切削加工或沿工件外表面进行切削加工。按加工表面特征不同，拉削分为内拉削和外拉削。

1. 拉刀、切屑形成和切削用量

由于加工一种形状的工件需具备相应形状的拉刀，故拉削只适用大量生产。

（1）**刀具的名称**

柄部——用以夹持拉刀和传递动力。

前导部分——起引导作用，防止拉刀歪斜。

切削部分——完成切削工作，由粗切齿和精切齿组成。

校准部分——起修光和校准作用，并作为精切齿的后备齿。

拉刀的结构和刀齿形状与拉削方式有关。

（2）切屑的形成 拉刀只进行纵向运动（主运动）。由于刀齿的尺寸由前到后逐渐增大。所以即使要实现连续切削，也不存在进给的必要。齿升（等于背吃刀量）的大小取决于材质。刃磨磨钝的拉刀时须严格保持原齿升不变。为了使容屑槽有足够的空间容纳卷状切屑，须磨出容屑槽。

（3）注意事项 为了最大限度地提高拉削的效率，必须注意以下事项：

1）齿升要正确。如果齿升太大，则刀具会超载，导致崩刃。齿升太小，则拉刀需大大加长，或分几次加工，或用几把拉刀加工。

2）正确选用切削速度。切削速度过大会缩短拉刀寿命，切削速度过低会延长加工时间。

3）适当的滑润冷却能延长拉刀寿命，减小表面粗糙度值。

4）适时刃磨刀具是减小表面粗糙度值、拉力小的前提条件。必须掌握拉刀磨钝情况。拉刀磨钝特征是：刀具切削刃磨出圆角；拉力大；拉出的工件尺寸过大，表面粗糙。

2. 拉床

拉削方式通常分为分层拉削和分块拉削两类。

生产批量大才能保证拉削加工的经济性。拉床适用于大量生产。

在需要和可能的情况下，拉床可以自动上料或并入自动线。拉床一般为液压传动。

拉床的特点如下：

1）拉削运动均匀，无冲击，无振动。

2）拉削速度可无级调节。

3）拉力可通过压力表进行控制、调节。

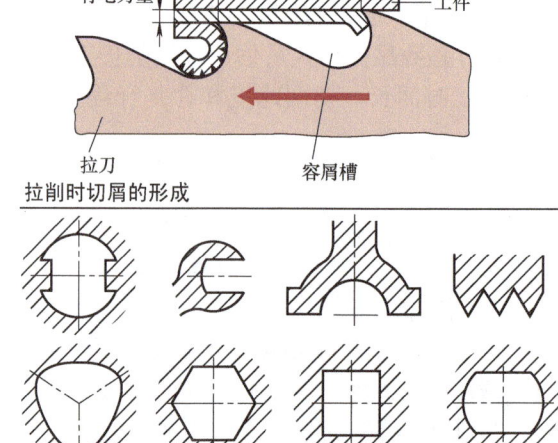

拉削时切屑的形成

内拉、外拉制工件、通孔举例

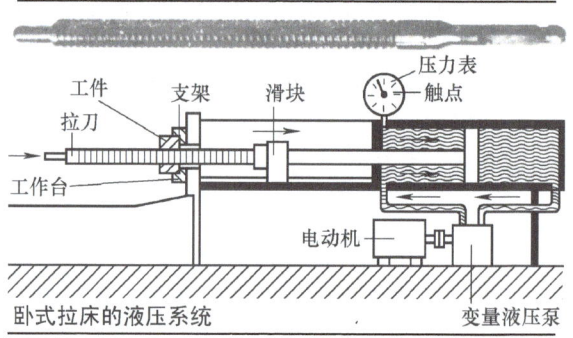

卧式拉床的液压系统

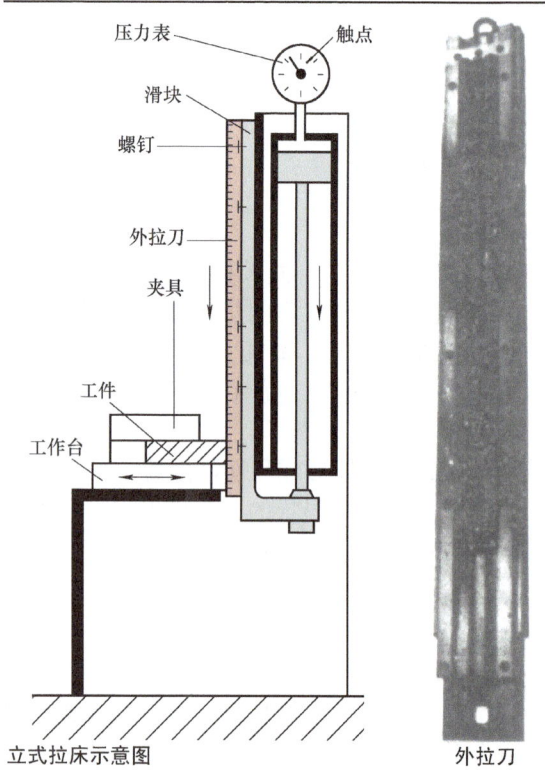

立式拉床示意图　　外拉刀

第6章 常用机械零件

6.1 轴

轴是用来安装与固定齿轮、回转轮、带轮等机械零件，以输出旋转运动或振动的。

1. 轴的分类

（1）按承载类型分类

1）心轴。工作时只承受弯曲载荷而不传递转矩的轴。根据心轴是否转动分为固定心轴（如支承滑轮的轴、自行车前轴）和转动心轴（如铁路车辆的轴）。

2）传动轴。工作时传递转矩而不承受或承受很小的弯曲载荷的轴，如汽车变速器与后桥间的轴。

3）转轴。工作时既承受弯曲载荷又传递转矩的轴。

（2）根据轴的形状分类

1）直轴。分光轴和阶梯轴。光轴是外径相同的轴，形状简单，加工容易；阶梯轴各段直径不同，在机械上应用广泛。

2）曲轴。应用于各种内燃机、蒸汽机的传动机构等。

3）挠性轴。用于连接不在同一轴线和不在同一方向或有相对运动的两轴，以传递旋转运动和转矩。

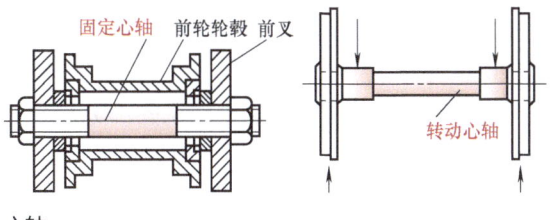

心轴

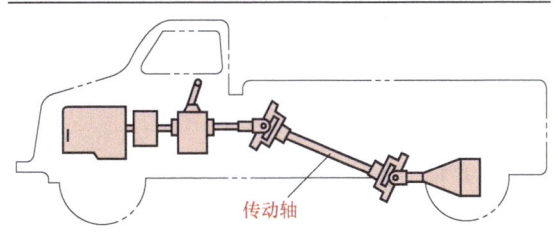

传动轴

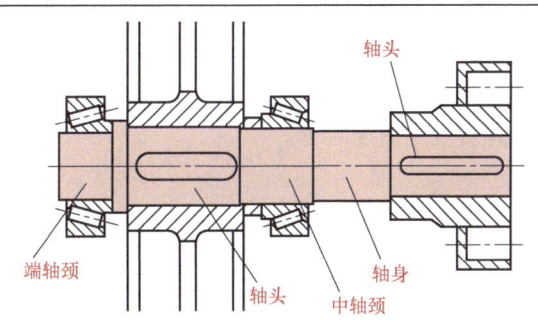

转轴

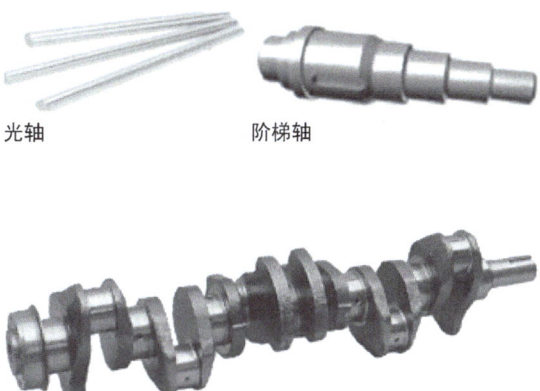

光轴　　阶梯轴

曲轴

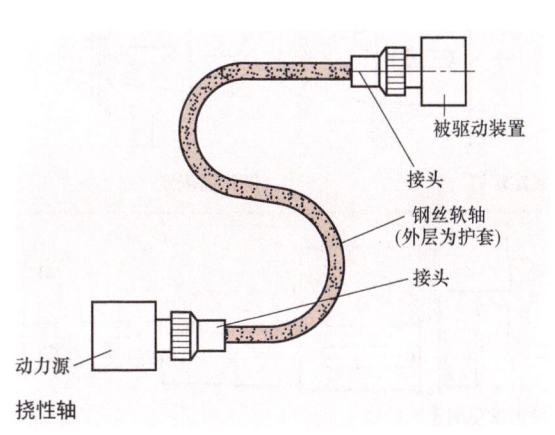

挠性轴

2. 轴的结构

（1）**轴颈** 轴和轴承配合的部分，其直径应符合轴承内径标准。

（2）**轴头** 轴上安装轮毂的部分，其直径应与相配零件的轮毂内径一致，并采用标准直径。

（3）**轴身** 连接轴颈和轴头的部分。

（4）**轴肩、轴环** 用作零件轴向固定的台阶部分为轴肩，环形部分为轴环。

说明：

1）为了便于装配，轴颈和轴头的端部均应有倒角。

2）轴上螺纹或花键部分的直径应符合螺纹或花键的标准。

3）轴上各段长度视配合零件的宽度、整体结构及装拆工艺而定。

3. 轴上零件的固定

轴上零件的定位及固定方式常用的有圆螺母、轴肩与轴环、套筒、轴端挡圈、弹性挡圈、轴端挡板、紧定螺钉、圆锥面键连接、销连接及过盈配合等。

4. 轴上常见的工艺结构

轴的结构工艺性是指轴的结构形式应便于加工，便于轴上零件的装配和使用维修，并且能提高生产率，降低成本。一般来说，轴的结构越简单，工艺性就越好。在满足使用要求的前提下，轴的结构形式应尽量简化。

1）轴的结构和形状应便于加工、装配和维修。

2）阶梯轴的直径应该是中间大、两端小，以便于轴上零件的装拆。

3）轴端、轴颈与轴肩（或轴环）的过渡部位应有倒角或过渡圆角，便于轴上零件的装配，避免划伤配合表面，减小应力集中。应尽可能使倒角（或圆角半径）一致，以便于加工。

4）当轴上需要切制螺纹或进行磨削时，应有螺纹退刀槽、砂轮越程槽。

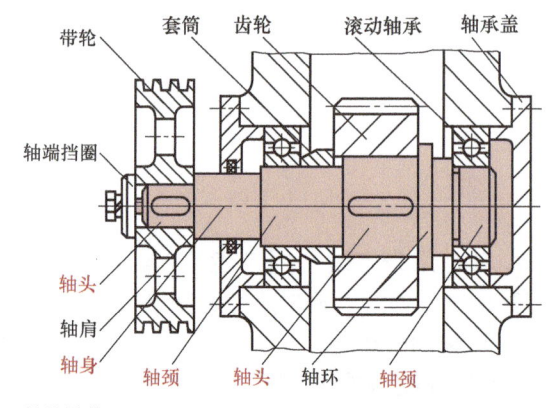

轴的结构

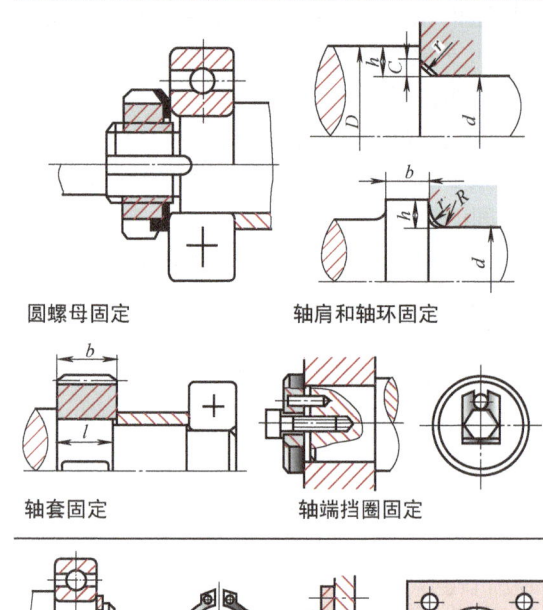

圆螺母固定　　　　　轴肩和轴环固定

轴套固定　　　　　轴端挡圈固定

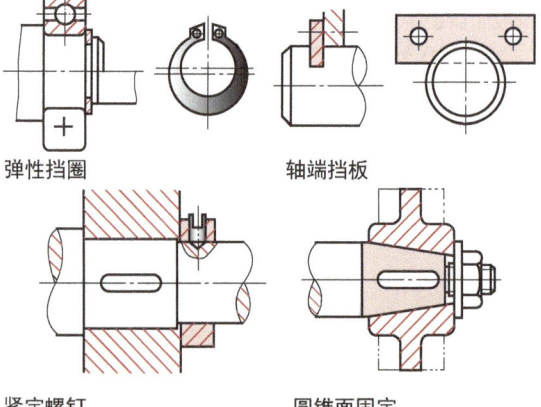

弹性挡圈　　　　　轴端挡板

紧定螺钉　　　　　圆锥面固定

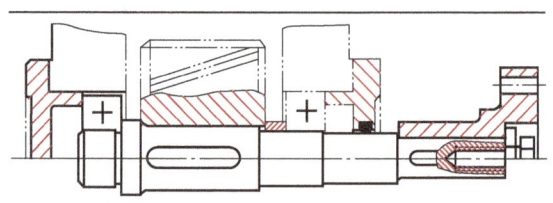

轴上常见的工艺结构

5）当轴上有两个以上键槽时，槽宽应尽可能相同，并布置在同一素线上，以利于加工。

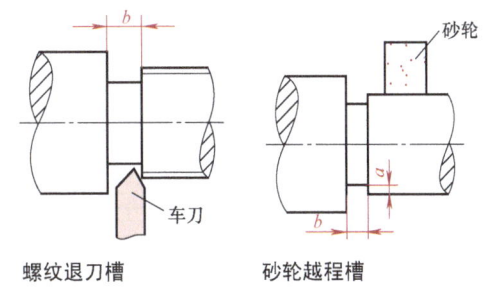

螺纹退刀槽　　砂轮越程槽

6.2　弹簧

弹簧是用弹性材料制成的在外力作用下发生形变，除去外力后又能够恢复原状的零件。

弹簧按承受载荷可分为拉伸、压缩、扭转和弯曲弹簧；按形状可分为螺旋、环形、碟形和盘形弹簧。

（1）**拉伸弹簧**　测量力和力矩，如弹簧秤、测力计中的弹簧。

（2）**压缩弹簧**　应用于医疗呼吸设备、医疗移动设备、手工工具、家庭护理设备、减振、发动机气门弹簧等。

（3）**扭转弹簧**　控制机构的运动或零件的位置，如离合器、制动器、凸轮机构、阀门及调速器中的弹簧，汽车、自行车上的制动器弹簧。

（4）**弯曲弹簧**　缓冲、吸振，如车辆减振、各种缓冲器中的弹簧。

（5）**螺旋弹簧**　常用于机械中的平衡机构，在汽车、机床、电器等工业生产中广泛应用。

（6）**环形弹簧**　应用于空间受限且需要强力缓冲的场合。

（7）**碟形弹簧**　重型机械、飞机等强力缓冲弹簧，在离合器、减压阀、密封圈和自动控制机构中广泛应用。

（8）**盘簧**　储存能量作为动力源，如机械钟表、仪器、玩具等使用的发条。

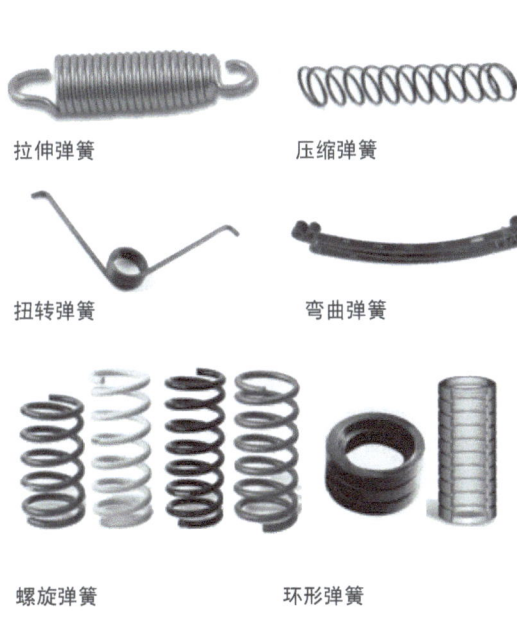

拉伸弹簧　　压缩弹簧

扭转弹簧　　弯曲弹簧

螺旋弹簧　　环形弹簧

碟形弹簧　　盘簧

6.3 零件的密封

各种轴要穿过机器、齿轮箱、轴承或阀门壳体外壁。为了防止灰尘、污垢、水及有害介质侵入机体和防止机体内的润滑剂或工作介质的外泄，必须有密封装置。

转轴、心轴和主轴做旋转运动，活塞做往复运动，密封应既不影响旋转运动和往复运动，又能将空间相互隔离。

1. 接触密封

（1）**充填材料** 主要用于主轴和低速往复运动的活塞杆的密封，一般使用纤维、金属纤维、软金属或其他不成形的密封材料。

（2）**毡圈** 用于密封轴承的油腔。其制造简单、价格便宜。

（3）**O形密封圈** 用于工作压力小的活塞、活塞杆。

（4）**活塞环** 用灰口铸铁或有色金属制成，可以很好地密封大压力的活塞，且耐磨性好。

2. 不接触密封

（1）**间隙密封** 利用运动件之间的微小间隙起密封作用，可以在一定程度上防止灰尘、污垢进入，防止液体和气体流出不能用这种密封。

（2）**集油槽** 装配时要填满油脂。轴高速转动时在油槽内形成涡流，成为很好的密封。

（3）**迷宫式密封** 填充油脂，是防止灰尘进入和油料漏出的很好密封。间隙为 $0.5 \sim 0.75$mm。

（4）**迷宫** 轴向用于对开轴承，径向迷宫用于整体轴承。

（5）**溅油环** 在轴上流动的油在其最大圆周处溅出（以最大圆周速度）。溅出的油通过油腔下部的孔返回壳体内。

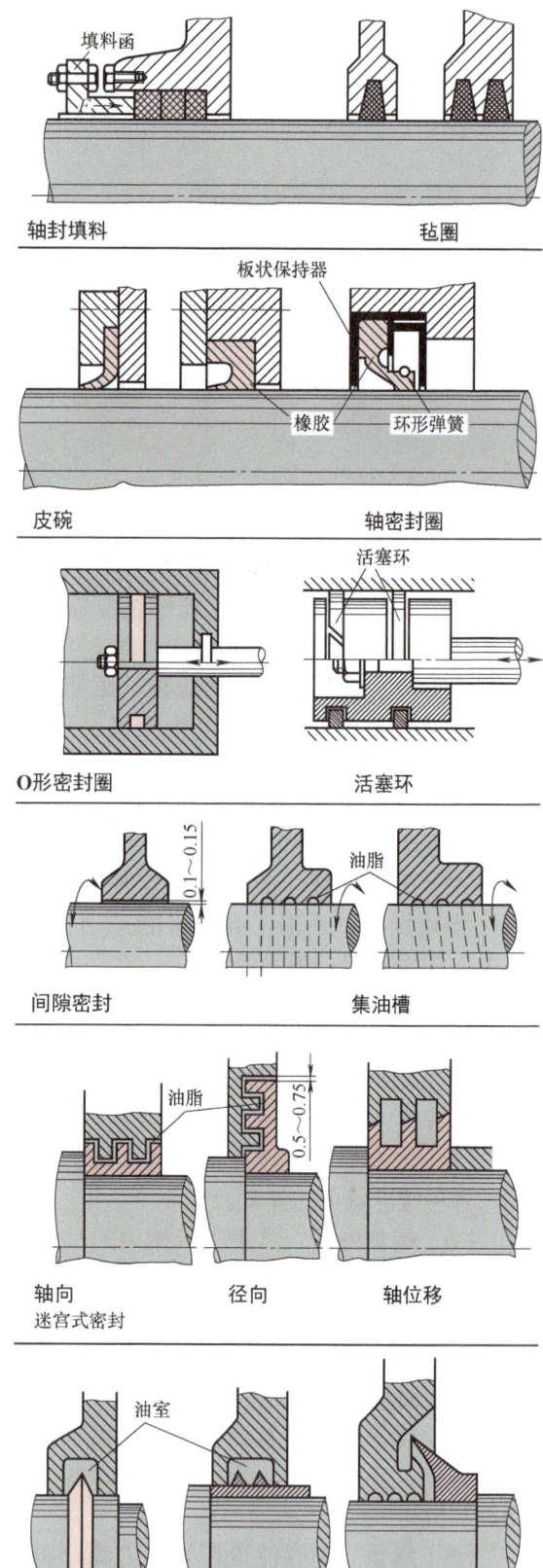

6.4 轴承

6.4.1 滑动轴承

轴承的功用是支承轴和轴上的零件，使其回转并保持一定的旋转精度，减小相对回转零件间的摩擦和磨损。

1. 摩擦与润滑

（1）**干摩擦** 虽然轴颈的表面经过研磨，轴承的内表面经过精加工，但仍有一定的粗糙度。如不加润滑剂，这些面之间会发生很大的滑动摩擦，并产生高温和磨损。实际使用中是不允许发生干摩擦的。

（2）**混合摩擦** 滑动表面加润滑剂后，金属表面凸起处仍相互接触，还会发生较小的摩擦和磨损。这对长时间工作的轴来说是不允许的。混合摩擦主要发生在轴颈开始转动时。经常处于间歇性的静止与转动变换状态的轴承比连续工作的轴承磨损快。

（3）**液体摩擦** 若两摩擦表面间有充足的润滑油，而且能满足一定的条件，则在两摩擦面间可形成厚度为几十微米的压力油膜。它能将相对运动着的两金属表面分隔开。此时，只有液体之间的摩擦。

（4）**轴颈在轴承中的位置** 最大转速时产生的楔形油膜不允许中断。

（5）**润滑剂中的力** 在轴颈与轴承面互不接触的情况下，润滑剂必须将全部支承力由轴颈传递到轴承。润滑剂处于受力状态下。润滑剂应具有一定的黏度，以保证不致从轴承端面压出。黏度大的润滑剂适用于支承力大、转速低和温度高的轴承；黏度小的润滑剂适用于支承力小、转速高和温度低的轴承。

黏性是液体在流动时，在其分子间产生内摩擦的性质。

（6）**轴瓦上的油沟** 为了将润滑油引入轴承，常在其上开有供油孔和油沟；供油孔和油沟应开在轴瓦的非承载区，否则会降低油膜的承载能力。轴向油沟也不应在轴瓦全长上开通，以免润滑油自油沟端部泄漏。

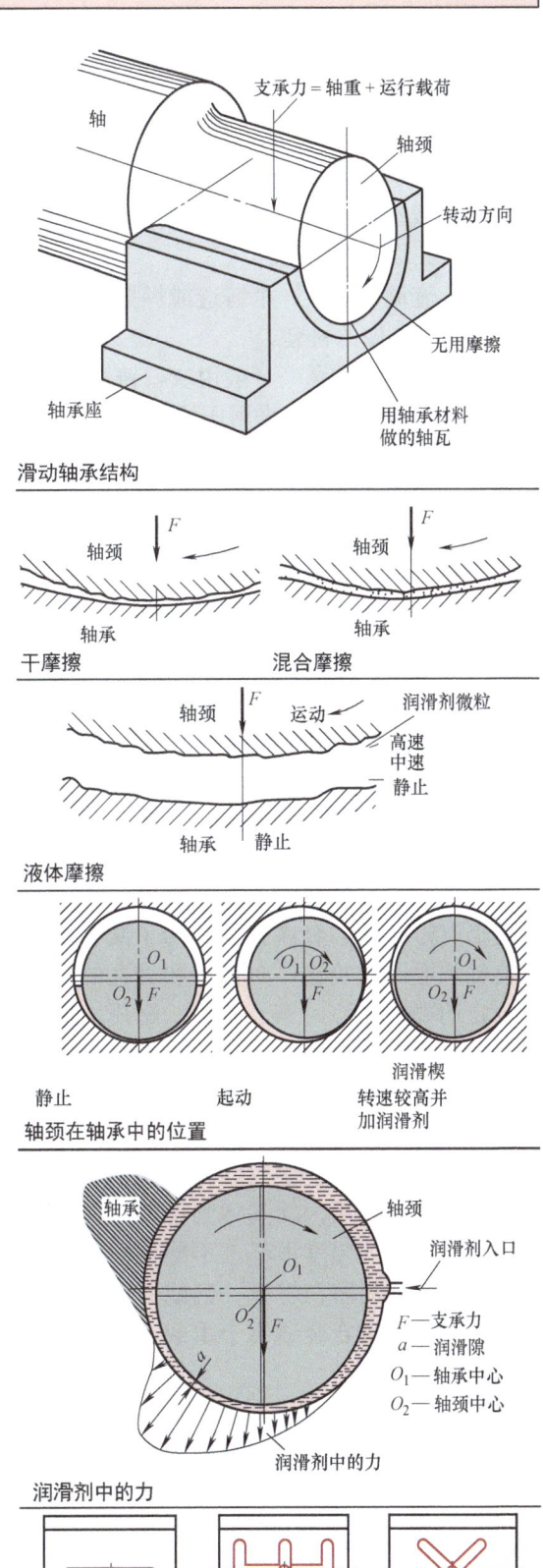

2. 轴承种类

滑动轴承按受力方向可分为径向轴承和轴向轴承。

径向轴承受径向力作用，支承位置在轴的中部或端部；轴向轴承一般支承垂直放置的轴，又称止推轴承。

（1）**套筒轴承** 一个铸造或焊接的套筒，带有轴承材料做的衬套。

（2）**整体式轴承** 一般用灰口铸铁铸造。衬套用轴承材料制造，采用压配合。

（3）**剖分式滑动轴承** 由底座、上盖、轴瓦和螺栓组件组成。这种轴承可做成带轴瓦和不带轴瓦的。特点是装拆方便，磨损后轴承的径向间隙可以调整，应用较广。

（4）**可调滑动轴承** 某些用途的滑动轴承，如车床主轴轴承，应有稳定的轴承间隙。轴承长期工作后由于磨损而间隙过大，需要调整，开槽的衬套用左旋螺母压紧在锥孔内，使衬套孔径缩小。安装时应注意不要使轴承间隙过小，引起运转过热。

3. 轴承材料

即使有良好的润滑，滑动轴承面与轴颈之间仍有短时间的金属接触。为了减小磨损并使轴承面不致咬住，对轴衬和轴瓦的材料有一定的要求，应耐磨、耐蚀、耐压，发热时膨胀小、导热性好。

（1）**轴承合金** 轴承合金是锡、铅、锑、铜的合金，它以锡或铅作为基体，其内含有锑锡（Sb-Sn）或铜锡（Cu-Sn）的硬晶粒，硬晶粒起抗磨作用，软基体则增加材料的塑性。轴承合金的强度很低，不能单独用来制作轴瓦，只能粘附在青铜、钢或铸铁轴瓦上作轴承衬。轴承合金适用于重载、中高速场合，价格较贵。

（2）**铜合金** 铜合金具有较高的强度，较好的减磨性和耐磨性。青铜的减磨性和耐磨性比黄铜好，故青铜是最常用的材料。青铜有锡青铜、铅青铜和铝青铜等几种。

锡青铜的减磨性和耐磨性最好，应用广泛，适用于重载及中速场合。

铅青铜抗胶合能力强，适用于高速、重

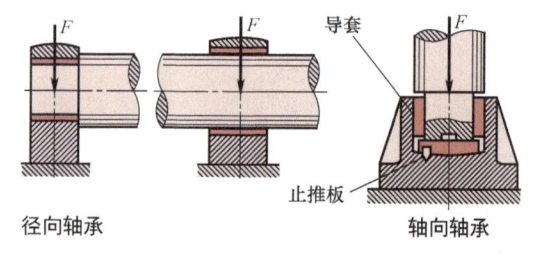

径向轴承　　　　　　　　　轴向轴承

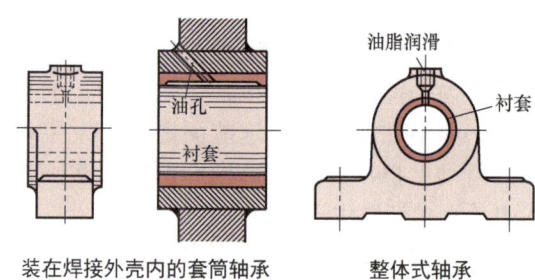

装在焊接外壳内的套筒轴承　　　整体式轴承

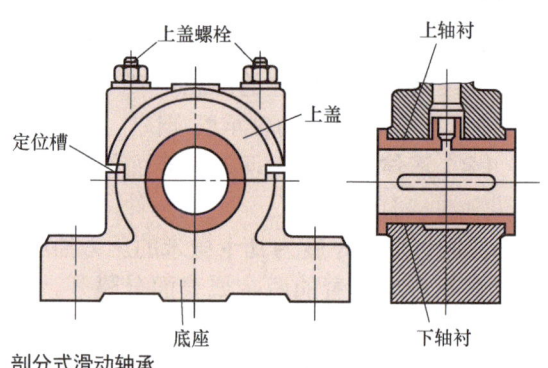

剖分式滑动轴承

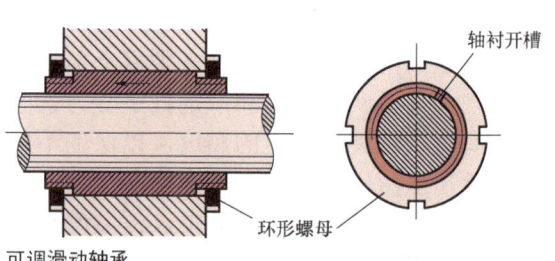

可调滑动轴承

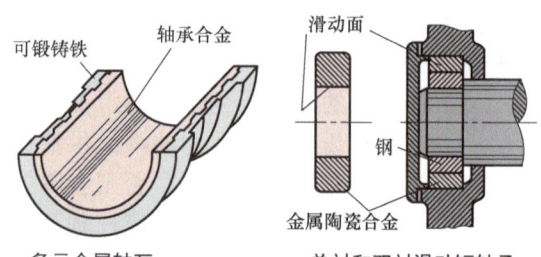

多元金属轴瓦　　　单衬和双衬滑动短轴承

6.4 轴承

载轴承。

铝青铜的强度及硬度较高，抗胶合能力较差，适用于低速重载轴承。

(3) 铝基轴承合金 铝基轴承合金在许多国家获得了广泛的应用。它有相当好的耐蚀性和较高的疲劳强度，减磨性也较好。铝基轴承合金可以制成单金属零件（如轴套、轴承等），也可以制成双金属零件，双金属轴瓦以铝基轴承合金为轴承衬，以钢作衬背。

(4) 灰铸铁和耐磨铸铁 普通灰铸铁或加有镍、铬、钛等合金成分的耐磨灰铸铁，还有球墨铸铁，都可以用作轴承材料。这类材料中的片状或球状石墨在材料表面上覆盖后，可以形成一层起润滑作用的石墨层，故具有一定的减磨性和耐磨性。铸铁性脆、磨合性能差，故只适用于轻载、低速和不受冲击载荷的场合。

(5) 非金属材料 非金属材料中应用最广的是各种塑料，如酚醛树脂、尼龙、聚四氟乙烯等。聚合物的特性是：与许多化学物质不起反应，耐蚀性好。

4. 润滑剂的供给

润滑剂的供给方式主要有油杯滴油润滑、油环润滑和集中润滑等。

(1) 油杯滴油润滑 将手柄提置垂直位置，针阀上升，油孔打开供油；手柄放置水平位置，针阀降回原位，停止供油。旋动调节螺母可调节注油量的大小。

(2) 油环润滑 油环套在轴颈上并垂入油池，轴旋转时，靠摩擦力带动油环转动，将润滑油带到轴颈处进行润滑。这种润滑方式结构简单，但由于靠摩擦力带动油环甩油，故轴的转速适当时方能充足供油。

5. 轴承的安装与维修

安装前轴承应先检验轴颈与轴承孔的尺寸关系。

轴承按照要求的转动精度而采用各种间隙配合。轴承宽度很重要，在太宽的轴承内，很小的轴偏移就会产生非常有害的边角侧压。

(1) 衬套的安装 一般用轻压配合，安装条件较差时可用紧过渡配合。衬套安装时应准确地垂直于轴承端面，安装后检查孔的尺寸，配合过紧会使衬套压缩，必要时可以铰孔。用过渡配合的衬套可钻孔，然后拧入一螺钉，以防松动或转动。

(2) 轴瓦的安装 要求较高的轴承可以刮研。轴颈涂色，套上轴承，拧紧螺栓。将

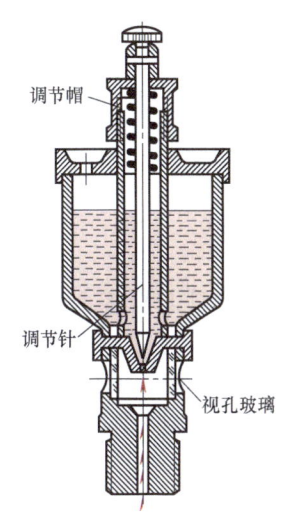

油杯滴油器

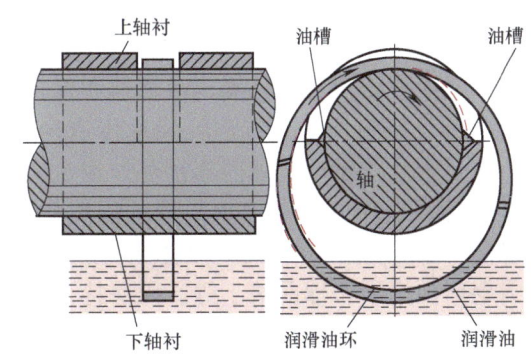

油环润滑的工作原理

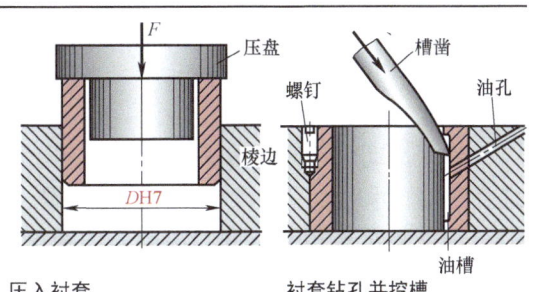

压入衬套　　　衬套钻孔并挖槽

轴颈转动几次,可适当加负荷,将轴承打开,刮研接触点,直至轴瓦只在中间部分接触。这样轴瓦中间部分承重量最大。

（3）滑动轴承的维护 轴承如被加热,则有高温运行的危险。发生这种现象的原因可能是：润滑剂用错、润滑油中断、轴弯曲而产生边角侧压、轴承中心线找正不佳、轴承间隙过小、轴承材料用错、支承力过大等。

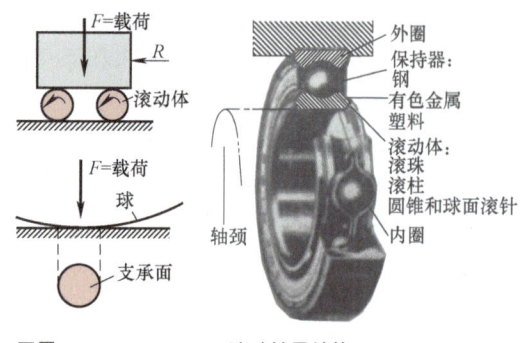

轴承配合和轴承间隙　　　轴承宽度和侧压力

6.4.2 滚动轴承

在运动物体与摩擦面之间加入滚动体,则摩擦力减小,克服摩擦所需的力也减小。球形滚动体与摩擦面的接触在理论上应只为点接触。实际上由于作用力将球形滚动体压扁并压入摩擦面而成为面接触,面接触增大了摩擦。

1. 滚动轴承的结构

滚动轴承依靠主要元件间的滚动接触来支承转动零件,即摩擦性质为滚动摩擦。

它主要由内圈、外圈、滚动体和保持架四个部分所组成,只有滚针轴承没有内圈。外圈是轴承与轴承壳体的连接件,也是滚动体的外滚道。内圈是轴承与轴颈的连接件,也是内滚道。滚动体有球、圆柱滚子、滚针、圆锥球面滚子、球面滚子等,用保持架保持其位置。

滚动轴承具有摩擦阻力小、易起动、效率高、轴向尺寸小等优点,而且由于大量标准化生产,具有制造成本低的优点,因而在各种机械中得到了广泛的使用。

2. 滚动轴承的类型

许多滚动轴承同时传递径向力和轴向力,选择滚动轴承时以受力大小和方向为依据。

滚动轴承按承载方向和滚动体的类型进行分类。

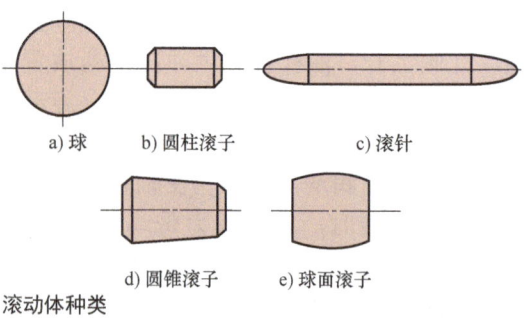

压平　　　滚动轴承结构

a) 球　　b) 圆柱滚子　　c) 滚针

d) 圆锥滚子　　e) 球面滚子

滚动体种类

调心球轴承　　　　调心滚子轴承

6.4 轴承

滚动轴承的类型

轴承名称	基本特性
调心球轴承	主要承受径向载荷，同时可承受较小的双向轴向载荷
调心滚子轴承	主要用于承受径向载荷，同时能承受较小的双向轴承向载荷。适用于重载和冲击载荷的场合
圆锥滚子轴承	能同时承受较大径向载荷和单向轴向载荷。内、外圆可分离，通常成对使用，对称布置安装
双列深球轴承	主要承受径向载荷，也能承受一定的双向轴向载荷
推力球轴承	只能承受单向轴向载荷，适用于轴向载荷大而转速不高的场合
深沟球轴承	主要承受径向载荷，也可同时承受少量双向轴向载荷。摩擦阻力小，极限转速高，结构简单，价格便宜，应用最广泛
角接触球轴承	能同时承受径向载荷和轴向载荷，公称接触 α 有 15°、25°、40° 三种。接触角越大，承受轴向载荷的能力越大，适用于转速较高、同时承受径向和轴向载荷的场合
推力圆柱滚子轴承	能承受很大的单向轴向载荷。承载能力比推力球轴承大得多，不允许有角偏差

圆锥滚子轴承

双列深沟球轴承

推力球轴承

深沟球轴承

角接触球轴承

推力圆柱滚子轴承

3. 滚动轴承的代号

滚动轴承的代号由三个部分代号所组成：前置代号、基本代号和后置代号。

滚动轴承的代号

前置代号	基本代号					后置代号
	五	四		三	二 一	
轴承分部件代号	类型代号	尺寸系列代号			内径代号	轴承在结构、形状、尺寸、公差及技术要求等的补充代号
		宽（高）度系列代号		直径系列代号		

（1）**基本代号** 基本代号是表示轴承主要特征的基础部分，包括轴承类型、尺寸系列和内径。

1）类型代号。轴承类型代号用数字或字母类型代号表示。

2）尺寸系列代号。尺寸系列代号由轴承的直径系列代号和宽（高）度系列代号组合而成，用两位数字表示。

宽度系列是指径向轴承或向心推力轴承的结构、内径和直径都相同，而宽（高）度为一系列不同尺寸，向心轴承的宽度代号按 8、0、1、…、6 顺序递增，推力轴承的高度代号按 7、9、1、2

轴承类型代号

类型代号	轴承类型	类型代号	轴承类型
0	双列角接触球轴承	6	深沟球轴承
1	调心球轴承	7	角接触球轴承
2	调心滚子轴承和推力调心滚子轴承	8	推力圆柱滚子轴承
3	圆锥滚子轴承	N	圆柱滚子轴承（NN：双列或多列）
4	双列深沟球轴承	U	外球面球轴承
5	推力球轴承	QJ	四点接触球轴承

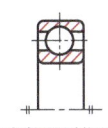

直径系列代号1　　直径系列代号2　　直径系列代号3　　直径系列代号4

顺序。当宽度系列为 0 系列时，对多数轴承在代号中可以不予标出。

直径系列表示同一类型、相同内径的轴承在外径和宽度上的变化系列，用基本代号右起第三位数字表示。即按 7、8、9、0、1、…、5 顺序外径尺寸增大。

3）内径代号。内径代号是用两位数字表示轴承的内径：内径 $d=10\sim480$mm 的轴承内径表示方法见右表，其他有关尺寸的轴承内径需查阅有关手册和标准。

内径代号

内径代号	00	01	02	03	04～96（22，28，32 除外）
轴承内径 /mm	10	12	15	17	代号数 ×5

（2）**前置代号、后置代号**　前置、后置代号是轴承在结构形状、尺寸、公差、技术要求等有改变时，在基本代号左、右添加的补充代号。

前置代号用字母表示，用以说明成套轴承部件的特点，一般轴承无需作此说明，则前置代号可以省略。

后置代号用字母和字母 - 数字的组合来表示，按不同的情况可以紧接在基本代号之后或者用"-""/"符号隔开，其含义可查阅相关标准。

4. 滚动轴承的选择

滚动轴承的类型很多，因此选用滚动轴承首先是选择类型。而选择类型必须依据各类轴承的特性，在选用滚动轴承时还要考虑下面几个因素。

（1）**所受的载荷**　受纯径向载荷时应选用向心轴承，受纯轴向载荷时应选用推力轴承，对于同时承受径向载荷和轴向载荷的轴承，采用向心推力轴承或考虑采用向心轴承和推力轴承的组合结构，以分别承受径向载荷和轴向载荷。

（2）**转速**　在一般转速下，转速的高低对类型选择没有影响，只有当转速较高时，才会有比较显著的影响。高速场合通常选用球轴承。

（3）**调心性能的要求**　对于因支点跨距大而使轴刚性较差，或因轴承座孔的同轴度低等原因而使轴挠曲时，为了适应轴的变形，应选用允许内、外圈有较大相对偏斜的调心轴承。

（4）**拆装方便等其他因素**　选择轴承类型时，还应考虑到轴承拆装的方便性、安装空间尺寸的限制以及经济性问题。例如：在轴承的径向尺寸受到限制时，就应选择同一类型，相同内径，中、外径较小的轴承，或考虑选用滚针轴承。

球轴承比滚子轴承便宜，在能满足需要的情况下应优先选用球轴承。同型号不同公差等级的轴承价格相差很大，故对高精度轴承应慎重选用。

5. 滚动轴承的安装与拆卸

（1）**安装**　滚动轴承用原来的包装保存，在安装时才清理干净。安装滚动轴承时首先应注意不要使外圈接合的力通过滚动体传递

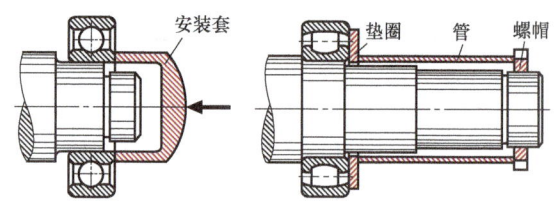

安装套

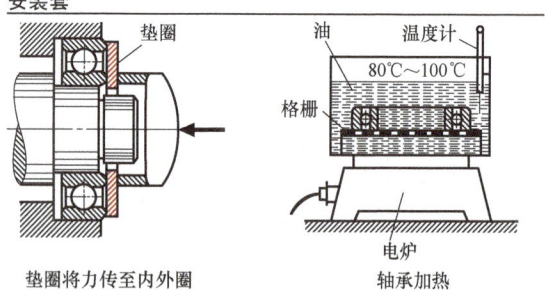

垫圈将力传至内外圈
轴承安装

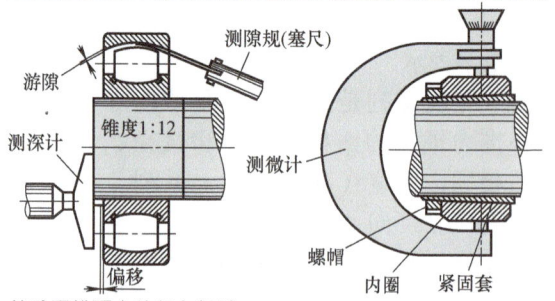

检验圆锥配合的径向间隙

到内圈上，也不要使内圈接合的力通过滚动体传递到外圈上。否则滚动体和滚道的破坏就不可避免。往轴上套时要用安装套，安装套只接触内圈。如轴承距轴端较远，则要用两端平整的套筒。

紧配合时将轴承在油槽内或电炉上加热至100℃（经常翻转）。温度再高就会导致经过调质处理的轴承零件内产生结构变化。当用紧定套安装轴承或在锥面配合时，应经常检查轴承间隙，因内圈膨胀会使轴承间隙变小。不可分解的轴承的间隙用塞尺检验。可分解的轴承用螺旋测微器测量内圈膨胀值。经验公式：轴向位移与轴承间隙缩小值之比为15:1，即每发生1mm轴向位移，轴承间隙减小值为1mm/15=0.06mm。

（2）**拆卸**　拆卸时也要注意不要使拧松的力经过滚动体传递。最好用拆卸工具。拆卸较大的紧配合轴承内圈时，可用浸油的布包上内圈或用蒸汽流加热内圈以减轻拆卸工作。不要用喷灯或焊嘴加热。

用高压油安装和拆卸：用小型手动液压机或注油器将油压入轴承圈与轴间的缝隙，形成的油膜可减小静摩擦，因而使轴承圈较易安装或拆卸。

（3）**润滑与维护**　只能用规定的润滑油，且润滑油应根据轴承尺寸、转速、载荷、工

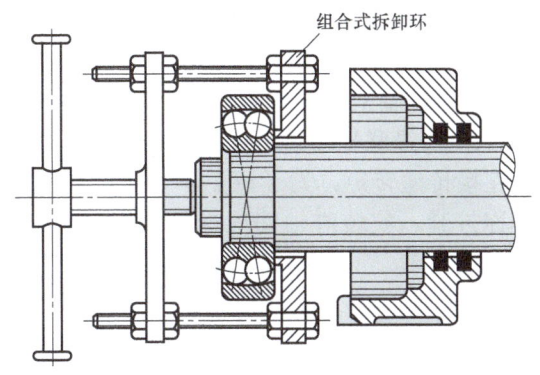

用拆卸工具拆卸轴承

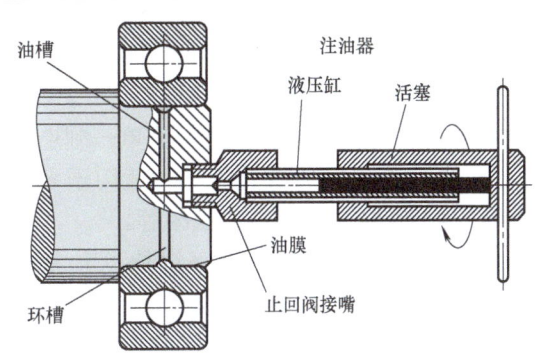

用压力油安装和拆卸

作温度和密封来选择。润滑油填充量为轴承空隙的一半。油面应达到滚动体高度的一半。滚动轴承的拆卸、清洗及润滑油的更换一般在工作一年后进行。

6.5 联轴器和离合器

1. 联轴器

联轴器用来连接不同机构或部件上的两根轴，以传递运动和转矩，且在工作过程中始终处于连接状态。用联轴器连接的两轴，只有在机器停止工作后，经过拆卸才能将其分离。

（1）**刚性联轴器**　刚性联轴器由刚性传力元件组成，不具有缓冲性，但可以传递较大的转矩，又分为固定式刚性联轴器和可移式刚性联轴器。

1）固定刚性联轴器。

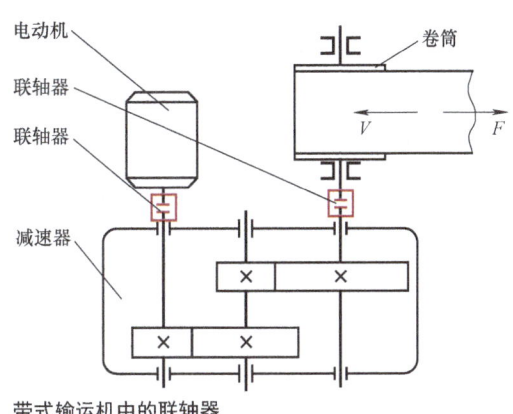

带式输运机中的联轴器

① 套筒联轴器。用键固定套筒位置，用于小转矩和小转速场合。优点是可以安装在已经装好的轴上。

② 凸缘联轴器。用螺栓连接安装，通过键连接传递转矩。为了避免不平衡，螺栓应对称拧紧。安装时轴间应保持一定的间隙。其结构简单、工作可靠、刚性好，使用和维护方便，可传递大的转矩，但它对两轴的对中性要求较高。

刚性联轴器的安装：在紧固联轴器前必须将轴颈对准，使轴的中心满足同轴度要求。通过使用检验平尺在凸缘圆周上检验光隙来检验安装精度。

2）可移式刚性联轴器。

① 十字滑块联轴器。结构简单，制造方便，可适应两轴间的综合偏移。适用于多种场合，如转速计、编码器、机床等。

② 齿式联轴器。与十字滑块联轴器相比，齿式联轴器的转速较高，且因为是多齿同时啮合，故工作可靠、承载能力大，但制造成本高。一般多用于起动频繁、经常正反转的重型机械中。

③ 万向联轴器。万向联轴器结构紧凑，维护方便，在汽车、多头钻床等机器中得到广泛。

（2）**挠性联轴器** 挠性联轴器中有弹性元件，因此具有缓冲、减振效果。弹性元件的微小变形可以补偿两轴的相对位移，从而具有可移性。常用的有弹性套柱销联轴器、弹性柱销联轴器和轮胎联轴器。

1）弹性套柱销联轴器。与凸缘联轴器相似，弹性套柱销联轴器用带有非金属（如橡胶）弹性套的柱销取代螺栓。弹性套柱销联轴器结构简单，拆装方便，成本较低。靠弹

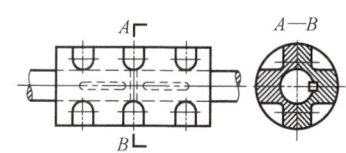
不适用于高转速(不平衡)
套筒联轴器

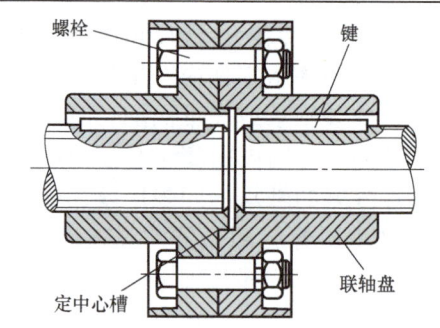
凸缘联轴器

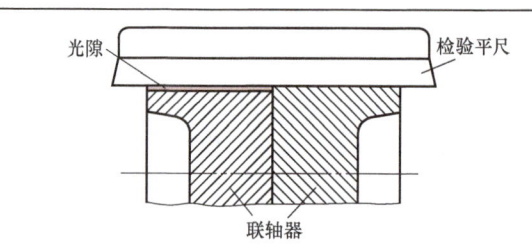
用检验平尺检验同轴度

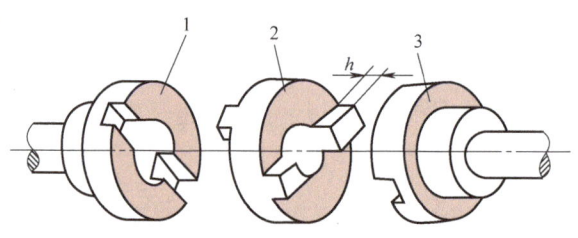
十字滑块联轴器

齿式联轴器

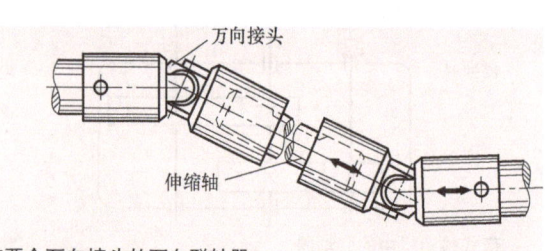
带两个万向接头的万向联轴器

6.5 联轴器和离合器

性套的弹性来缓冲减振和补偿两轴偏移，常用来连接载荷较平稳，需正反转或频繁起动，传递中小转矩的高、中速轴，如各种旋转泵等。

2）弹性柱销联轴器。弹性元件为采用尼龙材料的柱销，与弹性套柱销联轴器相比，其传递转矩的能力大，结构更为简单，制造容易，更换方便，而且柱销的耐磨性好。广泛用于速度适中、有正反转或起动频繁、对缓冲要求不高的场合，如造纸、冶金、矿山、起重运输、石油化工等行业。

弹性套柱销联轴器　　　弹性柱销联轴

3）轮胎联轴器。结构简单、工作可靠、具有良好的综合性能及位移补偿和缓冲吸振能力；径向尺寸较大，当转矩较大时，会因过大的扭转变形而产生附加的轴向载荷。适应于起动频繁，有冲击振动以及潮湿、多尘、相对位移较大的场合，如普通电动机、普通减速机、振动性机械、冲击性机械等的工作场合。

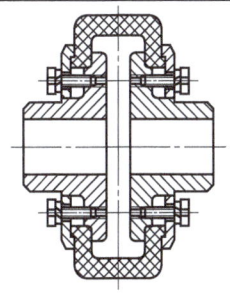

轮胎联轴器

（3）**联轴器的可移性**　由于制造和安装的误差，受载时零部件的弹性变形与温差变形，联轴器所连接的两轴线不可避免地要产生相对偏移。两轴相对偏移的出现，将在轴、轴承和联轴器上引起附加载荷，甚至出现剧烈振动。为了减小机械传动系统的振动、降低冲击尖峰载荷，联轴器还应具有一定的缓冲减振性能。

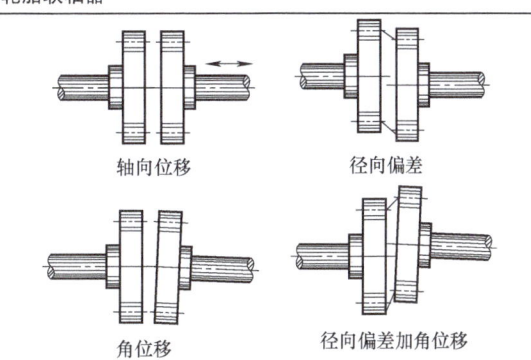

轴向位移　　　径向偏差

角位移　　　径向偏差加角位移

轴偏移

（4）**联轴器的选用**　根据机器设备的工作条件和使用要求，首先选择联轴器的类型，然后根据轴端直径、转矩大小、转速、空间尺寸等要求确定联轴器的型号。

刚性与弹性联轴器

刚性联轴器	弹性联轴器
结构简单、传递转矩大、寿命长、对冲击载荷敏感	1）具有缓冲减振性，可频繁起动和正反转
固定式	可移式	2）弹性元件比较薄弱，不宜传递大转矩，寿命较短
要求安装精度高、轴刚度大	可不同程度地适应两轴的安装误差	3）可以补偿两轴的相对位移

2. 离合器

离合器在机器上主要用来连接不同机构或部件上的两根轴，以传递运动和转矩，且在工作过程中可使两轴随时分离或连接。

（1）**离合器的类型**　根据工作原理的不同，离合器有牙嵌式和摩擦式等类型，它们分别利用牙的啮合、接触表面之间的摩擦力等来传递转矩。

1）牙嵌式离合器。结构简单、紧凑，外廓尺寸小；接合时两半离合器间没有相对滑

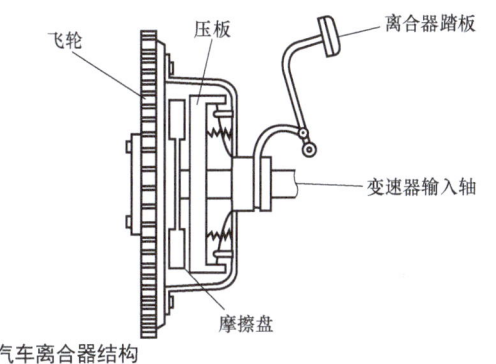

汽车离合器结构

动，因而不会发热。适用于要求主、从动轴严格同步的高精度机床，但只能在低速或停车时接合，以免因冲击打断牙齿。

2）单片式摩擦离合器。利用两摩擦圆盘的压紧或松开，使两接合面的摩擦力产生或消失，以实现两轴的接合或分离。其结构简单，分离彻底，但径向尺寸较大。适用于传递不大转矩的轻型机械。

3）多片式摩擦离合器。多片式摩擦离合器摩擦面较多，传递转矩显著增大，径向尺寸相对减小，结构比较复杂。适用于传递较大转矩的场合。

（2）离合器的选择　大多数离合器已标准化或规格化，设计时，只需参考有关设计手册对其进行类比设计或选择即可。选择离合器时，有以下几点要求：

1）根据机器的工作特点和使用条件，结合各种离合器的性能特点，确定离合器的类型。

2）类型确定后，可根据被连接的两根轴的直径、计算转矩和转速，从相关设计手册中查出适当的型号。

3）必要时，需要对其薄弱环节进行承载能力校核。

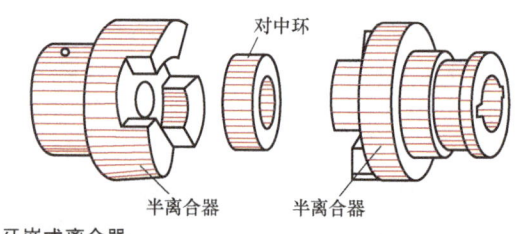

牙嵌式离合器

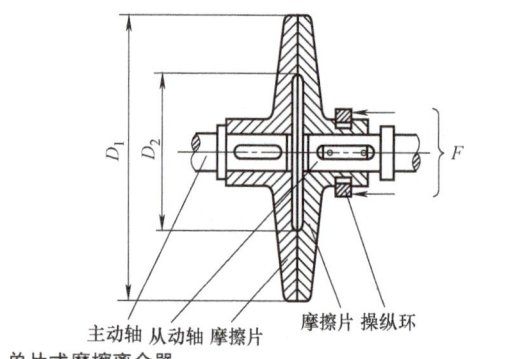

单片式摩擦离合器

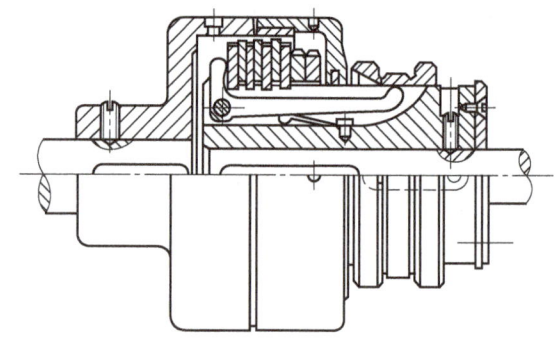

多片式摩擦离合器

6.6　齿轮传动

两个或两个以上共同工作的齿轮称为齿轮传动机构。

1. 齿轮的类型

1）齿轮按齿形可分为渐开线齿轮、摆线齿轮、圆弧齿轮等。渐开线齿轮便于制造，使用广泛，摆线齿轮和圆弧齿轮应用较少。

2）齿轮按外形分为圆柱齿轮、锥齿轮、齿条和蜗杆蜗轮传动。

2. 直齿圆柱齿轮的尺寸

（1）直齿圆柱齿轮各部分的名称及几何尺寸

直齿轮

斜齿轮　人字齿轮

锥齿轮　　齿条　　蜗杆和蜗轮

6.6 齿轮传动

标准直齿圆柱齿轮各部分名称

名称	符号	定义
端平面		在圆柱齿轮上，垂直于齿轮轴线的表面
齿顶圆半径	r_a	齿顶圆柱面与端平面的交线
齿根圆半径	r_f	齿根圆柱面与端平面的交线
分度圆半径	r	分度圆柱面与端平面的交线
齿厚	s	在端平面上，一个齿的两侧端面齿廓之间的分度圆的弧长
槽宽	e	在端平面上，一个齿槽的两侧齿廓之间的分度圆弧长
齿距	p	两个相邻而同侧的端面齿廓之间的分度圆弧长
齿顶高	h_a	齿顶圆与分度圆之间的径向距离
齿根高	h_f	齿根圆与分度圆之间的径向距离
齿高	h	齿顶圆与齿根圆之间的径向距离
齿宽	b	齿轮的有齿部位沿分度圆柱面的直母线方向量度的宽度
中心距	a	一对啮合齿轮的两轴线之间的最短距离

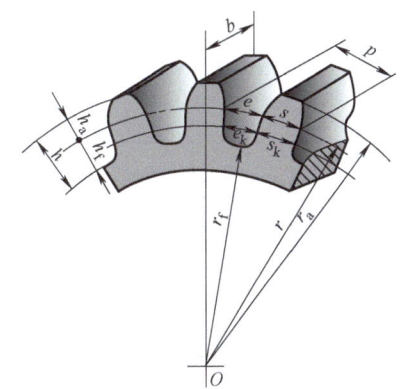

渐开线直齿圆柱齿轮的几何要素

（2）直齿圆柱齿轮的主要参数

1) 齿数 z。一个齿轮的轮齿总数，用 z 表示。当模数一定时，齿数越多齿轮的几何尺寸越大。

2) 模数 m。齿距 p 与圆周率 π 的商数称为模数，用 m 表示，即 $m=p/\pi$，单位为 mm。模数是齿轮的基本参数。齿数相等，模数越大，齿轮的尺寸越大，承载能力越强。分度圆直径相等的齿轮，模数越大，承载能力也越强。

标准模数系列 （单位：mm）

第一系列	1，1.125，1.375，1.25，1.5，2，2.5，3，4，5，6，8，10，12，16，20，25，32，40，50
第二系列	1.75，2.25，2.75，3.5，4.5，5.5，(6.5)，7，9，(11)，14，18，22，28，36，45

注：1. 标准适用于渐开线圆柱齿轮。对斜齿轮则是指法向模数。
2. 选用模数时，应优先采用第一系列。

3) 压力角。压力角是齿轮在端平面上过端面齿廓上任意一点 K 处的径向直线与齿廓在该点处的切线所夹的锐角，也就是在齿轮传动中，齿廓曲线和分度圆交点处的速度方向与该点的法线方向（即力的作用线方向）所夹的锐角称为分度圆压力角。渐开线圆柱齿轮分度圆上的压力角 α_K

$$\cos\alpha_K = \frac{r_b}{r}$$

式中　α_K——压力角（°）；
　　　r_b——基圆半径（mm）；
　　　r——分度圆半径（mm）。

我国标准规定渐开线圆柱齿轮分度圆上的压力角 $\alpha=20°$。

4) 齿顶高系数。齿顶高与模数之比值称

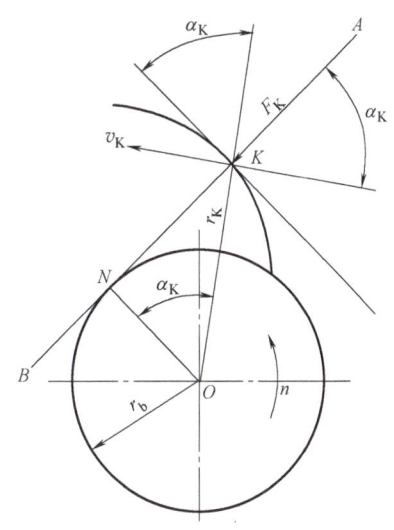

齿轮轮齿的压力角

为齿顶高系数,用 h_a^* 表示,即 $h_a=h_a^*m$,标准规定 $h_a^*=1$。

5)顶隙系数。当一对齿轮啮合时,为使一个齿轮的齿顶与另一个齿轮槽底面相接处,轮齿的齿根高应大于齿顶高,即应留有一定的径向间隙,称为顶隙,用 c 表示。顶隙与模数之比值称为顶隙系数,用 c^* 表示,顶隙 $c=c^*m$。国家标准规定:标准齿轮的 $c^*=0.25$。

(3)标准直齿圆柱齿轮几何尺寸的计算 标准直齿圆柱齿轮采用标准模数 m、压力角 $\alpha=20°$、齿顶高系数 $h_a^*=1$、顶隙系数 $c^*=0.25$。

标准直齿圆柱齿轮的几何尺寸

名称	代号	计算公式	
		外齿轮	内齿轮
压力角	α	标准齿轮为20°	
齿数	z	通过传动比计算确定	
模数	m	通过计算或结构设计确定	
齿厚	s	$s=p/2=\pi m/2$	
齿槽宽	e	$e=p/2=\pi m/2$	
齿距	p	$p=\pi m$	
基圆齿距	p_b	$p_b=p\cos\alpha=\pi m\cos\alpha$	
齿顶高	h_a	$h_a=h_a^*m=m$	
齿根高	h_f	$h_f=(h_a^*+c^*)m=1.25m$	
齿高	h	$h=h_a+h_f=2.25m$	
分度圆直径	d	$d=mz$	
齿顶圆直径	d_a	$d_a=d+2h_a=m(z+2)$	$d_a=d-2h_a=m(z-2)$
齿根圆直径	d_f	$d_f=d-h_f=m(z-2.5)$	$d_f=d+h_f=m(z+2.5)$
标准中心距	a	$a=(d_1+d_2)/2=m(z_1+z_2)/2$	$a=(d_1-d_2)/2=m(z_1-z_2)/2$
基圆直径	d_b	$d_b=d\cos\alpha$	

注:内齿轮与外齿轮的齿顶圆直径、齿根圆直径、标准中心距的计算公式不同。

3. 齿轮的使用与加工

(1)齿轮材料 常用材料为锻钢、铸钢、铸铁。

1)锻钢。根据齿面硬度分为两大类:

① 软齿面齿轮:齿面硬度≤350HBW,常用材料:45、35SiMn、40Cr、40CrNi、40MnB。

特点:具有较好的综合性能,齿面具有较高强度和硬度,齿心具有较好的韧性。热处理后切齿精度可达8级,制造简单、经济、生产率高,对精度要求不高。

② 硬齿面齿轮:齿面硬度>350HBW,常用材料:45、40Cr、40CrNi。

特点:齿面硬度高(48~55HRC),接触强度高,耐磨性好。齿心保持调质后的韧性,耐冲击能力好,承载能力较高。精度较高,可达7级精度。适用于大量生产,如汽车、机床等中速中载变速箱齿轮。

2)低碳钢。常用材料:20Cr、20CrMnTi、20MnB、20CrMnTo。

特点:齿面硬度,承载能力强。心部韧性好,耐冲击,适合于高速、重载、过载传动或结构要求紧凑的场合,机车主传动齿轮、航空齿轮。

3)铸钢。当齿轮直径 $d>400$mm、结构复杂、锻造有困难时,可采用铸钢。材料选用 ZG45、ZG55,正火处理。

4)铸铁。抗胶合及抗点蚀能力强,但抗冲击耐磨性差。适合工作平稳、功率不大、

6.6 齿轮传动

低速或尺寸较大、形状复杂时用。能在缺油条件下工作，适用于开式传动。

5）非金属材料。选用布质、木质、塑料、尼龙等材料，适用于高速轻载。

（2）齿轮的结构形式 主要有齿轮轴、实体齿轮、腹板式齿轮和轮幅式齿轮。

（3）齿轮的失效形式

1）轮齿折断。轮齿像一个悬臂梁，受载后齿根部产生的弯曲应力最大。当该应力值超过材料的弯曲疲劳极限时，齿根处产生疲劳裂纹，并不断扩展使轮齿断裂。突然过载、严重磨损及安装制造误差等也会造成轮齿折断。

齿轮轴

实体式齿轮

复板式齿轮

轮幅式齿轮

> 解决措施：增大齿根圆角半径，消除加工刀痕以降低齿根应力集中；增大轴及支承物的刚度以减轻局部过载的程度；对轮齿进行表面处理以提高齿面硬度。

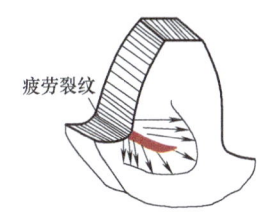
轮齿折断

2）齿面点蚀。轮齿工作面某一固定点受到近似脉动的变应力作用，由于疲劳而产生的麻点状剥蚀损伤的现象。点蚀是闭式传动常见的失效形式。开始齿轮由于磨损很少出现点蚀。点蚀首先出现在节线附近。

> 解决措施：提高齿面硬度、减小齿面的表面粗糙度值、增大润滑油黏度、采用合理变位。

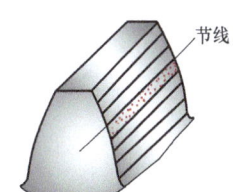
齿面点蚀

3）齿面胶合。高速重载传动中，齿面间压力大，瞬时温度高，润滑油膜被破坏，齿面间会发生粘结在一起的现象，在轮齿表面沿滑动方向出现条状伤痕，称为胶合。

> 解决措施：提高齿面硬度、减小齿面的表面粗糙度值、增大润滑油黏度、限制油温。

齿面胶合

4）齿面磨损。灰尘、砂粒、金属微粒等落入轮齿间，会使齿面间产生摩擦磨损。严重时会因齿面减薄过多而折断。磨损是开式传动的主要失效形式。

> 解决措施：采用闭式传动、提高齿面硬度、减小齿面的表面粗糙度值、采用清洁的润滑油。

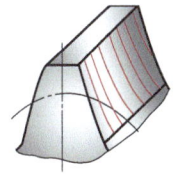
齿面磨损

5）塑性变形。重载且摩擦力很大时，齿面较软的轮齿表面就会沿摩擦力方向产生塑性变形。

> 解决措施：提高齿面硬度、增大润滑油黏度。

塑性变形

（4）齿轮的加工方法

齿轮的加工方法

方法	仿形法	展 成 法			
	铣齿	插齿	滚齿	剃齿	磨齿
图例					
说明	在普通铣床上用轴向剖面形状与被切齿轮齿槽形状完全相同的铣刀切制齿轮	利用工件和刀具作展成切削运动进行加工的方法			

4. 齿轮传动的类型

齿轮传动是利用齿轮副来传递运动和动力的一种机械传动。齿轮传动的类型很多，根据齿轮传动轴线的相对位置，可将齿轮传动分为两类，即平面齿轮传动与空间齿轮传动。

直齿圆柱齿轮

斜齿圆柱齿轮

人字齿圆柱齿轮

齿轮传动的类型

平面齿轮传动	按齿轮形状分	直齿圆柱齿轮
		斜齿圆柱齿轮
		人字齿圆柱齿轮
	按啮合形式分	外啮合
		内啮合
		齿轮齿条
空间齿轮传动		锥齿轮
		准双曲面齿轮
		交错轴斜齿轮
		蜗杆传动

外啮合

内啮合

齿轮齿条

锥齿轮　　　　双曲线齿轮

交错轴斜齿轮　　蜗杆传动

5. 轮系

（1）轮系的分类　由一对相互啮合的齿轮组成的传动机构是齿轮传动的最简单形式。但是在机械中，为了获得很大的传动比，或者为了将输入轴的一种转速转换为输出轴的多种传速等原因，需用一系列依次相互啮合的齿轮机构来传动。由一系列相互啮合的齿轮所组成的传动系统称为轮系。

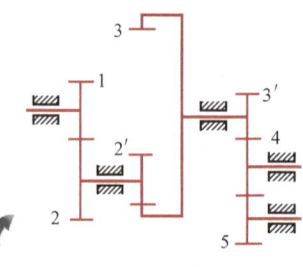

定轴轮系

按轮系传动时接各齿轮的几何轴线在空间的相对位置是否都固定，轮系可分为定轴轮系、周转轮系和组合轮系三大类。

1）定轴轮系。轮系中各齿轮的几何轴线位置都是固定的轮系称为定轴轮系。

2）周转轮系。轮系中至少有一个齿轮的几何轴线位置不固定，而是绕另一个齿轮的固定轴线回转，这种轮系称为周转轮系。

3）组合轮系。轮系中既有定轴轮系，又有周转轮系或者含有多个周转齿轮系的传动，称为组合轮系。

（2）轮系的应用

1）获得大的传动比。用一对相互啮合的齿轮传动，受结构的限制，传动比不能过大。若采用轮系传动，可以获得很大的传动比，以满足低速工作的要求。

2）可进行较远距离的传动。当两轴中心距较大时，如用一对齿轮传动，则两齿轮的尺寸必然很大，这样不仅浪费材料，而且传动机构庞大。若采用轮系传动，则可使其结构紧凑，并实现较远距离的传动。

3）可实现多级变速。在轮系中采用滑移齿轮等变速机构，改变传动比，可实现多级变速。

4）可改变转动方向。在轮系中采用锥齿轮、惰轮等机构，可以改变从动轴的回转方向，从而实现从动轴正、反转变向。

5）可实现运动的合成或分解。采用周转轮系可以将两个独立的回转运动合成为一个回转运动，也可以将一个回转运动分解成两个独立的回转运动。

行星轮系

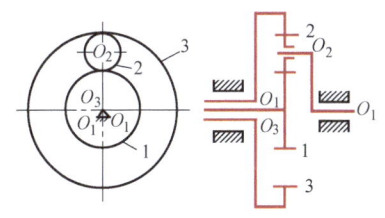

周转轮系

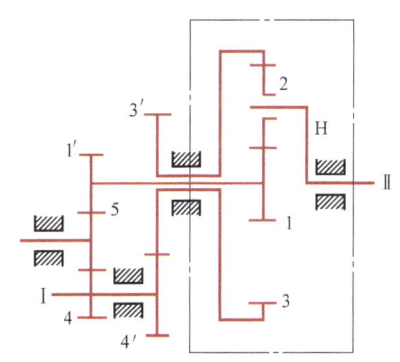

组合轮系

6.7 链传动

1. 链传动的类型

（1）**起重链** 要用于起重机械中提起重物。

（2）**牵引链** 主要用于链式输送机中移动重物。

（3）**传动链** 用于一般机械中传递运动和动力。

起重链

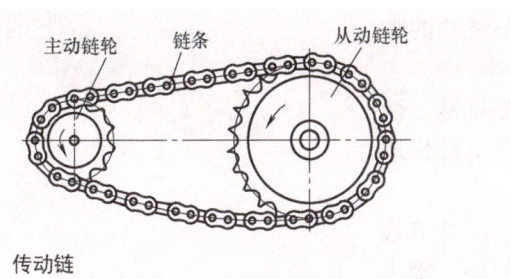

传动链

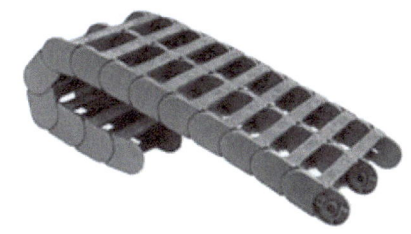

牵引链

2. 链传动的特点及应用

无滑动，平均传动比准确，张紧力小，对轴的载荷小；传动效率高；在同等条件下链传动比其他传动结构紧凑，且能在恶劣环境下工作。制造与安装精度低，中心距较大，有冲击和噪声。不适用于载荷变化大和急速反转场合。用于动力传动的链主要有套筒滚子链和齿形链两种。

3. 链轮结构

根据链轮的直径大小分为实心式、孔板式、焊接式和组合式。

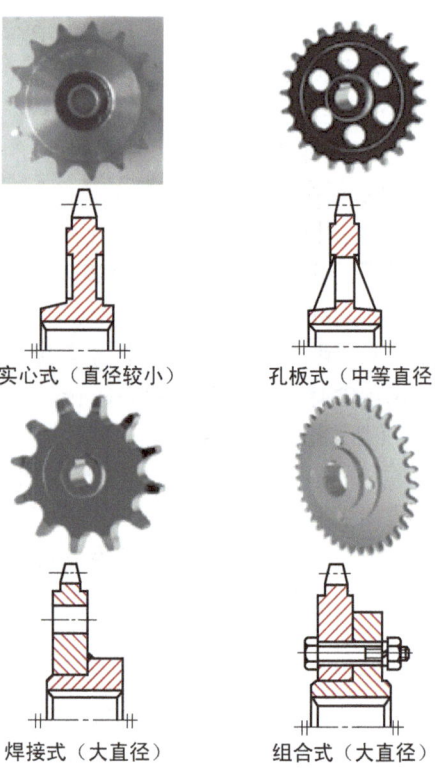

实心式（直径较小）　　孔板式（中等直径）

焊接式（大直径）　　组合式（大直径）

4. 链轮的材料

链轮的材料

链轮材料	热处理	齿面硬度	应用范围
15、20	渗碳、淬火、回火	50～60HRC	$z \leq 25$，有冲击载荷的链轮
35	正火	160～200HBS	$z > 25$ 的链轮
45、50、ZG310-570	淬火、回火	40～45HRC	无剧烈冲击的链轮
15Cr、20Cr	渗碳、淬火、回火	50～60HRC	$z < 25$ 的大功率传动链轮
40Cr、35SiMn、35CrMn	淬火、回火	40～50HRC	重要的、使用优质链条的链轮
Q215/Q255	焊接后退火	140HBW	中速、中等功率、较大的从动链轮
抗拉强度不低于HT150的灰铸铁	淬火、回火	260～280HBW	$z > 50$ 的链轮
夹布胶木	—	—	$P < 6$kW、速度较高、要求传动平稳噪声小处

5. 滚子链

（1）**套筒滚子链的结构**　套筒滚子链条由内链板、外链板、销轴、套筒和滚子组成。外链板固定在销轴上，内链板固定在套筒上，滚子与套筒间和套筒与销轴间均可相对转动，因而链条与链轮的啮合主要为滚动摩擦。

（2）**滚子链的分类**　分为单排链和多排链。套筒滚子链分单排使用和多排并用，多排并用可传递较大功率。

（3）**滚子链的接头形式**　链条的长度用链节数表示，链节为偶数时，内、外链板交替相接，接头

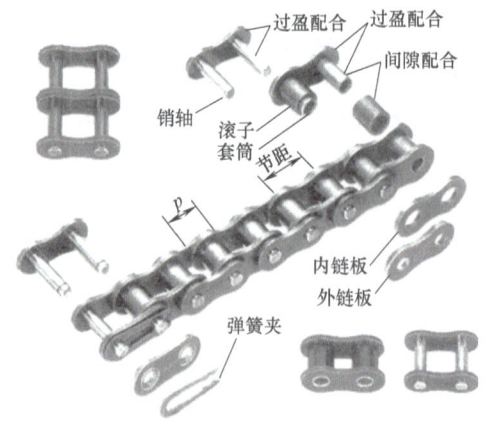

滚子链的结构

处用开口销或弹簧锁片连接；当链节为奇数时，要采用过渡链节才能相接。过渡链节制造复杂，受力状况不好，生产中应尽可能不用，实际使用中尽量采用偶数链节。

6. 滚子链的主参数

（1）**节距 p**　两相邻链节铰链副理论中心间的距离。

（2）**整链链节数 L_p**　整条链的链节数，用 L_p 表示。多排链按单排链计算。

（3）**整链总长 l**　整链总长 l 为链节数 L_p 与节数 p 的乘积，即 $l=L_p p$。

（4）**排距 p_t**　双排链或多排链中，相邻两排链条中心平面间的距离。

7. 滚子链的型号

滚子链已标准化，分为 A、B 两个系列，其中 A 系列供设计用，B 系列供维修用，常用的是 A 系列。滚子链的型号由链号数 + 系列代号 A 或 B 表示。

单排链

双排链

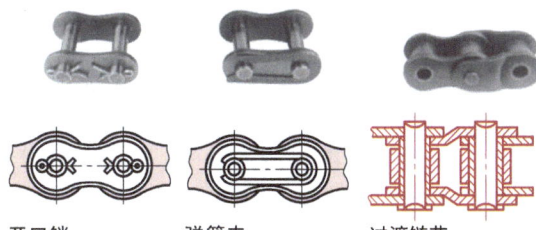
开口销　　弹簧夹　　过渡链节

> 链号 - 排数 - 整链链节数　标准编号
> 例如：08B—2—80 GB/T 1243—2006：表示链号为 08B、排数为 2、链节数为 80 的套筒滚子链，滚子链的参数可查阅相关标准

6.8　摩擦轮传动

1. 摩擦轮传动的工作原理

摩擦轮传动是由两个相互压紧的摩擦轮组成，利用两轮直接接触产生的摩擦力来传递运动和动力。分为外接圆柱式和内接圆柱式两种。

2. 摩擦轮传动的传动比

主动轮 1 与从动轮 2 相互压紧后，在接触处 P 点产生压紧力，当主动轮 1 逆时针方向回转时，摩擦力即带动从动轮 2 顺时针方向回转。如果没有出现打滑现象，那么两轮在 P 点的圆周速度应相等，即 $v_1=v_2$ (m/s)。

因为　　$v_1 = \dfrac{\pi D_1 n_1}{1000 \times 60}$、$v_2 = \dfrac{\pi D_2 n_2}{1000 \times 60}$

所以　　$i_{12} = \dfrac{n_1}{n_2} = \dfrac{D_2}{D_1}$

式中　i_{12}——两摩擦轮的传动比；
　　　n_1、n_2——主、从动轮的转速（r/min）；
　　　D_1、D_2——主、从动轮的直径（mm）。

摩擦轮传动比

a) 外接圆柱式

b) 内接圆柱形式

圆柱摩擦轮

3. 摩擦轮传动的类型

根据两摩擦轮轴线的相对位置不同，摩擦轮可分为两轴平行和两轴相交两种类型。

（1）两轴平行　有圆柱摩擦轮和槽形摩擦轮。

1）圆柱摩擦轮。结构简单，制造方便，压紧力大，分为外接式和内接式。用于小功率传动，如仪表调节装置等。

2）槽形摩擦轮。因带有角度为 2β 的槽，侧面接触，在同样压紧力的条件下，可以增大切向摩擦力，提高传动功率。但易发热与磨损，传动效率较低，对加工和安装要求较高。适用于铰车驱动装置等机械中。

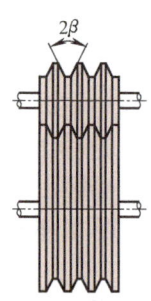

槽形摩擦轮

（2）两轴相交　有圆锥摩擦轮和端面摩擦轮。

1）圆锥摩擦轮。设计安装时应保证轴线的相对位置正确，锥顶应重合，分两轴垂直与不垂直两种。常用于大功率摩擦压力机。

2）端面摩擦轮。结构简单，制造方便，压紧力大；易发热与磨损，效率低；对加工、安装要求高。分圆柱摩擦轮与圆锥摩擦轮两种。用于摩擦压力机等。

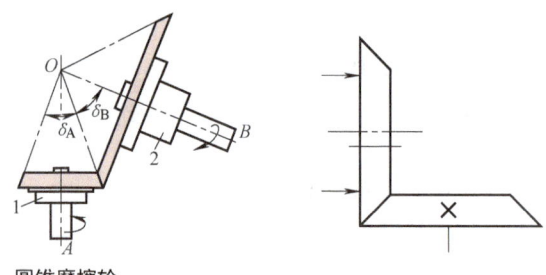

圆锥摩擦轮

4. 摩擦轮传动的特点

1）结构简单、制造容易。

2）过载时打滑，能够保护零件。

3）易于连续平缓地无级变速，具有较大的应用范围。

4）在运转中存在滑动、传动效率低、传动比不能保持准确。

5）结构尺寸较大，作用于轴和轴承上的载荷大，承受过载和冲击能力差等，因而只适用于传递动力不大的场合。

端面摩擦轮

6.9　带传动

带传动利用摩擦连接在两轴之间传递转矩。

1. 带传动的类型

带传动由带和带轮组成，带传动分为摩擦传动和啮合传动。

摩擦传动的带主要有平带、V 带、圆带和多楔带；啮合传动的带为同步齿形带。

平带　　　　　　　V 带

圆带　　　　　　　多楔带

同步齿形带

2. 平带传动

（1）平带传动的形式 有开口式、交叉式、半交叉式和角度传动。

1）开口式。两轮轴线平行、两轮宽的对称平面重合、转向相同。

2）交叉式。两轮轴线平行、两轮宽的对称平面重合、转向相反。

3）半交叉式。两轮轴线在空间交错，交错角一般为 90°。

4）角度传动。带轮两轴线相交。

（2）平带的类型 平带的主要类型有帆布芯平带、编织平带、锦纶片复合平带等。

1）帆布芯平带。由数层挂胶帆布粘合，分开边式和包边式。抗拉强度高，耐温性好，价廉；耐热、耐油性能差，开边式较柔软。应用于轴间距较大的传动。

2）编织平带。有棉织、毛织和缝合棉布带，以及用于高速传动的丝、麻、锦纶编织带。带面有覆胶和不覆胶两种。曲挠性好，传递功率小，易松弛。应用于中、小功率传动。

3）锦纶片复合平带。承载层为锦纶片（有单层和多层），工作面上粘有铬鞣革、挂胶帆布或特殊织物等。强度高，摩擦因素大，曲挠性好，不易松弛。应用于大功率传动，薄形可用于高速传动。

（3）平带的接头方式 有皮革平带的胶合、皮条缝合、帆布平带的胶合、肠弦缝合和铰链带扣。

（4）平带传动的特点及应用 传动时冲击小，速度可高一些；当传动速度高时（$v \geq 25\text{m/s}$），可应用轻而薄的高速平带；传递功率较小时，可用编织平带；传递功率较大时，采用由锦纶片或涤纶绳作为承载层、工作面上贴铬鞣革或挂胶帆布的无接头复合平带。铰链带扣传递功率较大，传递速度不高，速度高时会产生强烈的振动。

（5）平带传动的参数

1）包角 α。带与带轮接触弧所对应的圆心角。包角大小反映带与带轮缘表面接触弧的长短，与接触面间的摩擦力有关，包角太小会打滑。

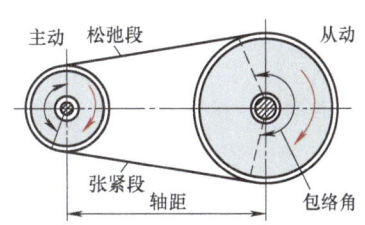

开口式带传动
主动轮与被动轮转向相同

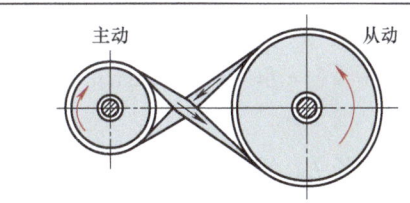

交叉式带传动
主动轮与被动轮转向相反

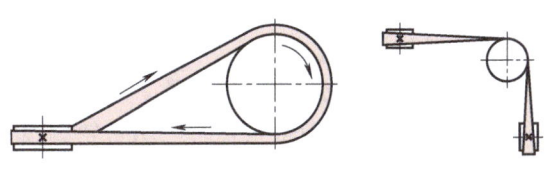

皮革平带的胶合　　　皮条缝合

帆布平带的胶合

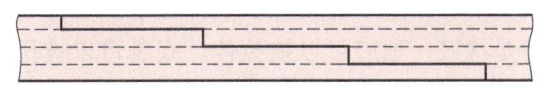

肠弦缝合　　　铰链带扣

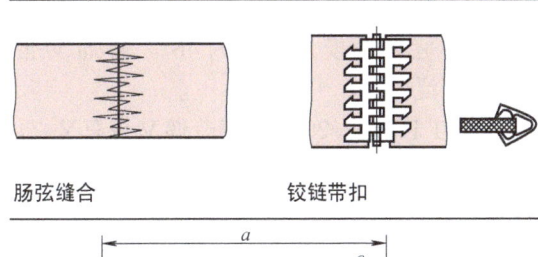

包角 α

包角的计算：

开口式传动：$\alpha_1=180°-\dfrac{d_2-d_1}{a}\times 57.3°$

交叉式传动：$\alpha_1=180°-\dfrac{d_2+d_1}{a}\times 57.3°$

半交叉式传动：$\alpha_1=180°+\dfrac{d_1}{a}\times 57.3°$

平带传动一般要求包角 $\alpha \geq 150°$

式中　d_1、d_2——小、大轮直径（mm）；
　　　a——两轮中心距（mm）。

带长 L 的计算：

开口式传动：$L=2a+\dfrac{\pi}{2}(d_1+d_2)+\dfrac{(d_2-d_1)^2}{4a}$

交叉式传动：$L=2a+\dfrac{\pi}{2}(d_1+d_2)+\dfrac{(d_2+d_1)^2}{4a}$

半交叉式传动：$L=2a+\dfrac{\pi}{2}(d_1+d_2)+\dfrac{d_2^2+d_1^2}{2a}$

传动比 i 的计算：

$$i_{12}=\dfrac{n_1}{n_2}=\dfrac{d_2}{d_1}$$

式中　d_1、d_2——小、大带轮直径（mm）；
　　　n_1、n_2——小、大带轮转速（r/min）。

中心距 a 的计算：

开口式传动实际中心距：$a=A+\sqrt{A^2-B}$

式中　$A=\dfrac{L}{4}-\dfrac{\pi(d_1+d_2)}{8}$、$B=\dfrac{(d_2-d_1)^2}{8}$

2）带长 L。平带长度是平带的内周长，在实际应用中，计算带长还要考虑平带在带轮上的张紧量、悬垂量和平带的接头长度。

3）传动比 i。在不考虑传动中的弹性滑动时，计算平带传动比。因受小轮包角和带中心距的限制，一般平带传动的传动比 $i \leq 5$。

4）中心距 a。当带张紧时，两带轮轴线间的距离称为中心距。

3. V带传动

（1）V带的结构与标准

1）V带的结构。常用V带的截面结构分为帘布结构和线绳结构两类，由顶胶、承载层、底胶和包布层四部分组成。包布的材料是帆布，是V带的保护层；顶胶和底胶材料是橡胶，顶胶可以被拉伸，底胶可以被压缩；承载层主要承受拉力。

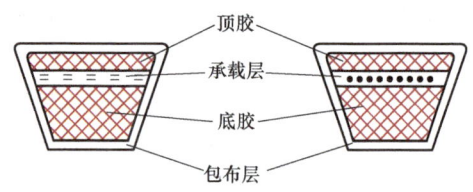

V带的截面结构

2）V带的标准。V带已标准化，常用V带主要有普通V带、窄V带、宽V带、半宽V带等，它们的楔角 α 均为 $40°$。普通V带应用最广泛。

GB/T 11544—2012规定普通V带有Y、Z、A、B、C、D、E七种型号，线绳结构只有Z、A、B、C四种型号。

3）V带的基准长度 L_d。V带是一种无接头的环形带，V带在规定张紧力下，长度和宽度均保持不变的纤维层称为中性层，沿中性层量得的长度称为节线长度 L_d，又称基准长度或公称长度。

V带的标记由型号、基准长度和标准编号三部分组成。

普通V带截面尺寸

型号	节宽 b_p/mm	顶宽 b/mm	高度 h/mm	楔角 α/（°）
Y	5.3	6	4	40
Z	8.5	10	6	40
A	11.0	13	8	40
B	14.0	17	11	40
C	19.0	22	14	40
D	27.0	32	19	40
E	32.0	38	23	40

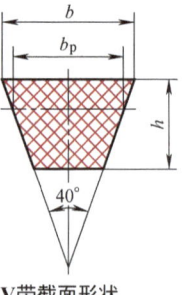

V带截面形状

V带标记　B 1560
GB/T 11544—2012
　　表示B型V带，基准长度为1560mm。

V带的型号及长度系列　　（单位：mm）

Y	Z	A	B	C	D	E
200	405	630	930	1565	2740	4660
224	475	700	1000	1760	3100	5040
250	530	790	1100	1950	3330	5420
280	625	890	1210	2195	3730	6100
315	700	990	1370	2420	4080	6850
355	780	1100	1560	2715	4620	7650
400	920	1250	1760	2880	5400	9150
450	1080	1430	1950	3080	6100	12230
500	1330	1550	2180	3520	6840	13750
	1420	1640	2300	4060	7620	15280
	1540	1750	2500	4600	9140	16800
		1940	2700	5380	10700	
		2050	2870	6100	12200	
		2200	3200	6815	13700	
		2300	3600	7600	15200	
		2480	4060	9100		
		2700	4430	10700		
			4820			
			5370			
			6070			

（2）V带轮的结构与材料

1）V带轮的结构。V带轮结构通常由轮缘、轮毂和轮辐组成。轮缘是用于安装传动带，轮缘上有与带型号、根数相对应的轮槽。

V带轮必须易于制造、重量轻且分布均匀，安装时对中性好，铸造或焊接时引起的应力要小。

V带轮轮缘与轮槽尺寸　　（单位：mm）

项目		符号	Y	Z	A	B	C	D
基准宽度		b_d	5.3	8.5	11	14.0	19	27.0
基准线上槽深		h_{amin}	1.6	2.0	2.75	3.5	4.8	8.1
基准线下槽深		h_{fmin}	4.7	7.0	8.7	10.8	14.3	19.9
槽间距		e	8±0.3	12±0.3	15±0.3	19±0.4	25.5±0.5	37±0.6
槽边距		f_{min}	6	7	9	11.5	16	23
最小轮缘厚		δ_{min}	5	7.0	6	10.8	10	12
圆角半径		r_1	0.2～0.5					
带轮宽		B	$B=(z-1)e+2f$　z—轮槽数					
外径		d_a	$d_a=d_d+2h_a$					
轮槽角 θ	32°	相应的基准直径 d_d	≤60	—	—	—	—	—
	34°		—	≤80	≤118	≤190	≤315	—
	36°		>60	—	—	—	—	≤475
	38°		—	>80	>118	>190	>315	>475
极限偏差			±30′					

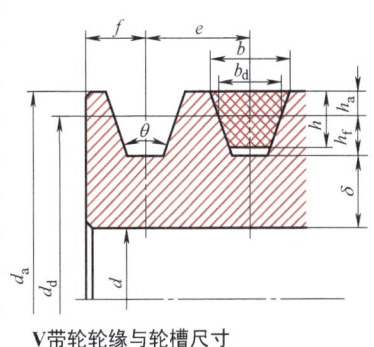

V带轮轮缘与轮槽尺寸

V带轮的结构

带轮结构	实心式	腹板式	孔板式	轮幅式
图例				
直径	$d_a \leq 200mm$ 或 $d_a \leq (1.5 \sim 3)d_0$	$d_a \leq 300mm$	$d_a \leq 400mm$	$d_a > 400mm$

2）V带轮的材料。V带轮的材料根据V带轮的直径或速度来选取。

V带轮的材料

V带轮材料	HT150、HT200	HT200、钢制带轮	钢板焊接式	塑料带轮	铝合金带轮
使用范围	$v \leq 30m/s$	$v > 30m/s$	$d \geq 500mm$	低速传动、小功率传动，$v < 15m/s$	高速传动

（3）V带传动的特点及应用　优点：传动平稳，噪声小，能缓冲、吸振；结构简单，安装精度低、使用维护方便；过载时，带会在带轮上打滑，起安全保护作用。缺点：带具有弹性，存在弹性滑动，传动比不准确；外廓尺寸大，传动效率低。

应用场合：传动平稳、传动比不要求准确，或中小功率、中心距较大的场合。

6.10　液压与气压传动

6.10.1　液压传动

液压传动是以液体作为工作介质，利用液体的压力能来传递动力和进行控制的一种传动方式。

1. 液压传动的特点及应用

优点：与机械传动、电气传动等相比，液压传动装置具有结构紧凑、传动力大、定位精确、运动平稳、易于实现自动控制、机件润滑良好、寿命长等。

缺点：传动效率较低、不宜进行远距离传递、不宜在高温或低温条件下工作、液压元件精度要求高、成本高等。

应用：机械工业、冶金工业、石油工业、工程建筑及船舶、军事、航空、航天等工业部门。

2. 液压传动的工作原理及液压传动系统的组成

（1）**液压传动的工作原理**　液压系统

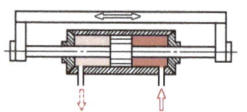
机床的工作台传动

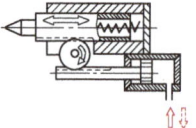
顶针座的传动

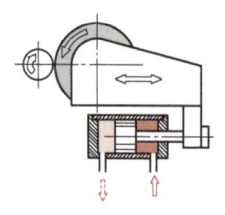
磨头的进给传动

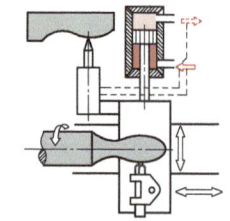
仿形车床液压控制

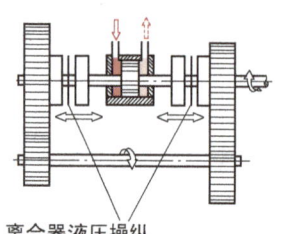
离合器液压操纵　　液压弯曲装置

利用液压泵将原动机的机械能转换为液体的压力能,通过液体压力能的变化来传递能量,经过各种控制阀和管路的传递,借助于液压缸或液压马达等液压执行元件把液体压力能转换为机械能,从而驱动工作机构,实现直线往复运动和回转运动。其中的液体称为工作介质,一般为矿物油,它的作用和机械传动中的皮带、链条和齿轮等传动元件类似。用液压泵输送液体和产生压力,用液压缸获得直线运动,用液压马达获得旋转运动。下面是液压千斤顶原理图。

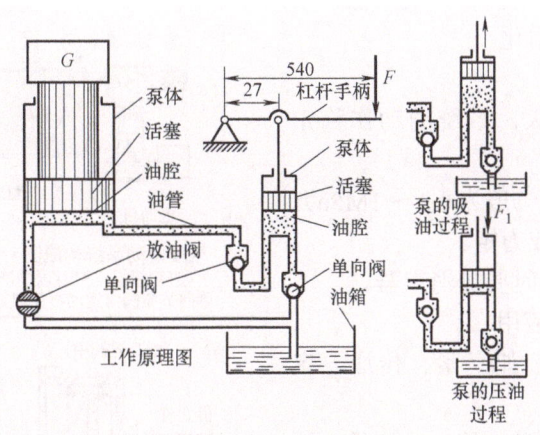

液压千斤顶原理图

(2)液压传动系统的组成 任何一个简单而完整的液压传动系统,均由以下四个部分组成:

1)动力元件(液压泵)。其作用是向液压系统提供压力油,是系统的动力源。

2)执行元件(液压缸或马达)。其作用是在压力油的作用下,完成对外做功。

3)控制元件。如溢流阀、节流阀、换向阀等,其作用是分别控制系统的压力、流量和流向,以满足执行元件对力、速度和运动方向的要求。

4)辅助元件。如油箱、油管、管接头、过滤器、蓄能器等。

6.10.2 气压传动

气压传动是以压缩空气为工作介质,利用空气压力进行能量传递的传动形式,广泛应用于生产、生活中,如自行车、汽车轮胎充气及汽车喷涂等。

1. 气压传动系统的基本构成

气压传动系统由气源装置、执行组件、控制组件和辅助组件四部分组成。

气压传动系统的组成

名称	作用	示例
气源装置	将原动机(电动机、发动机)供给的机械能转变为气体的压力能,为各种气动设备提供能量	空气压缩机
执行组件	将气体的压力能转变为机械能,输送给工作部件	各种气缸
控制组件	控制压缩空气的压力、流量和流动方向以及执行组件的动作顺序,以使执行组件完成预定的运动规律	各种阀类,如压力阀、流量阀、方向阀
辅助组件	使压缩空气净化、润滑、消声以及组件的连接,对保持气动系统可靠、稳定和持久工作起到十分重要的作用	各种过滤器、干燥器、油雾器、消声器及管件等

2. 气压传动的特点

气压传动与机械、电气、液压传动比较,具有如下特点。

优点:

1)工作介质是空气,可节约能源,用后排入大气,不污染环境。

2）空气的特性受温度的影响小，可在高温下工作，不会燃烧或爆炸。

3）空气流动性好，便于集中供应和远距离输送。

4）气压传动动作迅速，反应快，气动元件可靠性高，寿命长。

5）气压传动装置结构简单，成本低，易于标准化、系列化和通用化。

缺点：

1）空气可压缩性大，系统的动作稳定性差。

2）工作压力较低（一般为0.3～1MPa），不易获得较大的输出力或力矩。

3）噪声较大，排气时要加消声器。

3. 气压传动技术的应用

1）物料输送装置。如夹紧、传送、定位、定向和物料流分配。

2）一般应用。如包装、填充、测量、锁紧、轴的驱动、物料输送、零件转向、零件分拣、元件堆垛、元件冲压或模压标记和门控制。

3）物料加工。如钻削、车削、铣削、锯削、磨削和光整。

气压传动系统用于货物自动装卸及气动机械手的例子如下图。

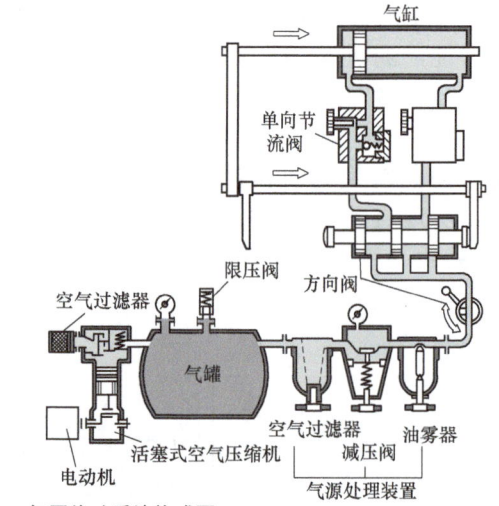

气压传动系统构成图
开启以后，气缸内的活塞自动地做前进后退运动，单向节流阀对运动产生阻尼作用。

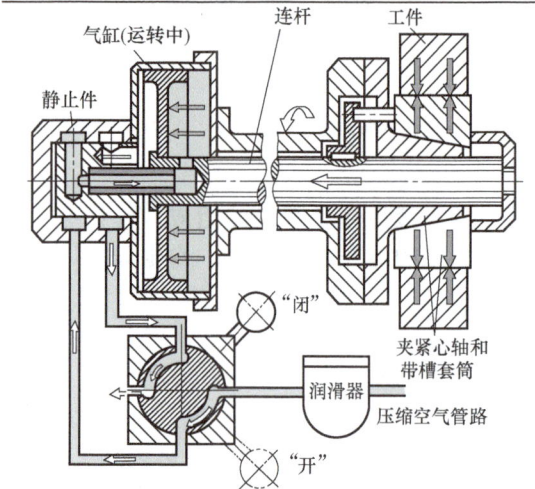

六角车床用的气动夹头
润滑器向压缩空气喷加油雾，使运动零件得到充分的润滑。

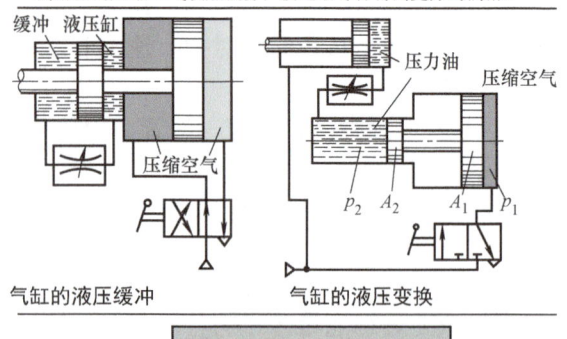

气缸的液压缓冲　　　气缸的液压变换

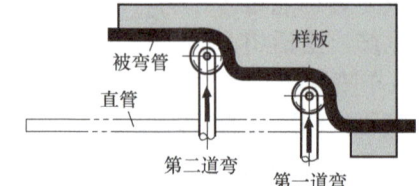

气动弯管机工作原理图

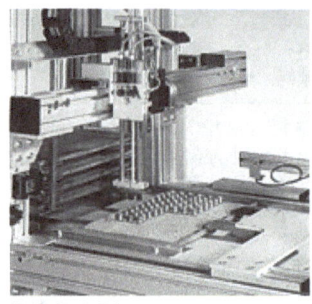

货物自动装卸

气动机械手

第 7 章　动力机械与工作机械

7.1　能量转换

动力机械与工作机械是能量转换装置。能是做功的能力。

> 能 = 做功的能力

将一个重物 G 升到高度为 h 处，这时就储存了能量，重物具有势能，将绳子放开则势能转变为动能，这个能量可以用来打桩。

> 能 = 功 = 力 × 距离　$W=Fs$

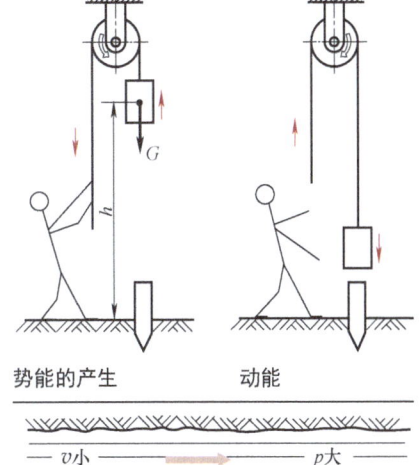

势能的产生　　　动能

如果将储存在水库里的水引入一水轮机，水的势能就变为动能。水推动水轮机还能驱动发电机，将机械能转变为电能。

通过摩擦、冲击、打击，机械功有一部分转变为热能，如轴承运转中的发热，或在切削成形中使材料温度升高。

燃烧使燃料中的化学能转变为热能。这种热能可以在热力机（汽油机、汽能机）内转变为机械能。

一条河里的水含有流动能，这是机械能的一种。如果在河上的两条船互相靠近，则两船之间的水流速度变得特别大，因为通过这个变窄的通流截面的水量必须与同时间内通过两端外面较大截面的水量相等。于是在外面水的压力比较大（流速小、压力大），两船之间的压力转变成流速了（流速大、压力小）。

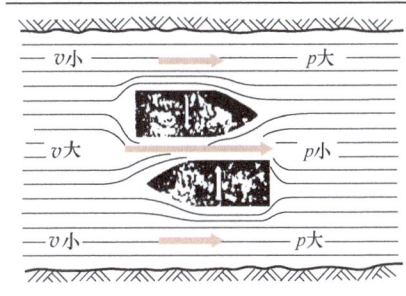

流速与压力之间的关系——能量转换

速度 v 越大，压力 p 越小。
速度 v 越小，压力 p 越大。

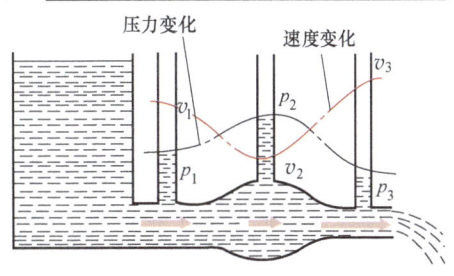

通流截面变化时的流速和压力

（1）**动力机械**　动力机械是将自然界中的能量转换为机械能而做功的机械装置。动力机械有水力机械、风力机械、蒸汽动力机械、内燃机械等。

（2）**工作机械**　工作机械接收机械能，并利用机械能输送液体和气体，提升重物或切削材料。工作机械有泵、空气压缩机、起重机、机床等。

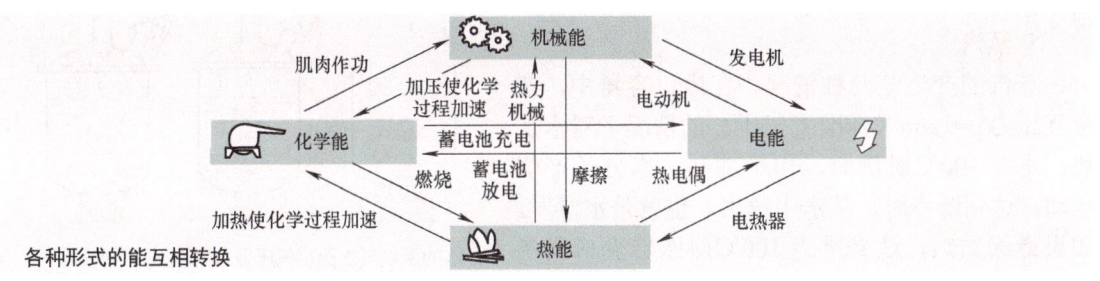

各种形式的能互相转换

7.2 功率、效率

1. 功率

单位时间内做的功称为功率。

$$功率 = \frac{功}{时间} = \frac{力 \times 距离}{时间}, \quad 即 \quad P = \frac{W}{t} = \frac{Fs}{t}$$

功率的单位是瓦（W）。

2. 效率

在任何能量转换过程中，所使用的（消耗的）能量与所获得的（可利用的）能量彼此间不相等；同样，所消耗的功率与可利用的功率，彼此间也不相等。所消耗的能量全部获得利用根本是不可能的。在能量转换过程中，所消耗的功率永远大于获得的功率。

为了能够表示出能量转换的经济程度并获得可比较的数值，将可利用的能量（有效功率）与消耗的能量（消耗功率）的比值称为设备或机器的效率 η。

$$效率 = \frac{有用功率}{消耗功率}, \quad 即 \quad \eta = \frac{P_e}{P_i}$$

效率永远小于 1，用百分数表示。

7.3 蒸汽动力机械

蒸汽动力机械将蒸汽中所储存的热能转换成机械能。

蒸汽在锅炉中产生。锅炉是四周封闭的钢制压力容器，给水锅炉须经过特殊处理。锅炉可用固体、液体和气体燃料。

1. 蒸汽

蒸汽的产生分两种情况。在敞口容器中，在空气压力 $p=1\text{atm}$（标准大气压）的情况下对水加热，水在 100℃时沸腾。由于加热，水分子产生运动，达到沸点时，从水中逸出，也就是水蒸发。如果继续加热，达到沸点 100℃时水转变成同温

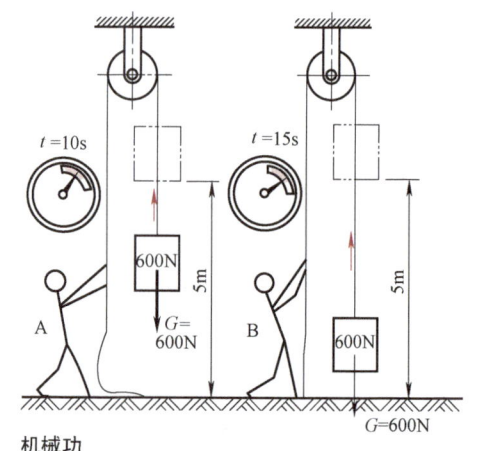

机械功

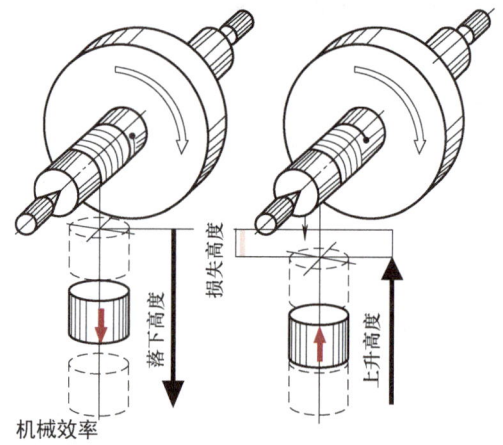

机械效率

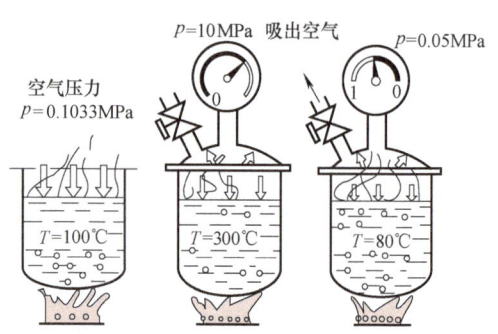

泵的能流图

水的沸点与水面空气压力有关

7.3 蒸汽动力机械　　第7章 动力机械与工作机械

度的蒸汽，这时体积增大。

> 1L 水在 0.1033MPa（1 标准大气压）下蒸发，约产生 1700L 蒸汽。

如果水在封闭的锅炉中蒸发，那么在继续导入热量的情况下，越来越多的水分子冲入蒸汽空间。

蒸汽在水面上产生一个反压力。因此，水的沸点超过 100℃，因为水分子逸出时必须克服这个反压力。

> 水的沸点与作用于水面上的空气压力有关。

（1）**湿蒸汽**　在一个装有容易运动而且密封得很好的活塞容器中盛放 1kg 温度为 10℃ 的水。加载于活塞上，使水中产生 p=1.033MPa（10 个标准大气压）的压力。这时水的体积为 1.0004L。导入 718J/kg 的热量时水沸腾，体积达到 1.13L。在继续加热时，水表面不断地形成蒸汽，蒸汽中带有极小的水微粒。由于蒸汽中含有水分子，这种水蒸汽称为湿蒸汽。

（2）**饱和蒸汽**　如果水全部蒸发，就产生 179℃ 的饱和蒸汽。当压力为 1.033MPa 时，要产生饱和蒸汽，就必须继续导入 2024kJ/kg 的热量。饱和蒸汽含有的热量恰好使它在饱和压力和相应的饱和温度下保持气态。如果将热量用蒸汽带走，那么，一部分蒸汽立刻重新变成 177℃ 的水。如果将饱和蒸汽送入蒸汽动力机械，当蒸汽与管壁和机件接触时受到冷却就变成水。

（3）**过热蒸汽**　如果在等压条件下向 179℃ 的饱和蒸汽中导入 290kJ/kg 的热量，则产生 1.033MPa、573K 的过热蒸汽。

2. 锅炉炉膛

在锅炉炉膛中，储存在固体燃料、液体燃料和气体燃料中的化学能转变为热能。

在炉膛里，燃料中的可燃成分与空气中的氧化合放出热量，不可燃成分形成灰。炉膛用设备主要有液体燃料雾化器、气体燃料喷燃器、煤粉喷燃器等。

蒸汽锅炉按照能源（电、油、气）可以分为电蒸汽锅炉、燃油蒸汽锅炉、燃气蒸汽锅炉三种；按照构造可以分为立式蒸汽锅炉、卧式蒸汽锅炉。中小型蒸

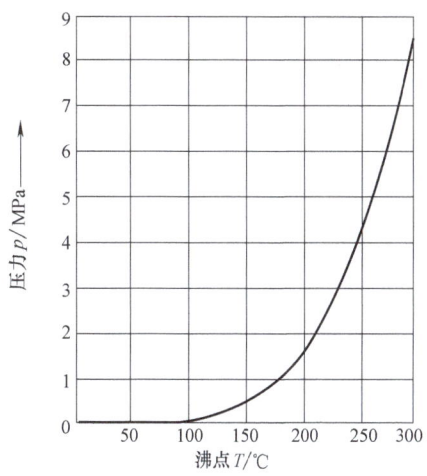

水的压力与沸点的相互关系

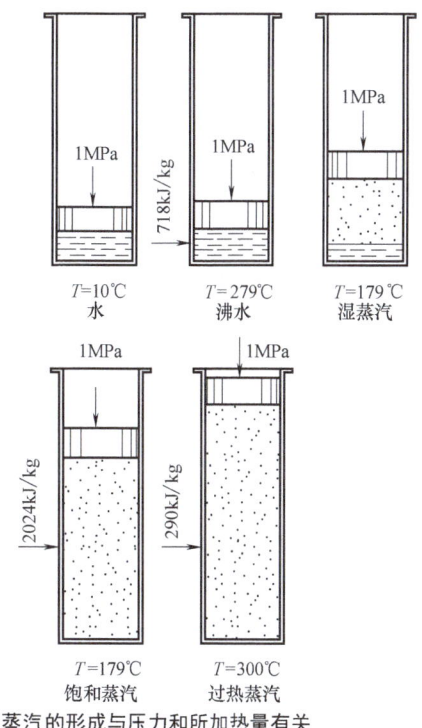

蒸汽的形成与压力和所加热量有关

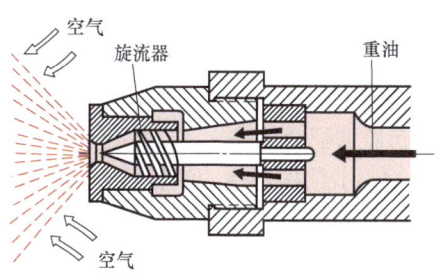

重油压力雾化器

137

汽锅炉多为单、双回程的立式结构,大型蒸汽锅炉多为三回程的卧式结构。

(1) **液体燃料雾化器** 压力泵以 0.7～2MPa 的压力将重油打入雾化器。重油在雾化器喷嘴中旋转,形成喇叭状,被喷入炉膛。离心式雾化器利用一个与雾化器在一起的以 6000～7000r/min 旋转的喇叭状零件将油雾喷入炉膛。

(2) **气体燃料喷燃器** 作用是将气体燃料和一定比例的空气喷入炉膛。燃料与空气的混合物在喷燃器出口处点燃。

(3) **煤粉喷燃器** 构造与作用原理跟气体燃料喷燃器类似。煤粉与空气一道以涡旋状送入喷燃器,煤粉迅速燃烧。

3. 蒸汽锅炉

在锅炉炉膛中产生的烟气通过受热面将热量传递给锅炉给水。

受热面是汽锅与火接触的表面,一边受热面吸收热量,另一边受热面与水接触,将热量传递给工作介质。热量通过下述三种方式从一个物体传给另一个物体。

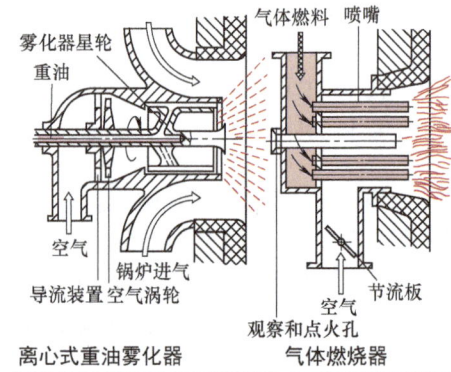

离心式重油雾化器　　气体燃烧器

4. 汽轮机

汽轮机是将蒸汽的能量转换成为机械功的旋转式动力机械。其主要用作发电用的原动机,也可直接驱动各种泵、风机、压缩机和船舶螺旋桨等,还可以利用汽轮机的排汽或中间抽汽满足生产和生活上的供热需要。

(1) **汽轮机的原理** 来自锅炉的蒸汽进入汽轮机后,依次经过一系列环形配置的喷嘴和动叶,将蒸汽的热能转化为汽轮机转子旋转的机械能。蒸汽在汽轮机中以不同的方式进行能量转换,便构成了不同工作原理的汽轮机。

(2) **配套设施** 汽轮机通常在高温高压及高转速的条件下工作,是一种较为精密的重型机械,一般须与锅炉(或其他蒸汽发生器)、发电机(或其他被驱动机械)以及凝汽器、加热器、泵等组成成套设备,一起协调配合工作。

(3) **结构部件** 汽轮机由转动部分和静止部分组成。转动部分包括主轴、叶轮、动叶片和联轴器等。静止部分包括进汽部分、气缸、隔板和静叶栅、汽封及轴承等。

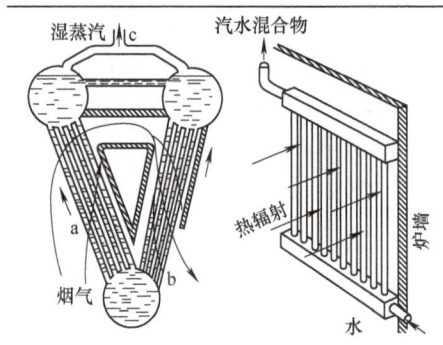

对流传热

由于上升管 a 中水的温度高,而下降管 b 中水的温度低,因而产生水循环。c 处为集汽。

辐射传热

水泵把水打入沸腾管(强制循环)。这个过程中,水主要靠辐射来吸热。

传导	对流	辐射
热传递在物质分子与分子之间进行。	由于分子的剧烈振动,比重较小的液体和气体上升。	赤热物体的振动原子发射电磁波,电磁波也可穿过真空。当碰到物体时,电磁波转换成热能。

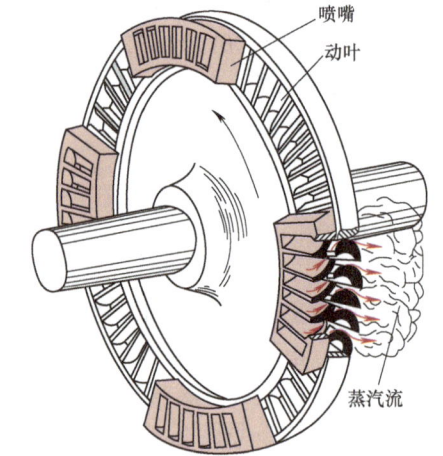

汽轮机的能量转换
蒸汽经个别喷嘴或喷嘴弧段导入,对转子的局部或整体(整周)进行冲击。

7.4 活塞式内燃机

活塞式内燃机将液体或气体燃料的热能转换成机械能。

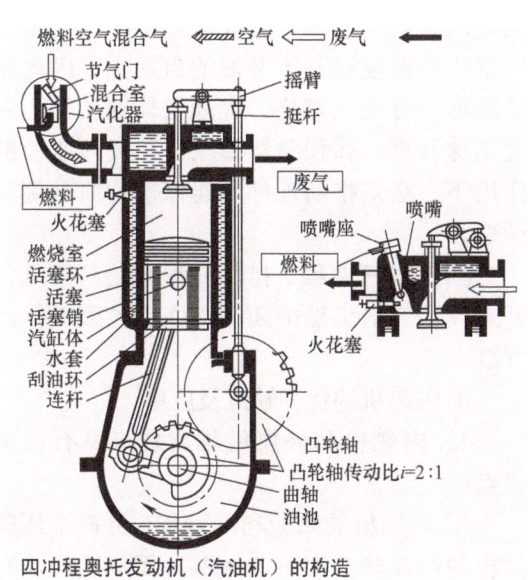

四冲程奥托发动机（汽油机）的构造

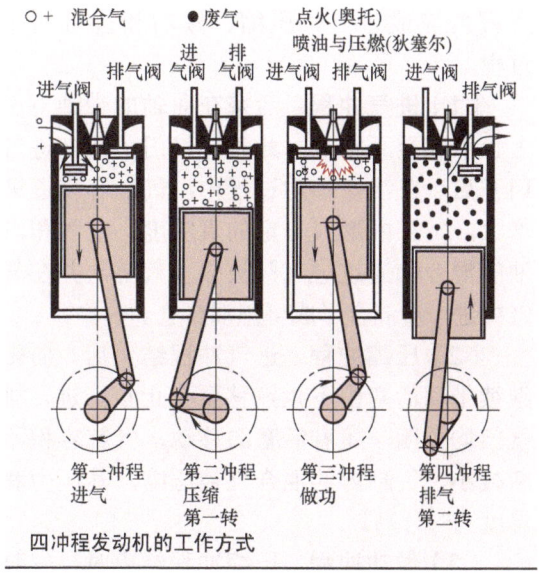

四冲程发动机的工作方式

奥托循环	狄赛尔循环

第1冲程：吸气

吸入燃料—空气混合气

纯空气

第2冲程：压缩

关闭阀门，以便对混合气进行压缩，燃料和空气混合气通迅点燃（电燃火）并完全燃烧

压缩控气，使燃料达到自然点-喷射燃料（自然）。

第3冲程：做功

燃料完全燃烧　燃气膨胀，同时产生压力推动活塞运动。

第4冲程：排气

一部份废气由于剩压被排出，另一部份废气受活塞推压，通过排气阀排走

1. 活塞式内燃机的工作方式

内燃机气缸的一端用气缸盖，另一端用运动活塞密封起来，高热质燃料在里面燃烧。气缸承受气体压力并对活塞起导向作用。燃气迅速膨胀并推动活塞运动。活塞通过连杆将动力传给曲轴，同时将活塞的直线运动转换成曲轴的回转运动。

要使内燃机工作行程连续进行，必须把废气从气缸排除并吸进新鲜的燃料—空气混合气。四冲程工作循环是通过凸轮轴、推杆、摇臂和阀门控制的。

发动机工作时的换气、混合气体的形成和点火，有两种工作方式：

1）奥托循环。活塞将燃料-空气混合气吸进气缸，混合气被压缩，用高压电流形成的火花点火。

2）狄赛尔循环。气缸吸进空气并使之压缩，空气温度升高，高压喷油嘴将燃料（柴油）以雾状喷入并使之很快点燃。按照燃料-空气混合方式以及排气方式，可分四冲程循环和二冲程循环。

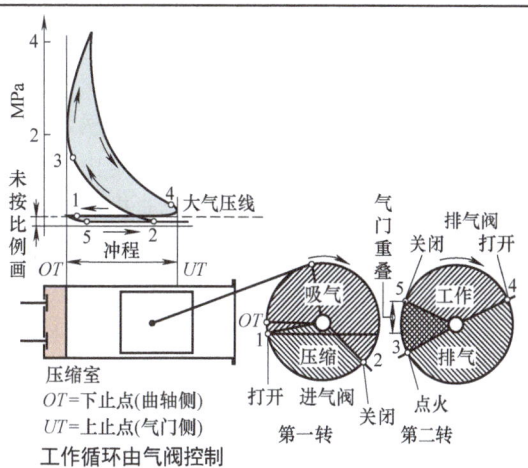

OT＝下止点(曲轴侧)
UT＝上止点(气门侧)
工作循环由气阀控制

2. 四冲程汽油机工作原理

四冲程往复活塞式内燃机在四个活塞行程内完成进气、压缩、做功和排气四个过程。

（1）**进气冲程** 活塞在曲轴的带动下由上止点移至下止点。此时排气门关闭，进气门开启。在活塞移动过程中，气缸容积逐渐增大，气缸内形成一定的真空度。空气和汽油的混合物通过进气门被吸入气缸，并在气缸内进一步混合形成可燃混合气。

（2）**压缩冲程** 进气冲程结束后，曲轴继续带动活塞由下止点移至上止点。进、排气门均关闭，随着活塞的移动，气缸容积不断减小，气缸内的混合气被压缩，其压力和温度同时升高。

（3）**做功冲程** 压缩冲程结束时，安装在气缸盖上的火花塞产生电火花，将气缸内的可燃混合气点燃，火焰迅速传遍整个燃烧室，同时放出大量的热能。燃烧气体的体积急剧膨胀，压力和温度迅速升高。在气体压力的作用下，活塞由上止点移至下止点，并通过连杆推动曲轴旋转做功。

（4）**排气冲程** 排气冲程开始，排气门开启，进气门仍然关闭，曲轴通过连杆带动活塞由下止点移至上止点，此时膨胀过后的燃烧气体（或称废气）在其自身剩余压力和活塞的推力作用下，经排气门排出气缸之外。

3. 四冲程柴油机的工作原理

四冲程柴油机的工作循环同样包括进气、压缩、做功和排气四个冲程，在各个活塞行程中，进、排气门的开闭和曲柄连杆机构的运动与汽油机完全相同。只是由于柴油和汽油的使用性能不同，使柴油机和汽油机在混合气形成方法及着火方式上有着根本的差别。

（1）**进气冲程** 在柴油机进气行程中，被吸入气缸的只是纯净的空气。

（2）**压缩冲程** 柴油机的压缩比大，压缩冲程终了时气体压力高。

（3）**做功冲程** 在压缩冲程结束时，喷油泵将柴油泵入喷油器，并通过喷油器喷入燃烧室。喷油压力很高，喷油孔直径很小，喷出的柴油呈细雾状。细微的油滴在炽热的空气中迅速蒸发汽化，并借助于空气的运动迅速与空气混合形成可燃混合气。由于气缸内的温度远高于柴油的自燃点，因此柴油随即自行着火燃烧。燃烧气体的压力、温度迅速升高，体积急剧膨胀。在气体压力的作用下，活塞推动连杆，连杆推动曲轴旋转做功。

（4）**排气冲程** 排气冲程开始，排气门开启，进气门仍然关闭，燃烧后的废气排出气缸。

4. 内燃机的优、缺点及应用

1）内燃机和外燃机相比较，具有很多优点：

① 内燃机的热能利用率高。目前增压柴油机的最高热效率可达 46%，而蒸汽机仅有 11%～16%。

② 功率范围广，适应性能好，最小的内燃机功率不到 0.73kW，最大的内燃机功率可达 34000kW。

③ 结构紧凑，重量轻，体积小，燃料和水的消耗量也少。

④ 使用操作方便，起动快。在正常情况下，一般的柴油机和汽油机能够在 3～5s 的时间内起动，并能在短时间内全负荷运转，而且操作比较简单安全。

2）内燃机的缺点是：

① 对燃料要求较高，高速内燃机一般利用汽油或轻柴油作燃料，并且对燃料的清洁度要求严格。

② 对环境的污染也越来越严重。

3）内燃机的应用：内燃机的应用广泛。地面上各类运输车辆，矿山、建筑及工程等机械，内河及海上船舶的主机和辅机，军事上的坦克、装甲车、步兵战车、重兵器牵引车和各类水面舰艇等都大量使用了内燃机。

7.5 燃气轮机

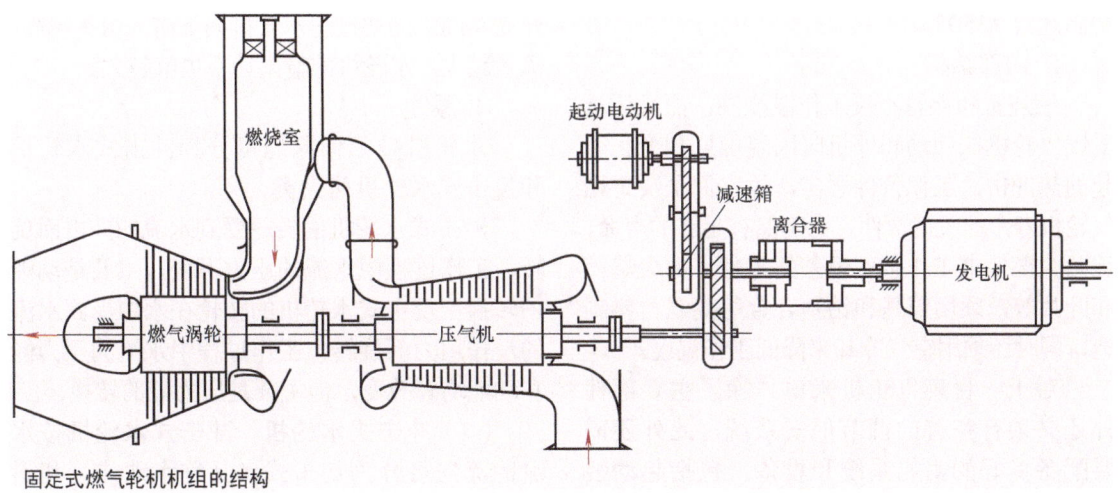

固定式燃气轮机机组的结构

燃气轮机把流动燃气中的热能转换成机械能。

燃气轮机是以连续流动的气体为工作介质带动叶轮高速旋转，将燃料的能量转变为有用功的内燃式动力机械，是一种旋转叶轮式热力发动机。燃气轮机基本原理大同小异，一般所指的燃气涡轮发动机，通常是指用于船舶（以军用作战舰艇为主）、车辆（通常是体积庞大、可以容纳得下燃气涡轮发动机的车种，如坦克、工程车辆等）。与推进用的涡轮发动机的不同之处在于，其涡轮发动机除了要带动传动轴，传动轴再连上车辆的传动系统、船舶的螺旋桨等外，另外还会带动空气压缩机。

1. 工作原理

燃气轮机的工作过程：空气压缩机连续地从大气中吸入空气并将其压缩；压缩后的空气进入燃烧室，与喷入的燃料混合后燃烧，成为高温燃气，随即流入燃气涡轮中膨胀做功，推动涡轮叶轮带着空气压缩机叶轮一起旋转；加热后的高温燃气的做功能力显著提高，因而燃气涡轮在带动空气压缩机的同时，还有余功作为燃气轮机的输出机械功。燃气轮机由静止起动时，需用起动机带着旋转，待加速到能独立运行后，起动机才脱开。

燃气轮机的工作介质来自大气，最后又排至大气，是开式循环；此外，还有工作介质被封闭循环使用的闭式循环。燃气轮机与其他热机相结合的装置称为复合循环装置。

燃气初温和空气压缩机的压缩比是影响燃气轮机效率的两个主要因素。提高燃气初温，并相应提高压缩比，可使燃气轮机效率

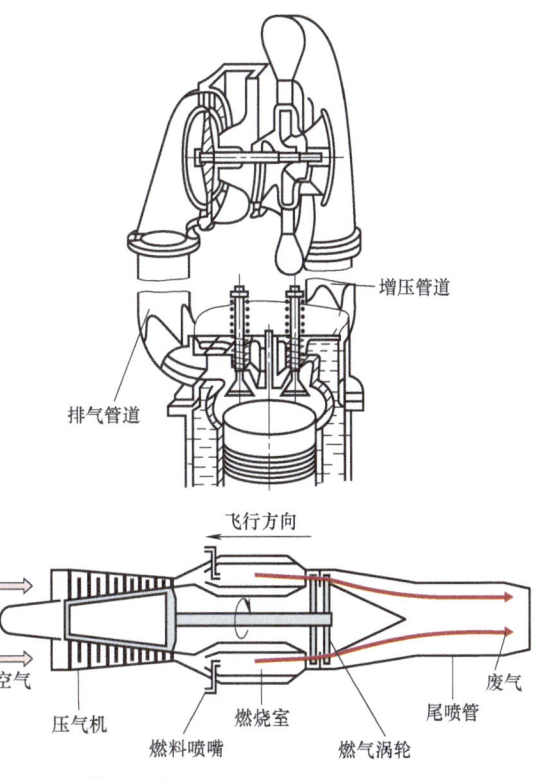

飞机用的喷气发动机

显著提高。工业和船用燃气轮机的燃气初温最高达到1200℃左右，航空燃气轮机的燃气初温超过1350℃。

2. 内部结构

燃烧室和涡轮不仅工作温度高，而且还承受燃气轮机在起动和停机时因温度剧烈变化引起的热冲击，工作条件恶劣，故它们是决定燃气轮机寿命的关键部件。为确保有足够的寿命，这两大部件中工作条件最差的零件，如火焰筒和叶片等，须用镍基和钴基合金等高温材料制造，同时还须用空气冷却来降低工作温度。

对于一台燃气轮机来说，除了主要部件外还必须有完善的调节保安系统，此外还需要配备良好的附属系统和设备，包括起动装置、燃料系统、润滑系统、空气滤清器、进气和排气消声器等。

燃气轮机有重型和轻型两类。重型的零件较为厚重，大修周期长，寿命可达10万h以上。轻型的结构紧凑而轻，所用材料一般较好，其中以航空燃气轮机的结构为最紧凑、最轻，但寿命较短。

3. 特点及应用

优点：与活塞式内燃机和蒸汽动力装置相比较，燃气轮机小而轻。单位功率的质量，重型燃气轮机一般为2～5kg/kW，而航机一般低于0.2kg/kW。燃气轮机占地面积小，当用于车、船等运输机械时，既可节省空间，也可装备功率更大的燃气轮机以提高车、船速度。

缺点：效率不够高，在部分负荷下效率下降快，空载时的燃料消耗量大。

应用：功率在10MW以上的燃气轮机多数用于发电。在汽车（或拖车）电站和列车电站等移动电站中，燃气轮机因其轻小，应用也很广泛。还有不少利用燃气轮机的便携电源，功率最小的在10kW以下。

7.6 水轮机

水轮机是把水流的能量转换为旋转机械能的动力机械，它属于流体机械。现代水轮机则大多数安装在水电站内，用来驱动发电机发电。在水电站中，上游水库中的水经引水管引向水轮机，推动水轮机转轮旋转，带动发电机发电。做完功的水则通过尾水管排向下游。水头越高、流量越大，水轮机的输出功率也就越大。

1. 原理

水轮机按工作原理可分为冲击式水轮机和反击式水轮机两大类。

冲击式水轮机的转轮受到水流的冲击而旋转，工作过程中水流的压力不变，主要是动能的转换；反击式水轮机的转轮在水中受到水流的反作用力而旋转，工作过程中水流的压力能和动能均有改变，但主要是压力能的转换。

（1）**冲击式水轮机** 冲击式水轮机按水流的流向可分为切击式（又称水斗式）和斜击式两类。斜击式水轮机的结构与水斗式水轮机基本相同，只是射流方向有一个倾角，只用于小型机组。

理论分析证明，当水斗节圆处的圆周速度约为射流速度的一半时，效率最高。这种水轮机在负荷发生变化时，转轮的进水方向不变，加之这类水轮机都用于高水头电站，水头变化相对较小，速度变化不大，因而效率受负荷变化的影响较小，效率曲线比较平缓，最高效率超过91%。

（2）**反击式水轮机** 反击式水轮机可分为混流式、轴流式、斜流式和贯流式。在混流式水轮机中，水流径向进入导水机构，轴向流出转轮；在轴流式水轮机中，水流径向进入导叶，轴向进入和流出转轮；在斜流式水轮机中，水流径向进入导叶而以倾斜于主轴某一角度的方向流进转轮，或以倾斜于主轴的方向流进导叶和转轮；在贯流式水轮机中，水流沿轴向流进导叶和转轮。轴流式、贯流式和斜流式水轮机按其结构还可分为定桨式和转桨式。定桨式的转轮叶片是固定的；转桨式的转轮叶片可以在运行中绕叶片轴转动，以适应水头和负荷的变化。

2. 特点及应用

优点：水轮机和水泵分别设计，可各自具有较高的效率，而且发电和抽水时机组的旋转方向相同，可以迅速从发电转换为抽水，或从抽水转换为发电。同时，可以利用水轮机来起动机组。

缺点：造价高，电站投资大。

应用：水泵水轮机主要用于抽水蓄能电站。在电力系统负荷低于基本负荷时，它可用作水泵，利用多余发电能力，从下游水库抽水到上游水库，以位能形式蓄存能量；在系统负荷高于基本负荷时，可用作水轮机，发出电力以调节高峰负荷。

7.7 液压泵和液压缸

7.7.1 液压泵

液压泵抽吸低处的液体并把它压入高处的容器或高压容器中。

液压泵是输送液体或使液体增压的机械。它将原动机的机械能或其他外部能量传送给液体，使液体能量增加。液压泵主要用来输送水、油、酸碱液、乳化液、悬乳液和液态金属等液体，也可输送液、气混合物及含悬浮固体物的液体。

1. 工作原理

叶轮安装在泵壳内，并紧固在泵轴上，泵轴由电动机直接带动。液体经底阀和吸入管进入泵内。泵壳上的液体排出口与排出管连接。

在液压泵起动前，泵壳内灌满被输送的液体；起动后，叶轮由轴带动高速转动，叶片间的液体也必须随着转动。在离心力的作用下，液体从叶轮中心被抛向外缘并获得能量，以高速离开叶轮外缘进入泵形泵壳。在泵壳中，液体由于流道的逐渐扩大而减速，又将部分动能转变为静压能，最后以较高的压力流入排出管道，送至所需要的场所。液体由叶轮中心流向外缘时，在叶轮中心形成了一定的真空，由于储槽液面上方的压力大于泵入口处的压力，液体便被连续压入叶轮中。可见，只要叶轮不断地转动，液体便会不断地被吸入和排出。

按结构形式可分为齿轮泵、叶片泵和柱塞泵

分类	原理	原理图	特点及应用
齿轮泵	泵体内的一对齿轮，两端密封，形成多个密封腔，从而形成吸油和压油的过程		优点：体积小，重量轻，结构紧凑，工作可靠，自吸性能好，对油液污染不敏感，便于制造、维修 缺点：效率低，流量脉动大，噪声高 应用：工程机械、机床低压系统
叶片泵	分单作用泵与双作用泵。单作用泵旋转一周，完成一次吸油和一次排油；双作用泵旋转一周，完成两次吸油和两次排油		优点：输出流量均匀、脉动小、噪声低、体积小 缺点：自吸性能差、对油液污染敏感、结构较复杂 应用：双作用泵在各类机床设备、运输机械、工程机械中广泛应用；双作用泵在中、低压液压系统中应用较多

(续)

分类	原理	原理图	特点及应用
柱塞泵	分轴向柱塞泵与径向柱塞泵。密封工作腔（缸体孔、柱塞底部）由于斜盘倾斜放置，使得柱塞随缸体转动时沿轴线做往复运动，底部密封容积变化，实现吸油和排油	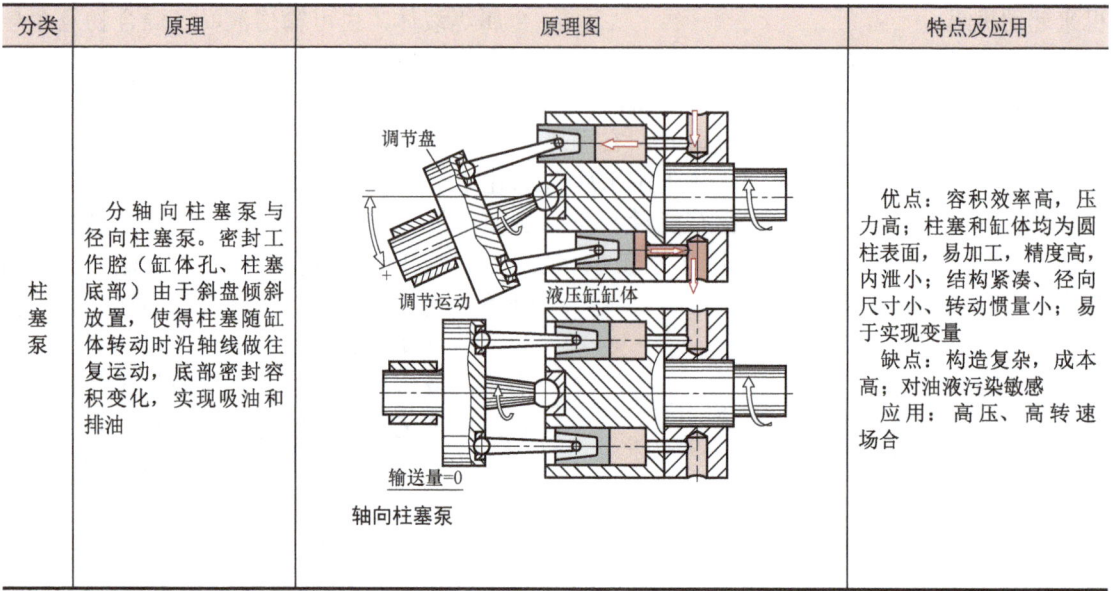	优点：容积效率高，压力高；柱塞和缸体均为圆柱表面，易加工，精度高，内泄小；结构紧凑、径向尺寸小、转动惯量小；易于实现变量 缺点：构造复杂，成本高；对油液污染敏感 应用：高压、高转速场合

2. 类别

按驱动方法可分为电动泵和水轮泵等。

按结构可分为单级泵和多级泵。

按用途可分为锅炉给水泵和计量泵等。

按泵轴位置分为立式泵和卧式泵。

按输送液体的性质可分为水泵、油泵和泥浆泵等。

3. 特点及应用

容积式泵的主要特点是：

1）泵在一定转速或往复次数下的流量是一定的，几乎不随压力而变。

2）往复泵的流量和压力有较大的脉动，需要采取相应的消减脉动措施；回转泵一般无脉动或只有小的脉动。

3）具有自吸能力，泵起动后即能抽除管路中的空气而吸入液体。

4）起动泵时必须将排出管路阀门完全打开。

5）往复泵是低速机械，尺寸大，制造和安装费用也大；回转泵转速较高，可达3000r/min。

6）往复泵适用于高压力（有高达350MPa的）和小流量（100m³/h以下）场合；回转泵适用于中小流量（400m³/h以下）和较高压力（35MPa以下）场合。

7）往复泵适宜输送清洁的液体或气液混合物，有的泵如隔膜泵可输送泥浆、污水等，主要用于给水、提供高压液源和计量输送等。

应用：

广泛应用于化工和石油部门的生产、农业生产、矿业和冶金工业、电力部门、国防建设。无论是飞机、火箭、坦克、潜艇，还是钻井、采矿、火车、船舶，或者是日常的生活，到处都需要用泵。

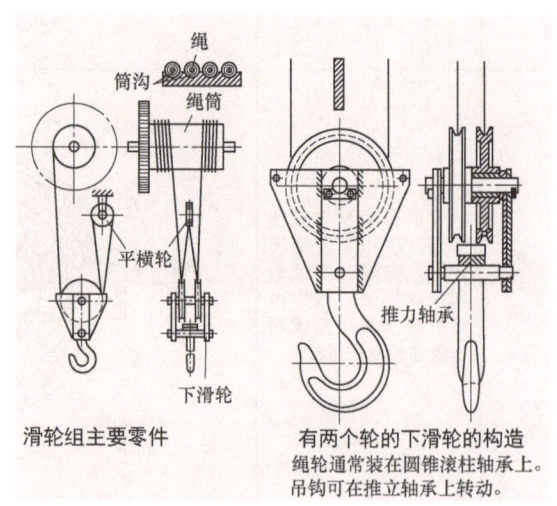

滑轮组主要零件　　有两个轮的下滑轮的构造绳筒通常装在圆锥滚柱轴承上。吊钩可在推立轴承上转动。

7.7.2 液压缸

液压缸和液压马达是将液体压力能转换为机械能的能量转换装置，是液压系统的执行元件。液压缸一般实现直线往复运动或摆动，液压马达实现旋转运动。

液压缸按结构分为活塞式液压缸、柱塞式液压缸、伸缩式液压缸，见下表；按油压作用形式分为单作用液压缸和双作用液压缸；在压力作用下只能做单方向运动的液压缸为单作用液压缸。往复两个方向的运动都由压力油作用实现的液压缸为双作用液压缸。

液压缸的分类

分类		特点及应用	图形符号
活塞式液压缸	单杆活塞缸	因两侧有效作用面积或油液压力不等，活塞在液压力的作用下，做直线往复运动 单活塞杆缸不论是缸体固定还是活塞杆固定，其运动范围均为液压缸有效行程的两倍左右 应用于往返运动速度及推力不同的场合	单杆双作用活塞缸 单杆单作用活塞缸
	双杆活塞缸	双活塞杆缸的两端都有活塞杆伸出 应用于两个方向力和速度一样的场合	
柱塞式液压缸	单柱塞缸、双柱塞缸	柱塞缸内表面的加工精度要求高，缸体较长时，加工较困难 应用于行程较长的场合	
伸缩式液压缸		这种缸的特点是活塞杆伸出行程大，收缩后结构小	

1. 用液压单棱控制的仿形车床

高压泵把油送入液压缸的活塞环形表面一侧（下部），另一侧（上部）通过定压阀和油箱连接，定压阀调整到工作压力。由触杆所推动的纵向滑阀把液压泵的两上油腔连接起来并由此来控制压力油从液压缸环形一侧排出的速度。

只要触杆接触不到模板，液压缸内活塞表面完整的一侧即液压缸上侧就有一较大的力把仿形滑板推向工件。若触杆碰到了模板，纵向滑阀便低住弹簧而被闭锁。这时由限压阀在供油管中所确定的高压作用到液压缸的环形侧，并把仿形滑板从工件上推开。于是油从液压缸上部经定压阀被挤到回路去。

敏感滑阀开口的大小控制着仿形滑板的运动幅度并影响滑板的换向和静止状态。在油的流动方向相同时通过纵向滑阀的开关来调节液压缸两个油腔的压力比。

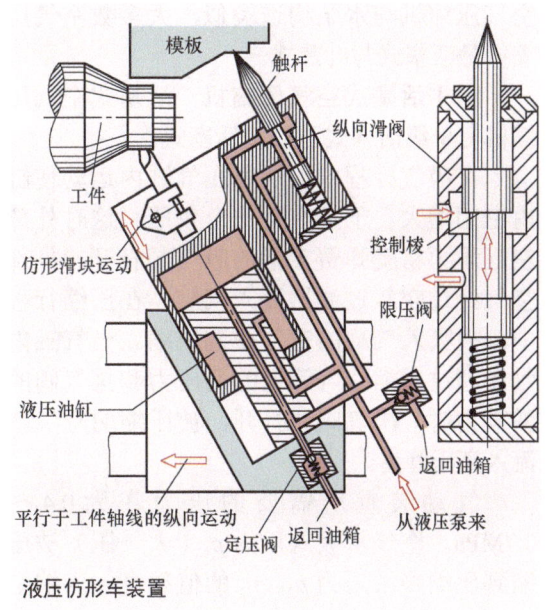

液压仿形车装置

当触杆触到模板时，控制棱处总可以流过一点油，从而使液压缸两个油腔相互平衡。

2. 外圆磨床磨头和顶针座的液压传动

（1）**进给** 工作台每次向左换向时压力油就流到进给液压缸中。其活塞通过带棘爪的杆和棘轮使磨头的进给丝杠向右旋转。

（2）**径向连续进给** 工作台静止不动，磨头滑板连续相对于工件运动。为此，压力油把带齿条的活塞向左推。与齿条啮合的进给丝杠齿轮便右转。进给速度用节流阀来调节。压力油经控制阀和节流阀流到齿条液压缸。

（3）**磨头滑板的快速运动**

1）前进。油经控制阀流到快进液压缸，把活塞向左推向工件。活塞左侧的油经齿条液压缸和控制阀被挤回油箱。

2）后退。油经控制阀和齿条液压缸到达快进液压缸，向右推活塞。旁通阀让油从齿条液压缸流到回油管。

（4）**尾座顶针松开** 压力油通过控制阀到达夹紧液压缸，将活塞向左推，齿轮克服弹簧张力把顶针向右推。

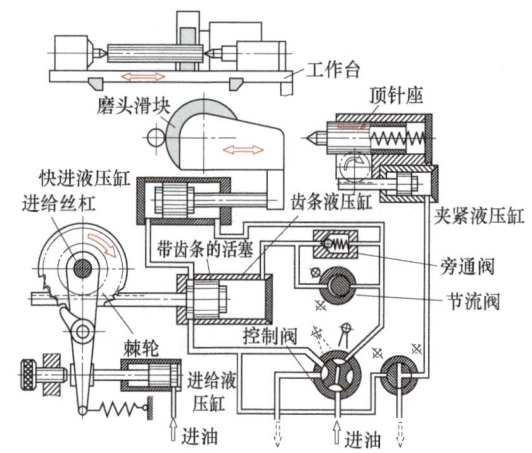

外圆磨床进给传动的液压原理图

7.8 空气压缩机和气缸

1. 空气压缩机

空气压缩机是一种产生压缩气体的设备，空气压缩机与水泵构造类似，大多数空气压缩机是活塞式与叶片式。

（1）**活塞式空气压缩机** 活塞式空气压缩机有单级活塞式和二级活塞式。

在吸气行程中，活塞在气缸内运动使缸内空间增大。于是产生一个负压。这时外部空气压力将受弹簧支持的吸气阀打开。外部空气经过空气过滤器流入气缸。在压缩行程中，被吸入气缸的空气受到压缩。当气缸内气压超过压缩空气管道的反压力和排气阀的弹簧力时，排气阀便打开，被压缩的空气就流入高压管道。

气动装置所需要的压力在为 0.4～0.7MPa。空气从吸入压力 p_1（大气压）被压缩到压缩终了压力 p_2。p_2 的值越高，压缩空气的温度也上升得越高。温度升高对于滑动表面和阀表面的润滑不利。由于缸内空间的温度升高会使吸入的空气量减少，从而降低

活塞式空气压缩机

活塞式压缩机的构造和工作原理

活塞式压缩机工作示意图
超过气阀弹簧开启阻力之后才形成压力波。

空气压缩机的供气系数。因此,根据最终需要的压力,把压力的提高分几个阶段来实现,于是就有了二~四级的空气压缩机。在这种空气压缩机里,空气在每一级压缩之后便被送入相连接的空气冷却器中,重新被冷却到接近原始的温度。

(2)**叶片式空气压缩机** 叶片式空气压缩机的工作原理如下图所示。把转子偏心安装在定子内,叶片插在转子的放射状槽内,且叶片能在槽内滑动。叶片、转子和定子内表面构成的容积空间在转子中回转(图中转子顺时方向针回转)过程中逐渐变小,由此从进气口吸入的空气就逐渐被压缩排出。这样,在回转过程中不需要活塞式空气压缩机中有吸气阀和排气阀。在转子的每一次回转中,将根据叶片的数目多次进行吸气、压缩和排气,所以输出压力的脉动较小。

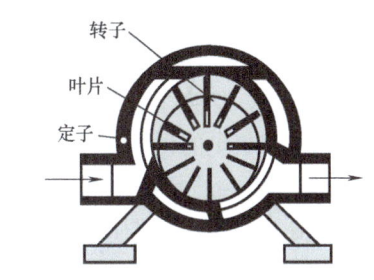

叶片式空气压缩机的工作原理

2. 气缸

(1)**分类** 气缸的种类很多,按活塞端面的受压状态分为单作用气缸与双作用气缸;按结构特征分为活塞式气缸、柱塞式气缸、薄膜式气缸、叶片式摆动气缸等。

(2)**结构** 普通气缸是指缸筒内只有一个活塞和一个活塞杆的气缸,有单作用气缸和双作用气缸两种。

1)在单作用气缸中,压缩空气只作用在活塞的一侧。放气以后活塞通过复位弹簧或本身重力回到初始位置。如果气动夹具在气压消失之后仍然要维持夹紧力,则用弹簧在气缸排气之后继续夹持工件。先开压缩空气,然后开气动装置。当活塞的工作速度很高时,活塞可能撞击和损伤缸盖。为此,设计制造了带端部缓冲的气缸。在一个缸内的工作活塞上连接制动活塞,使制动活塞进入缸盖。当工作活塞到达端部位置时,制动活塞进入它的气缸内,从而产生一个反压(气垫)。这里的空气只能通过一个可调的节流阀排放,所以活塞受到抵抗,因而使其运动受到阻尼。

2)普通型单活塞杆双作用气缸一般由缸筒、前缸盖、后缸盖、活塞、活塞杆、密

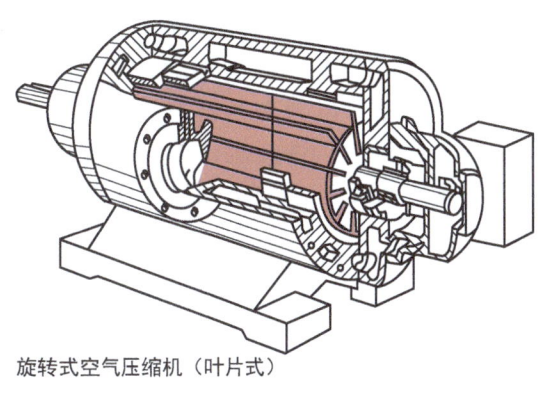

旋转式空气压缩机(叶片式)

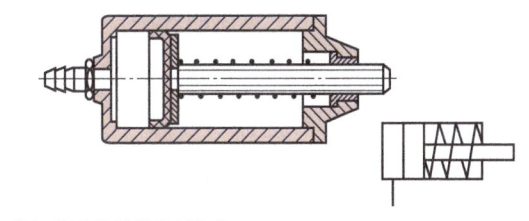

带复位弹簧的单作用气缸

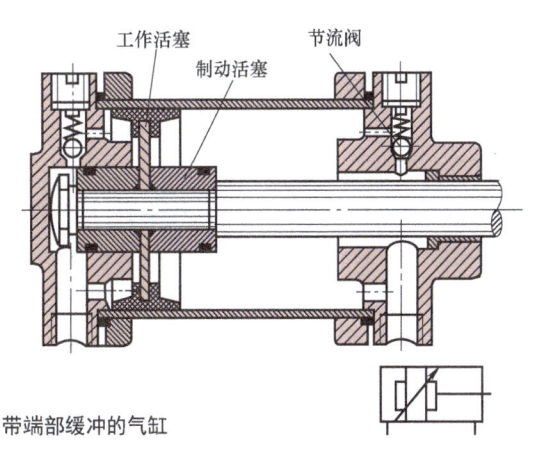

带端部缓冲的气缸

封件和紧固件等零件组成，缸筒与前、后缸盖之间由四根螺杆将其紧固锁定。缸内有与活塞杆相连的活塞，活塞上装有活塞密封圈。为防止漏气和外部灰尘的侵入。

3）薄膜式气缸　适合短行程工作，如用于夹紧元件。在薄膜式气缸制造中可以使用冲压件和拉伸件，所以其制造成本很低。

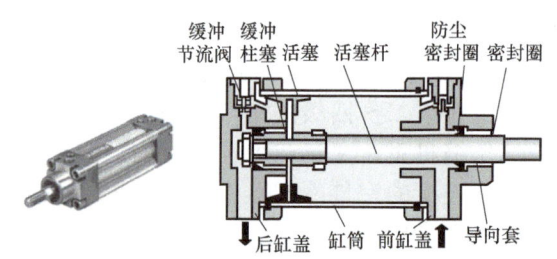
普通型单活塞杆双作用气缸

3. 气—液进给控制

工作过程：方向阀①开，则在压缩空气推动下控制阀②向右移动。控制阀启动压力变换器③。压力变换器的小活塞推动压力油经节流阀进入钻床的进给油缸④。钻头钻入工件。当达到规定的钻深时，挡杆作用于行程阀⑤。由于行程阀⑤的作用，控制阀②向左移动。压力变换器复合缸③的压缩空气部分排气。进给缸活塞下的气垫使钻床主轴重新上升，并推动液压油返回复合缸③。

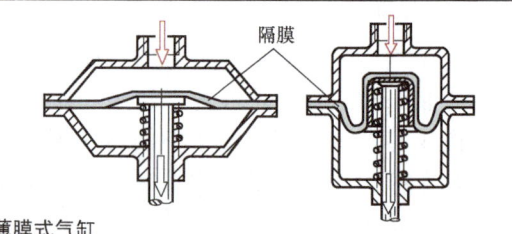
薄膜式气缸

7.9 起重搬运机械

1. 起重运输机

（1）**起重机**　用于重荷的升降。

（2）**运输机**　用于水平方向或小坡度内的重物运输。起重运输机最重要的构件是杠杆、滑轮、卷绳筒、链轮、齿轮箱、蜗轮传动机构、起重吊钩和制动装置。滑轮和滚筒，链条和钢丝绳是结合在一起的。所有的起重运输机都服从力学基本定律。

2. 简单起重机械

（1）**定滑轮**　只能使一个力的方向改变。

（2）**动滑轮**　由一个定滑轮和一个动滑轮组成。起吊时重量由两股链条各承担一半。

（3）**滑轮组**　在一根轴上装有一定数量的定滑轮和动滑轮组成滑轮组，负荷重量均匀分配到动、定滑轮之间的绳链上。

（4）**提升机构**　可以用手驱动，也可用电动机驱动。

（5）**棘轮-带式制动器的工作原理**　带

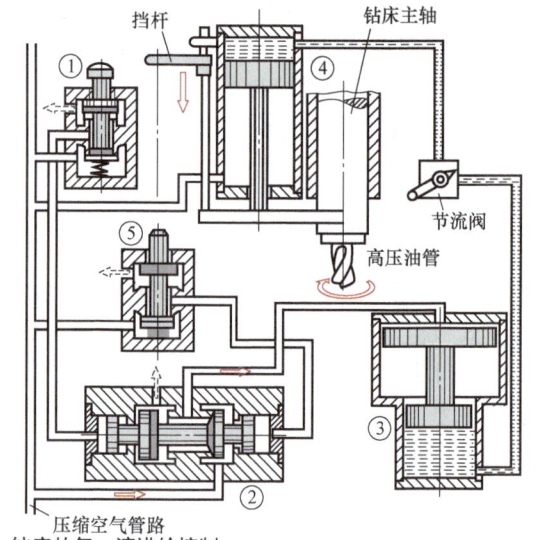
钻床的气—液进给控制

定滑轮　　动滑轮　　滑轮组
($n=$滑轮总数)

7.9 起重搬运机械

配重的制动杆将制动盘固定，棘爪在棘轮齿上滑动而提升；绳筒上的负荷使制动盘向棘轮棘爪啮合方向转动。轻抬制动杆可以调节下降的速度。

3. 大负荷起重运输装置

常用的大负荷起重运输装置为电葫芦，其由提升电动机、中间齿轮、绳筒和制动器装在一个壳体内。电葫芦对于安装汽车发动机、在车床上装夹工件等是很有效的。

4. 液压千斤顶

利用液压千斤顶可以以一个小力举起几百吨的重物。其工作介质为水或液压油。

5. 桥式起重机

（1）**原理** 桥式起重机是横架于车间、仓库和料场上空进行物料吊运的起重设备。由于它的两端坐落在高大的水泥柱或者金属支架上，形状似桥。桥式起重机的桥架沿铺设在两侧高架上的轨道纵向运行，可以充分利用桥架下面的空间吊运物料，不受地面设备的阻碍。

（2）**分类** 普通桥式、简易梁桥式、冶金专用桥式、防爆桥式等。

（3）**结构** 由起重小车、桥架运行机构、桥架的金属结构组成。起重小车由起升机构、小车运行机构和小车架组成。起升机构包括电动机、制动器、减速器、卷筒和滑轮组。

（4）**应用** 桥式起重机是现代工业生产和起重运输中实现生产过程机械化、自动化的重要工具和设备。所以桥式起重机在室内外工矿、钢铁化工、铁路交通、港口码头以及物流周转等部门和场所均得到了广泛的应运。

6. 抓斗起重机

抓斗起重机是一种自动取物机械，它的抓取和卸料动作是由驾驶员操纵，不需要辅助人员，因而避免了工人的繁重劳动，节省了辅助工作时间，大大提高了装卸效率。抓斗起重机大体分为桥式抓斗起重机、门式抓斗起重机、折臂式抓斗起重机。

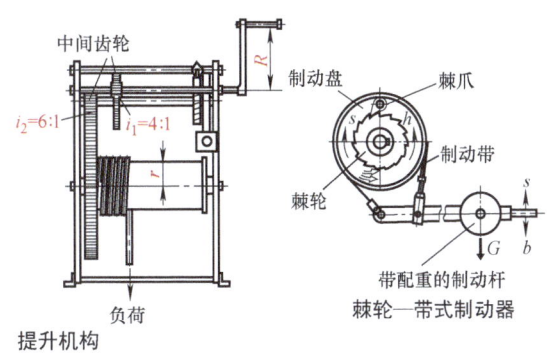

提升机构 棘轮—带式制动器

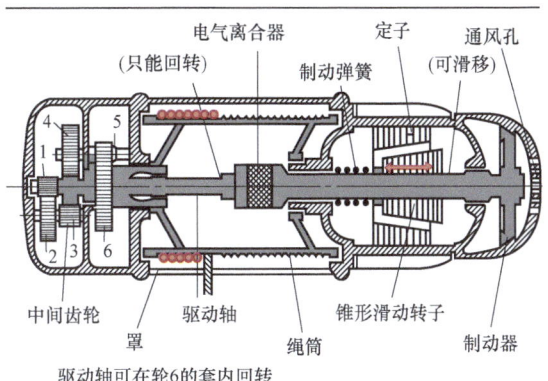

驱动轴可在轮6的套内回转
电葫芦

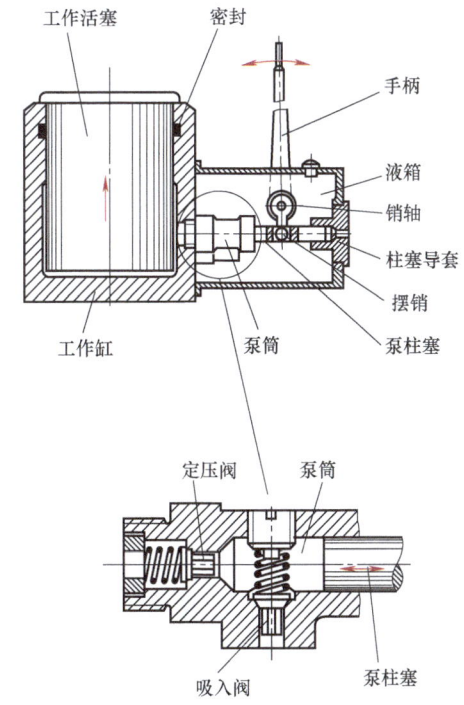

液压千斤顶
要使负载下降，工作缸和油箱间的回流阀便打开。如已达到预定的举升高度，则压入液体从活塞顶孔溢出，活塞不可能被压到缸外。

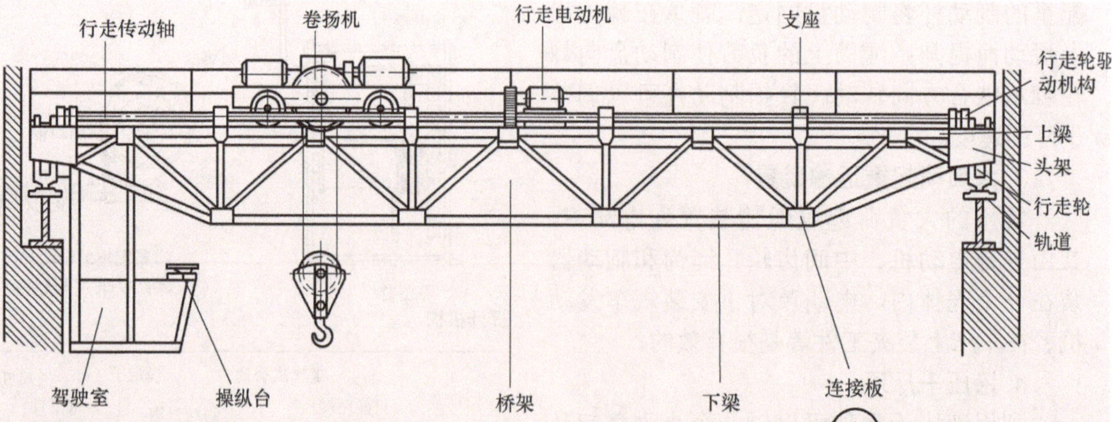

第7章 动力机械与工作机械　　7.9 起重搬运机械

桥式起重机（标注：行走传动轴、卷扬机、行走电动机、支座、行走轮驱动机构、上梁、头架、行走轮、轨道、驾驶室、操纵台、桥架、下梁、连接板）

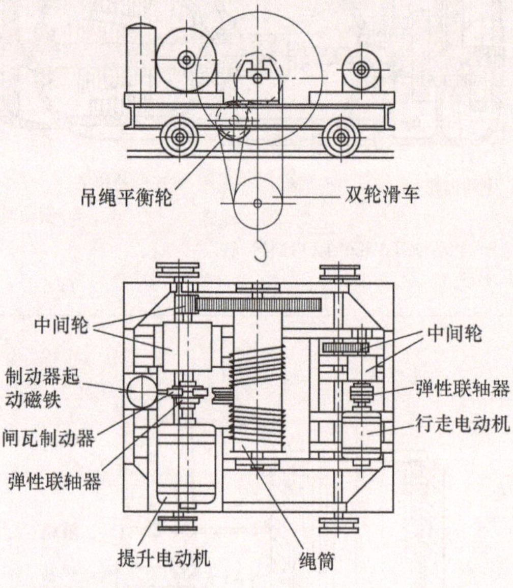

起重卷扬机（标注：吊绳平衡轮、双轮滑车、中间轮、中间轮、制动器起动磁铁、弹性联轴器、闸瓦制动器、弹性联轴器、行走电动机、提升电动机、绳筒）

抓斗（标注：升或闭绳、排或停绳、带上滑轮的斗头、排空卷筒、升或闭卷筒、压杆、斗壳、带下滑轮的横梁）

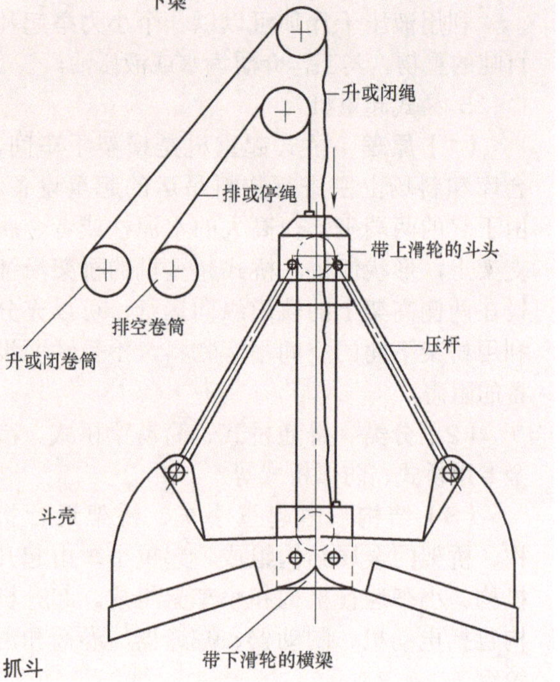

7. 旋臂起重机

在港口、船厂或船坞、建筑工地用作卸船、装配等的起重机，其所有运动由驾驶员通过驾驶室内的两个操纵手柄操纵。

门式或半门式起重机有可行走的高架。一个可上下摆动的起重臂可扩大起重机的工作范围。起重能力随伸出长度而变化。

8. 轮胎起重机

由于轮胎起重机的轮胎尺寸大，故可在松软地面使用。

由一台液压马达驱动起重和回转机构，由一个三级液压缸举升起重臂。回转机构可以独立工作。

旋臂起重机分为定柱式旋臂起重机、移

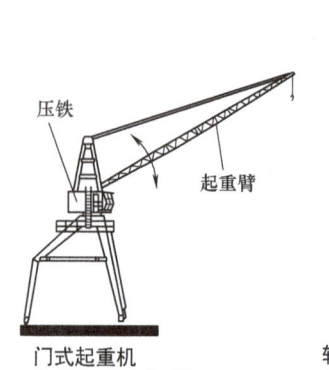

门式起重机
起重量3t，伸出6～20m

轮胎起重机
起重量40t，可自己移动，5t用支架

7.9 起重搬运机械

动式旋臂起重机、墙壁式旋臂起重机、壁行式旋臂起重机、曲臂式旋臂起重机、双臂式旋臂起重机等。

旋臂起重机是为了适应现代化生产而制作的新一代轻型吊装设备，与可靠性高的环链电动葫芦配合使用，尤其适用于短距离、使用频繁、密集性吊运作业，具有高效、节能、省事、占地面积小、易于操作与维修等优点。

9. 散料运输机

（1）**斗式提升机** 斗式提升机适用于低处往高处提升，供应物料通过振动台投入料斗后机器自动连续运转向上运送。根据传送量可调节传送速度，并随需选择提升高度，适用于食品、医药、化学工业品、螺栓、螺母等产品的提升上料，可通过包装机的信号识别来控制机器的自动停止与起动。提升高度可达40m，最高达80m。

（2）**皮带运输机** 皮带运输机是运用皮带的无极运动运输物料的机械。

皮带运输机广泛应用于采矿、冶金、化工、铸造、建材等行业的输送和生产流水线以及水电站建设工地和港口等生产部门。

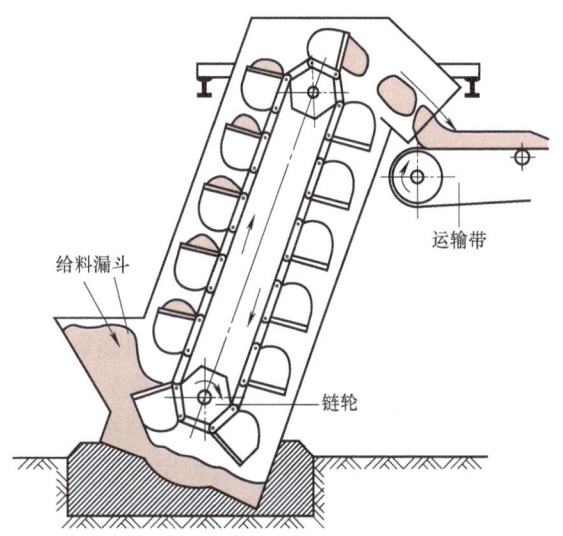

斗式提升机

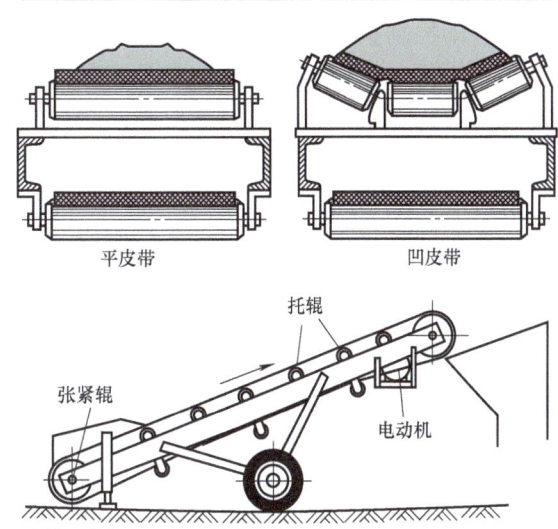

皮带运输机

第8章 自 动 化

8.1 概述

1. 自动控制

自动控制就是在没有人直接参与的情况下,利用外加的设备或装置(控制装置)使机器、设备或生产过程(控制对象)的某个工作状态或参数(被控量)自动地按照预定的规律运行。如数控车床按预定程序自动切削、人造卫星准确进入预定轨道并回收等。自动化实际上就是对机器或设备的自动调节与控制。

自动控制系统是指能够对被控对象的工作状态进行自动控制的系统。它是控制对象以及参与实现其被控制量自动控制的装置或元部件的组合,一般由控制装置和被控对象组成。

在侧图中浮子将水位高度传给阀门,阀门根据水位的高度开启或关闭。通过给定量的变化可调节所需的水位。

通过实际状态(水平面高度)的不断反馈过程一直根据实际状态受到调节,直至达到所需的状态(给定状态=所需水位高度)。借助于控制和调节装置现在已经能够实现用多台依次排列的机床,经过几百道工序加工才能完成的工件(例如发动机缸体)的加工过程自动化。对其中大量工序进行控制,对一些主要工序进行调节。但一台车床的简单仿形操作也可视为被控制的工作过程。

2. 控制方式

(1)**开环控制** 系统的被控制量(输出量)只受控于控制作用,而控制方式不能产生任何影响。采用开环控制的系统称为开环控制系统。

优点:结构简单,成本低廉,易于实现。

缺点:对扰动没有抑制能力,控制精度低。

(2)**闭环控制** 系统的被控制量(输出

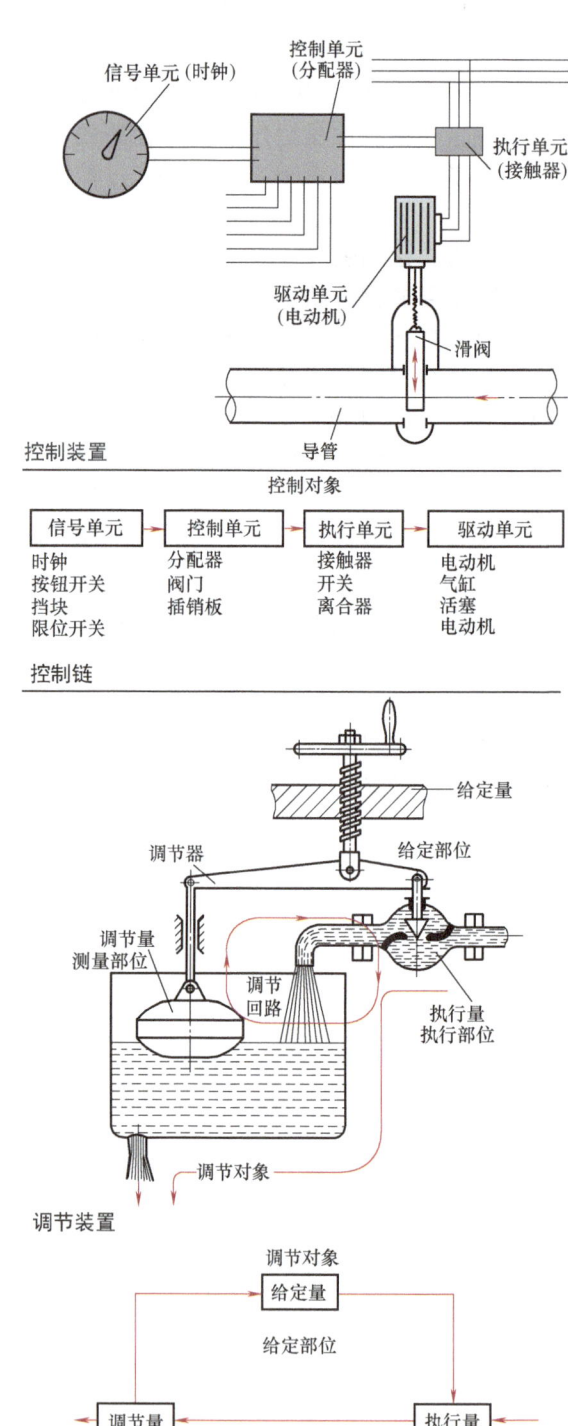

量）与控制作用之间存在着负反馈的控制方式。采用闭环控制的系统称为闭环控制系统或反馈控制系统。闭环控制是一切生物控制自身运动的基本规律。人本身就是一个具有高度复杂控制能力的闭环控制系统。

优点：具有自动补偿由于系统内部和外部干扰所引起的系统误差（偏差）的能力，因而有效地提高了系统的精度。

缺点：系统参数应适当选择，否则可能不能正常工作。

（3）**复合控制** 开环和闭环控制相结合的一种控制方式。它是在闭环控制回路的基础上，附加一个输入信号或扰动信号的顺馈通路，用来提高系统的控制精度。顺馈通路通常由对输入信号进行补偿的补偿器和对扰动信号进行补偿的补偿器组成。

优点：具有很高的控制精度，可以抑制几乎所有的可测量扰动。

缺点：补偿器的参数要有较高的稳定性。

3. 框图的概念

方框——控制装置和被控对象分别用方框表示。

信号线——方框的输入和输出以及它们之间的连接用带箭头的信号线表示。

输入信号——进入方框的信号。
输出信号——离开方框的信号。

开环控制系统框图：

闭环控制系统框图：

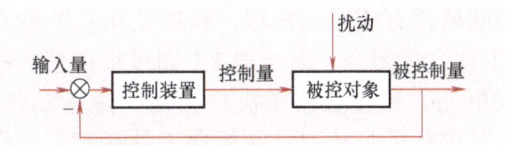

4. 自动控制系统的分类

自动控制系统分类方法较多，见下表。

自动控制系统的分类

分类方式	类型
按信号流向	开环控制、复合控制
按系统功能	温度控制、压力控制、位置控制、液位控制等
按元件类型	机械、电动、气动、液压、生物等
按系统性能	线性与非线性、连续与离散、定常与时变、确定与不确定等
按系统输入信号	恒值调节、随动、程序控制

8.2 伺服控制系统

伺服系统是使物体的位置、方位、状态等输出被控量能够跟随输入目标（或给定值）的任意变化的自动控制系统。它的主要任务是按控制命令的要求对功率进行放大、变换与调控等处理，使对驱动装置输出的力矩、速度和位置的控制非常灵活方便。常见的几种伺服控制如下。

伺服控制的一种典型应用是仿形车削。有专门为这种工艺设计的仿形车床。刀具从上面或后面接触工件，以便排屑不受阻碍。

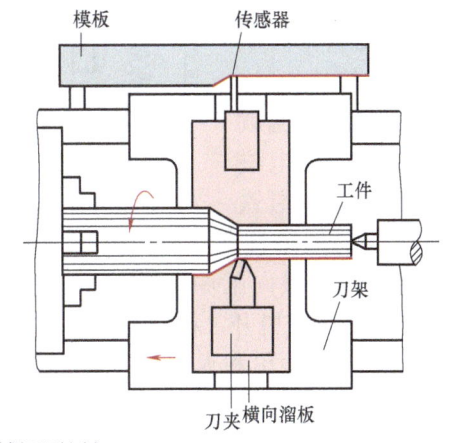

机械伺服控制

1. 机械伺服控制

在纵溜板不断进给时，一个传感器（信号单元）沿一个模板或标准样件运动。通过传感器和刀具间的刚性连接迫使刀具以相同的轨道运动，工件按模板被加工成形。传感器须用刀具的反向力压紧在模板上。

2. 电伺服控制

在这里纵向溜板也是不断地进给。如果传感器没有接触到模板，传感器箱里的触点 KⅠ 就自行闭合。离合器 KⅠ 通过继电器（控制单元）和接触器（执行机构）进行动作，于是电动机带动刀具溜板向工件运动，直至传感器接触模板为止。这时触点 KⅡ 闭合，电动机带动刀具溜板向回运动，直至传感恭离开模板。

3. 液压伺服控制

这种仿形装置可以附加于车床上。其优点是仿形精度较高。

4. 电液伺服控制

在这种装置中，模板的轮廓用触针或传感器感测，脉冲信号在一只电子管中被放大。通过接收这一信号，电磁铁在不到1s的时间内接通液压控制滑阀，使之产生一个控制过程，能立即将一股强有力的油流输向液压活塞。经短时间的转换就获得了非常高的仿形精度。

若触针接触不到模板，翻转连杆即向右接上触点，放大电子管的栅极电压向下衰减到零（接地）。这样，电子管的电流就能自由流通，使电磁铁的线圈激励，衔铁被吸起，阀的油路接通。压力油流入活塞，横向溜板带动刀具向工件运动，直至触针触到模板。于是触点脱开，栅极电压截断电流。如果控制滑阀将输出和返回通路关闭，活塞就在上、下油热之间固定不动了。

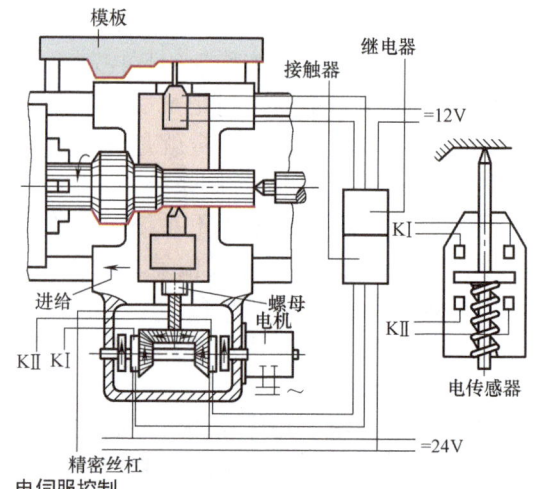

电伺服控制

液压伺服控制

电液伺服控制

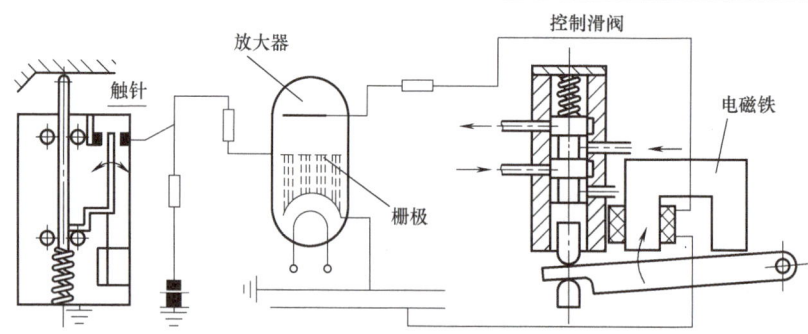

电液控制的传感器或触针、放大电子管和控制滑阀

8.3 程序控制系统

程序控制系统的给定量是按照一定的时间函数变化的，如程序控制机床的程序控制系统的输出量应与给定量的变化规律相同。

程序控制系统的设定值是变化的，但它

8.3 程序控制系统

是时间的已知函数,即设定值按操作者规定的时间程序变化。

这类系统在间歇生产过程中应用比较普遍,如多种液体自动混合加热控制就属于此类。

程序控制系统的组成部分:开关信号、输入回路、程序控制器、输出回路和执行机构等。

1. 电程序控制

铣床常采用电控制装置。其中控制程序分为两个存储系统。运动长度通过调整挡块夹板上的挡块而被确定并存储,夹板沿工作台运动方向设置。因此夹板上的挡块限定运动长度——何时产生切换脉冲信号。然后,这一脉冲进入插销板或穿孔带装置。从这里继续输出控制脉冲到相应的驱动元件,如进给电动机或铣刀驱动装置等。由此确定了脉冲起作用的部位。

2. 机械程序控制

全自动或半自动车床经常用凸轮转鼓或凸轮盘来控制。在单刀架或多刀架转塔头或六角头上装有加工必须用的车刀,还有铰刀、铝头、扩孔铝、中心铝或螺纹切头。匀速旋转的凸轮转鼓或凸轮盘通过转接控制(多数为行程控制)刀具的准备以及刀架的旋转,紧接着,使溜板和刀架以正确的进给速度向工件运动。对于常用于加工棒材的全自动车

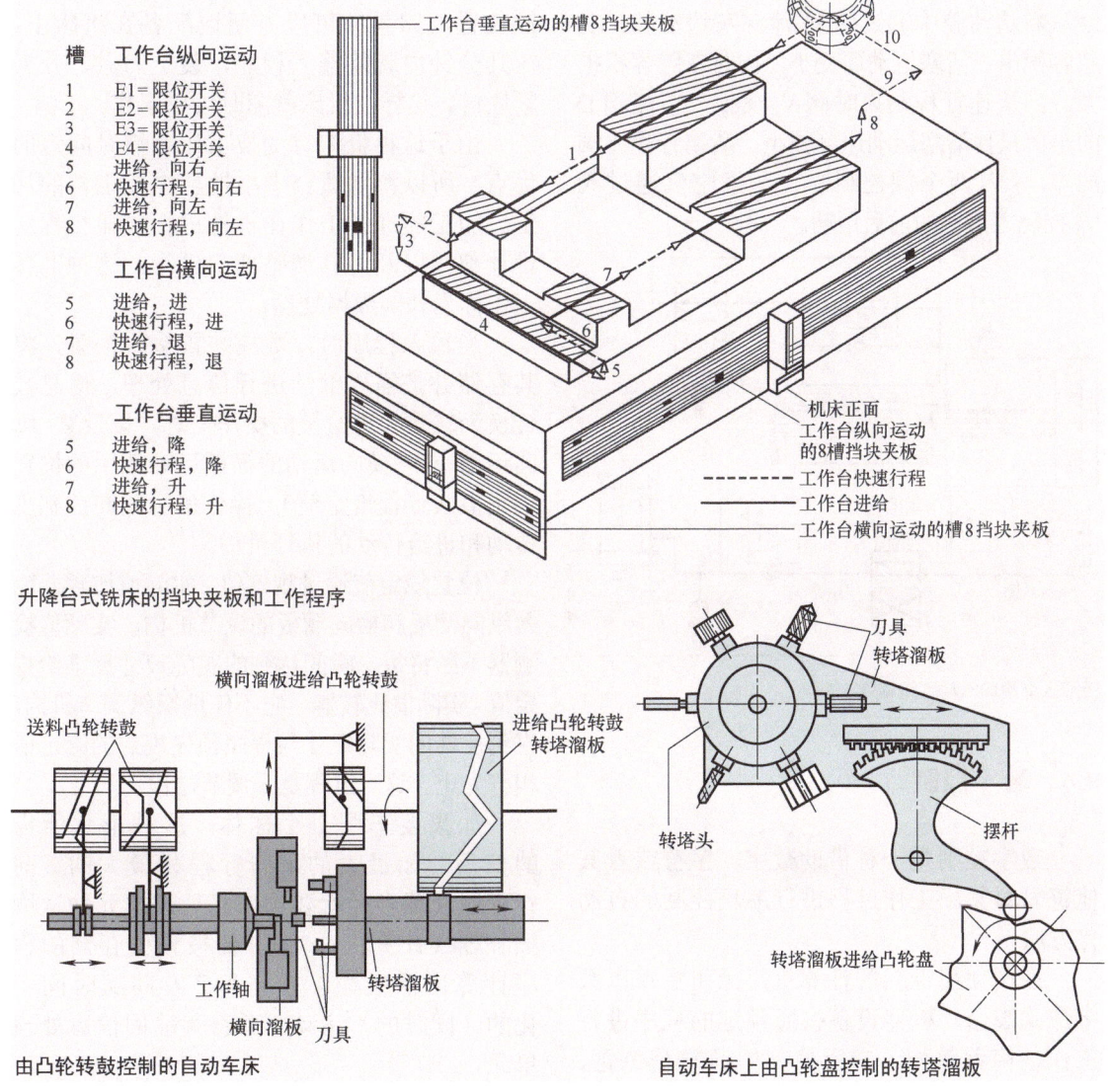

升降台式铣床的挡块夹板和工作程序

由凸轮转鼓控制的自动车床

自动车床上由凸轮盘控制的转塔溜板

床，材料进给、夹紧、切断也通过程序来完成。这种机床的缺陷是调整时间较长，安装好所有的凸轮和调整好所有的刀具可能需要几天的时间，在此过程中机床无法生产。由于刀具的磨损，要经常监视和检测工件尺寸。这种机床只有用于零件的大批量加工才比较经济。

3. 气液程序控制

液压、气动或两者的组合控制由于其工作平稳、无噪声且可以无级调速而经常用于进给运动，如在磨床上的应用。按其脉冲发送方式可以是时序、行程和运行控制。右图中，主活塞通过压缩空气通道的压缩空气驱动。有一带活塞的液压缸与气缸串，用于快速行程 E 和进给行程 V 的调速。在快速行程时液压油无阻碍地从右边油腔中通过阀 V_4 流向左边油腔，右腔容积由于活塞运动而变小，同时左腔容积扩大。当快速行程结束时阀 V_4 变换，节流阀 D 的小流量使活塞运动速度减小。活塞行程终端的 V_1 与 V_2 两个阀控制 V_3，压缩空气通过阀 V_3 控制主活塞的前后运动。

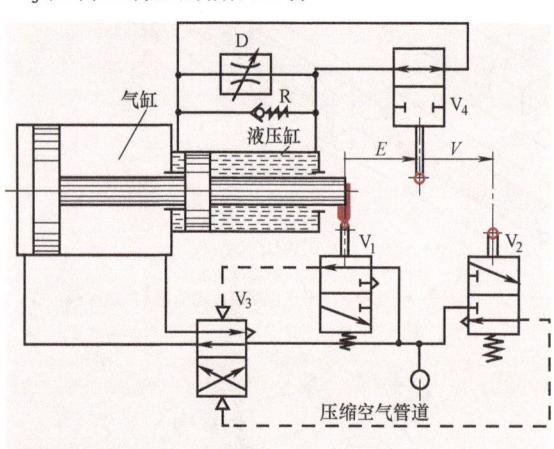

带液压调速的气动进给装置

8.4 数字控制

数字控制是一种借助数字、字符或者其他符号对某一工作过程进行编程控制的自动化方法。

通常使用专门的计算机，操作指令以数字形式表示，机器设备按照预定的程序进行工作，简称数控。它所控制的通常是位置、角度、速度等机械量和与机械能量流向有关的开关量。数控的产生依赖于数据载体和二进制形式数据运算的出现，数控技术是在与机床控制密切结合的基础上发展起来的，数控技术也称为计算机数控技术，目前它是采用计算机实现数字程序控制的技术。

这种控制原理通过上图所示的信息流便可一目了然。根据信息源，如技术图样、加工计划和技术数据，借助于程序设计说明，在程序设计部门可制备出信息存储介质（数控装置）和刀具计划。刀具准备部门按刀具计划准备好加工所需要的刀具，刀具可以手工更换。也可以由刀库自动更换。刀具应准确地安装在刀架上，不需再调整与校准。数控装置与刀具库可以方便地配备在机床上。在几分钟内就能输入程序，装上刀具，并夹紧坯料。这样，机床就随时可以工作。

由于这种机床有变换工作所需时间短的优点，所以特别适合于小批至中批工件的加工。加工的准备工作在机外进行，即在程序设计部门以及刀具调整部门进行。这种准备工作称为外部数据处理。

当输入程序时，数控装置接收信息，将其存储并按需要继续进行信息处理。信息被转换为转数和进给量的操作信息，以及 $Z=$ 纵向运动、$X=$ 横向运动的溜板运动范围的位置规定值（行程给定值）。操作信息输向控制主传动和进给传动的执行机构。

位置规定值通过规定值-实际值比较器输入纵向溜板和横向溜板的调节机构。实际值检测器不断将每一瞬间达到的实际尺寸反馈给规定值-实际值比较器，它不停地操纵调节机构，直到反馈的实际尺寸与程序预先规定的给定值相符为止。这一过程是一调节过程。

如果要车削一个球体，这种形状所需的信息，如最大的 X 向行程和最大的 Z 向行程以及球半径就要由信息处理单元输送给插补器（计算机）。插补器按预先存储的程序计算出溜板在 X 方向和 Z 方向随时间变化的（同时的）运动，并将其输回信息处理单元。

8.4 数字控制　　　　第8章　自动化

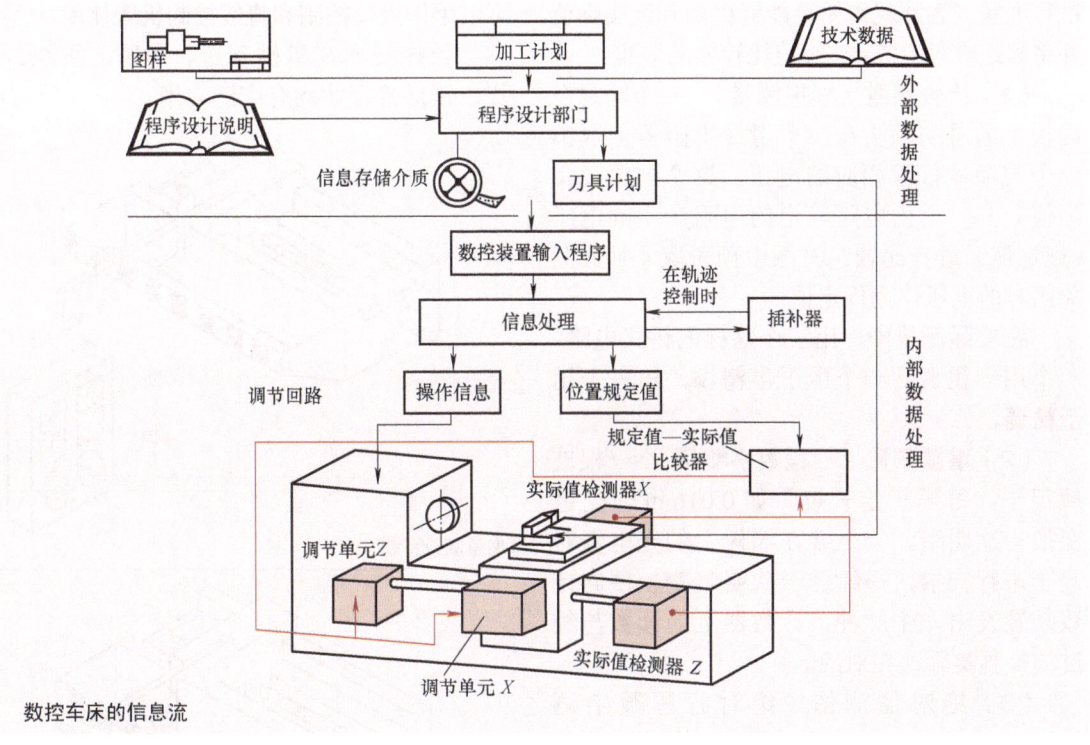

数控车床的信息流

1. 信息源

被加工工件的形状和尺寸的数据（技术图样）、工艺过程的数据（加工计划）、加工规范，如切削速度、进给量及其他类似技术数据和每台机床、每一数字控制系统所需的程序设计说明，是供编程人员使用的信息源。编程人员要从理论上预演（模拟）整个工艺过程，并对每一个动作，哪怕是机床的极小的和看来无关紧要的动作，都要在信息载体或存储介质上给予一个相应的指令（信息）。这样，技术工人就不需要再去决定调到什么转速，是否要、什么时候要进行冷却润滑。这些决定，早在工件开始加工之前就已经在程序设计部门做出了。根据图样、传统的加工计划和技术参数汇编制订出一个加工计划，这种加工计划将加工过程分为各个工步（语句）。每一工步由语句号、X轴和Y轴的运动方向、运动长度、进给量、转速和辅助功能（如冷却润滑）来决定。

2. 实际值检测（行程检测）

数字控制就是对达到位置的规定值而进行控制。位置的实际值必须一直与位置的规定值

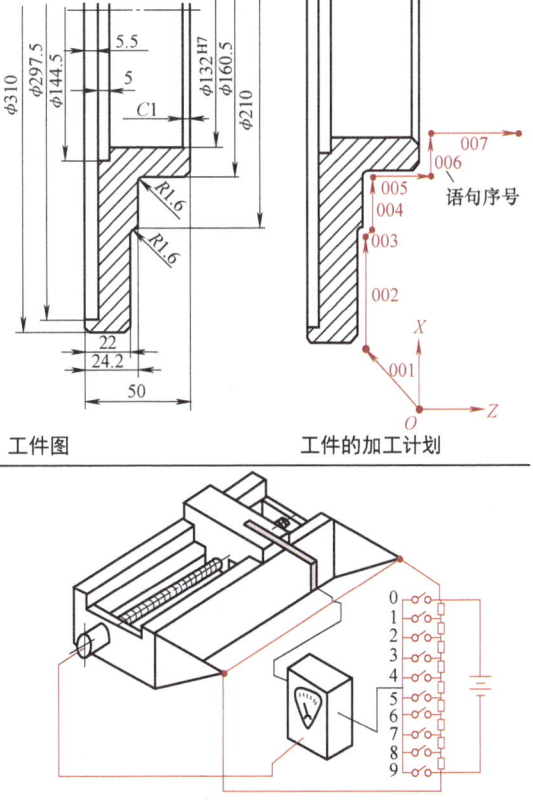

工件图　　工件的加工计划

比较测量系统

进行经较。为此就需要有能够精确判读实际值并将其送给规定值-实际值比较器的装置。

（1）比较测量（模拟测量） 一个固定在溜板上的滑动触头在一个滑线电阻器上取出一个与溜板行程相应的电压，这个电压（实际值）与一个由电路确定的电阻产生的电压（规定值）进行比较。右图中预先取4号开关关闭时的电压作为规定值。

在实际测量中，用三个这样的桥式电路：一个用于粗调，一个用于半精调，第三个用于精调。

（2）增量测量（行程数字测量） 一根玻璃尺子，每隔一定长度，如0.01mm便交替变换一次明暗。一个装在溜板上的光电管对尺子进行扫描，每经过一次明暗变换便向计数装置发出一个脉冲。计数器上的读数与经过的行程实际值相对应。

（3）绝对值测量（绝对行程数字测量） 用多个光电管感测一根有多条明暗线的尺子。每个长度都与一种明暗场的组合相对应，在显示仪器上这种组合变换为一个尺寸，即实际值。

3. 数字控制的种类

（1）点位控制 点位控制中只控制行程的终点，因此它首先用在钻床上。例如：要走两段行程，$X=50$ 和 $Y=30$，可按先后顺序走，也可同时走，怎么走都没有关系。

这个过程要在达到切削的程序中控制的坐标点以后才能开始。

（2）直线控制 在直线控制中，运动总是只在一个方向，即 X 方向或 Y 方向上进行。只有在少数例外情况下才同时在两个方向上运动，利用两个方向上的等速运动可以加工出45°的倒棱或内圆角。通过一定的在 X 轴和 Y 轴上的行程顺序和行程长度可产生所要求的工件形状。工件是在直线运动中加工出来的。

（3）连续轨迹控制

在连续轨迹控制中，利用两个方向甚至三个方向的同时运动可加工出复杂的工件形状。必须同时运动的各方向上的速度，必须用插补器（计算机）来求得。连续轨迹控制的机床也可以用作点位控制和直线控制机床使用。

数控技术在机械制造、印刷、纺织、包装、建材等行业均有广泛应用。

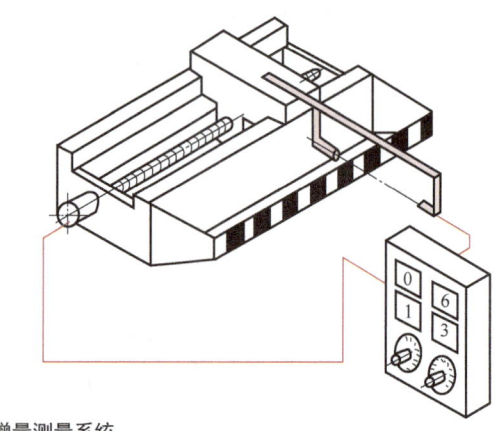

增量测量系统

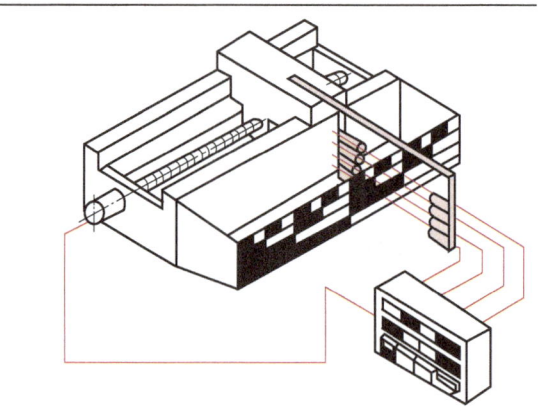

绝对值测量系统

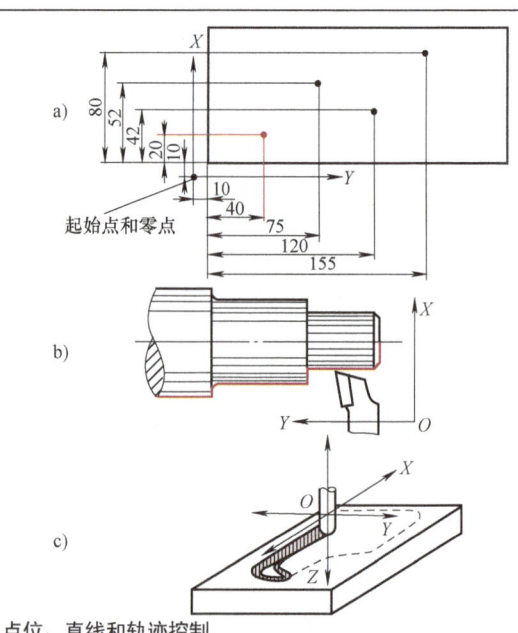

点位、直线和轨迹控制

附录 常用数学表

1～1500 诸数的平方、平方根、立方、立方根、自然对数、倒数、圆周长和圆面积

n	n^2	n^3	$\sqrt{n}$	$\sqrt{10n}$	$\sqrt[3]{n}$	$\ln n$	$\dfrac{1000}{n}$	πn	$\dfrac{\pi n^2}{4}$
1	1	1	1.0000	3.1623	1.0000	0.00000	1000.000	3.142	0.7854
2	4	8	1.4142	4.4721	1.2599	0.69315	500.000	6.283	3.1416
3	9	27	1.7321	5.4772	1.4422	1.09861	333.333	9.425	7.0686
4	16	64	2.0000	6.3246	1.5874	1.38629	250.000	12.566	12.5664
5	25	125	2.2361	7.0711	1.7100	1.60944	200.000	15.708	19.6350
6	36	216	2.4495	7.7460	1.8171	1.79176	166.667	18.850	28.2743
7	49	343	2.6458	8.3666	1.9129	1.94591	142.857	21.991	38.4845
8	64	512	2.8284	8.9443	2.0000	2.07944	125.000	25.133	50.2655
9	81	729	3.0000	9.4868	2.0801	2.19722	111.111	28.274	63.6173
10	100	1000	3.1623	10.0000	2.1544	2.30259	100.000	31.416	78.5398
11	121	1331	3.3166	10.4881	2.2240	2.39790	90.9091	34.558	95.0332
12	144	1728	3.4641	10.9545	2.2894	2.48491	83.3333	37.699	113.097
13	169	2197	3.6056	11.4018	2.3513	2.56495	76.9231	40.841	132.732
14	196	2744	3.7417	11.8322	2.4101	2.63906	71.4286	43.982	153.938
15	225	3375	3.8730	12.2474	2.4662	2.70805	66.6667	47.124	176.715
16	256	4096	4.0000	12.6491	2.5198	2.77259	62.5000	50.265	201.062
17	289	4913	4.1231	13.0384	2.5713	2.83321	58.8235	53.407	226.980
18	324	5832	4.2426	13.4164	2.6207	2.89037	55.5556	56.549	254.469
19	361	6859	4.3589	13.7840	2.6684	2.94444	52.6316	59.690	283.529
20	400	8000	4.4721	14.1421	2.7144	2.99573	50.0000	62.832	314.159
21	441	9261	4.5826	14.4914	2.7589	3.04452	47.6190	65.973	346.361
22	484	10648	4.6904	14.8324	2.8020	3.09104	45.4545	69.115	380.133
23	529	12167	4.7958	15.1658	2.8439	3.13549	43.4783	72.257	415.47
24	576	13824	4.8990	15.4919	2.8845	3.17805	41.6667	75.398	452.389
25	625	15625	5.0000	15.8114	2.9240	3.21888	40.0000	78.540	490.874
26	676	17576	5.0990	16.1245	2.9625	3.25810	38.4615	81.681	530.929
27	729	19683	5.1962	16.4317	3.0000	3.29584	37.0370	84.823	572.555
28	784	21952	5.2915	16.7332	3.0366	3.33220	35.7143	87.965	615.752
29	841	24389	5.3852	17.0294	3.0723	3.36730	34.4828	91.106	660.520
30	900	27000	5.4772	17.3205	3.1072	3.40120	33.3333	94.248	706.858
31	961	29791	5.5678	17.6068	3.1414	3.43399	32.2581	97.389	754.768
32	1024	32768	5.6569	17.8885	3.1748	3.46574	31.2500	100.531	804.248
33	1089	35937	5.7446	18.1659	3.2075	3.49651	30.3030	103.673	855.299
34	1156	39304	5.8310	18.4391	3.2396	3.52636	29.4118	106.814	907.920
35	1225	42875	5.9161	18.7083	3.2711	3.55535	28.5714	109.956	962.113
36	1296	46656	6.0000	18.9737	3.3019	3.58352	27.7778	113.097	1017.88
37	1369	50653	6.0828	19.2354	3.3322	3.61092	27.0270	116.239	1075.21
38	1444	54872	6.1644	19.4936	3.3620	3.63759	26.3158	119.381	1134.11
39	1521	59319	6.2450	19.7484	3.3912	3.66356	25.6410	122.522	1194.59
40	1600	64000	6.3246	20.0000	3.4200	3.68888	25.0000	125.66	1256.64
41	1681	68921	6.4031	20.2485	3.4482	3.71357	24.3902	128.81	1320.25
42	1764	74088	6.4807	20.4939	3.4760	3.73767	23.8095	131.95	1385.44
43	1849	79507	6.5574	20.7364	3.5034	3.76120	23.2558	135.09	1452.20
44	1936	85184	6.6332	20.9762	3.5303	3.78419	22.7273	138.23	1520.53
45	2025	91125	6.7082	21.2132	3.5569	3.80666	22.2222	141.37	1590.43
46	2116	97336	6.7823	21.4476	3.5830	3.82864	21.7391	144.51	1661.90
47	2209	103823	6.8557	21.6795	3.6088	3.85015	21.2766	147.65	1734.94
48	2304	110592	6.9282	21.9089	3.6342	3.87120	20.8333	150.80	1809.56
49	2401	117649	7.0000	22.1359	3.6593	3.89182	20.4082	153.94	1885.74

附录　常用数学表

（续）

n	n^2	n^3	$\sqrt{n}$	$\sqrt{10n}$	$\sqrt[3]{n}$	$\ln n$	$\dfrac{1000}{n}$	πn	$\dfrac{\pi n^2}{4}$
50	2500	125000	7.0711	22.3607	3.6840	3.91202	20.0000	157.08	1963.50
51	2601	132651	7.1414	22.5832	3.7084	3.93183	19.6078	160.22	2042.82
52	2704	140608	7.2111	22.8035	3.7325	3.95124	19.2308	163.36	2123.72
53	2809	148877	7.2801	23.0217	3.7563	3.97029	18.8679	166.50	2206.18
54	2916	157464	7.3485	23.2379	3.7798	3.98898	18.5185	169.65	2290.22
55	3025	166375	7.4162	23.4521	3.8030	4.00733	16.1818	172.79	2375.83
56	3136	175616	7.4833	23.6643	3.8259	4.02535	17.8571	175.93	2463.01
57	3249	185193	7.5498	23.8747	3.8485	4.04305	17.5439	179.07	2551.76
58	3364	195.112	7.6158	24.0832	3.8709	4.06044	17.2414	182.21	2642.08
59	3481	205379	7.6811	24.2899	3.8930	4.07754	16.9492	185.35	2733.97
60	3600	216000	7.7460	24.4949	3.9149	4.09434	16.6667	188.50	2827.43
61	3721	226981	7.8102	24.6982	3.9365	4.11087	16.3934	191.64	2922.47
62	3844	238328	7.8740	24.8998	3.9579	4.12713	16.1290	194.78	3019.07
63	3969	250047	7.9373	25.0998	3.9791	4.14313	15.8730	197.92	3117.25
64	4096	262144	8.0000	25.2982	4.0000	4.15888	15.6250	201.06	3216.99
65	4225	274625	8.0623	25.4951	4.0207	4.17439	15.3846	204.20	3318.31
66	4356	287496	8.1240	25.6905	4.0412	4.18965	15.1515	207.35	3421.19
67	4489	300763	8.1854	25.8844	4.0615	4.20469	14.9254	210.49	3525.65
68	4624	314432	8.2462	26.0768	4.0817	4.21951	14.7059	213.63	3631.68
69	4761	328509	8.3066	26.2679	4.1016	4.23411	14.4928	216.77	3739.28
70	4900	343000	8.3666	26.4575	4.1213	4.24850	14.2857	219.91	3848.45
71	5041	357911	8.4261	26.6458	4.1408	4.26268	14.0845	223.05	3959.19
72	5184	373248	8.4853	26.8328	4.1602	4.27667	13.8889	226.19	4071.50
73	5329	389017	8.5440	27.0185	4.1793	4.29046	13.6986	229.34	4185.39
74	5476	405224	8.6023	27.2029	4.1983	4.30407	13.5135	232.48	4300.84
75	5625	421875	8.6603	27.3861	4.2172	4.31749	13.3333	235.62	4417.86
76	5776	438976	8.7178	27.5681	4.2358	4.33073	13.1579	238.76	4536.46
77	5929	456533	8.7750	27.7489	4.2543	4.34481	12.9870	241.90	4656.63
78	6084	474552	8.8318	27.9285	4.2727	4.35671	12.8205	245.04	4778.36
79	6241	493039	8.8882	28.1069	4.2908	4.36945	12.6582	248.19	4901.67
80	6400	512000	8.9443	28.2843	4.3089	4.38203	12.5000	251.33	5026.55
81	6561	531441	9.0000	28.4605	4.3267	4.39445	12.3457	254.47	5153.00
82	6724	551368	9.0554	28.6356	4.3445	4.40672	12.1951	257.61	5281.02
83	6889	571787	9.1104	28.8097	4.3621	4.41884	12.0482	260.75	5410.61
84	7056	592704	9.1652	28.9828	4.3795	4.43082	11.9048	263.89	5541.77
85	7225	614125	9.2195	29.1548	4.3968	4.44265	11.7647	267.04	5674.50
86	7396	636056	9.2736	29.3258	4.4140	4.45435	11.6279	270.18	5808.80
87	7569	658503	9.3274	29.4958	4.4310	4.46591	11.4943	273.32	5944.68
88	7744	681472	9.3808	29.6648	4.4480	4.47734	11.3636	276.46	6082.12
89	7921	704969	9.4340	29.8329	4.4647	4.48864	11.2360	279.60	6221.14
90	8100	729000	9.4868	30.0000	4.4814	4.49981	11.1111	282.74	6361.73
91	8281	753571	9.5394	30.1662	4.4979	4.51086	10.9890	285.88	6503.88
92	8464	778688	9.5917	30.3315	4.5144	4.52179	10.8696	289.03	6647.61
93	8649	804357	9.6437	30.4959	4.5307	4.53260	10.7527	292.17	6792.91
94	8836	830584	9.6954	30.6594	4.5468	4.54329	10.6383	295.31	6939.78
95	9025	857375	9.7468	30.8221	4.5629	4.55388	10.5263	298.45	7088.22
96	9216	884736	9.7980	30.9839	4.5789	4.56435	10.4167	301.59	7238.23
97	9409	912673	9.8489	31.1448	4.5947	4.57471	10.3093	304.73	7389.81
98	9604	941192	9.8995	31.3050	4.6104	4.58497	10.2041	307.88	7542.96
99	9801	970299	9.9499	31.4643	4.6261	4.59512	10.1010	311.02	7697.69

（续）

n	n^2	n^3	$\sqrt{n}$	$\sqrt{10n}$	$\sqrt[3]{n}$	$\ln n$	$\dfrac{1000}{n}$	πn	$\dfrac{\pi n^2}{4}$
100	10000	1000000	10.0000	31.6228	4.6416	4.60517	10.00000	314.16	7853.98
101	10201	1030301	10.0499	31.7805	4.6570	4.61512	9.90099	317.30	8011.85
102	10404	1061208	10.0995	31.9374	4.6723	4.62497	9.80392	320.44	8171.28
103	10609	1092727	10.1489	32.0936	4.6875	4.63473	9.70874	323.58	8332.29
104	10816	1124864	10.1980	32.2490	4.7027	4.64439	9.61538	326.73	8494.87
105	11025	1157625	10.2470	32.4037	4.7177	4.65396	9.52381	329.87	8659.01
106	11236	1191016	10.2956	32.5576	4.7326	4.66344	9.43396	333.01	8824.73
107	11449	1225043	10.3441	32.7109	4.7475	4.67283	9.34579	336.15	8992.02
108	11664	1259712	10.3923	32.8634	4.7622	4.68213	9.25926	339.29	9160.88
109	11881	1295029	10.4403	33.0151	4.7769	4.69135	9.17431	342.43	9331.32
110	12100	1331000	10.4881	33.1662	4.7914	4.70048	9.09091	345.58	9503.32
111	12321	1367631	10.5357	33.3167	4.8059	4.70953	9.00901	348.72	9676.89
112	12544	1404928	10.5830	33.4664	4.8203	4.71850	8.92857	351.86	9852.03
113	12769	1442897	10.6301	33.6155	4.8346	4.72739	8.84956	355.00	10028.7
114	12996	1481544	10.6771	33.7639	4.8488	4.73620	8.77193	358.14	10207.0
115	13225	1520875	10.7238	33.9117	4.8629	4.74493	8.69565	361.28	10386.9
116	13456	1560896	10.7703	34.0588	4.8770	4.75359	8.62069	364.42	10568.3
117	13689	1601613	10.8167	34.2053	4.8910	4.76217	8.54701	367.57	10751.3
118	13924	1643032	10.8628	34.3511	4.9049	4.77068	8.47458	370.71	10935.9
119	14161	1685159	10.9087	34.4964	4.9187	4.77912	8.40336	373.85	11122.0
120	14400	1728000	10.9545	34.6410	4.9324	4.78749	8.33333	376.99	11309.7
121	14641	1771561	11.0000	34.7851	4.9461	4.79579	8.26446	380.13	11499.0
122	14884	1815848	11.0454	34.9285	4.9597	4.80402	8.19672	383.27	11689.9
123	15129	1860867	11.0905	35.0714	4.9732	4.81218	8.13008	386.42	11882.3
124	15376	1906624	11.1355	35.2136	4.9866	4.82028	8.06452	389.56	12076.3
125	15625	1953125	11.1803	35.3553	5.0000	4.82831	8.00000	392.70	12271.8
126	15876	2000376	11.2250	35.4965	5.0133	4.83628	7.93651	395.84	12469.0
127	16129	2048383	11.2694	35.6371	5.0265	4.84419	7.87402	398.98	12667.7
128	16384	2097152	11.3137	35.7771	5.0397	4.85203	7.81250	402.12	12868.0
129	16641	2146689	11.3578	35.9166	5.0528	4.85981	7.75194	405.27	13069.8
130	16900	2197000	11.4018	36.0555	5.0658	4.86753	7.69231	408.41	13273.2
131	17161	2248091	11.4455	36.1939	5.0788	4.87520	7.63359	411.55	13478.2
132	17424	2299968	11.4891	36.3318	5.0916	4.88280	7.57576	414.69	13684.8
133	17689	2352637	11.5326	36.4692	5.1045	4.89035	7.51880	417.83	13892.9
134	17956	2406104	11.5758	36.6060	5.1172	4.89784	7.46269	420.97	14102.6
135	18225	2460375	11.6190	36.7423	5.1299	4.90527	7.40741	424.12	14313.9
136	18496	2515456	11.6619	36.8782	5.1426	4.91265	7.35294	427.26	14526.7
137	18769	2571353	11.7047	37.0135	5.1551	4.91998	7.29927	430.40	14741.1
138	19044	2628072	11.7473	37.1484	5.1676	4.92725	7.24638	433.54	14957.1
139	19321	2685619	11.7898	37.2827	5.1801	4.93447	7.19424	436.68	15174.7
140	19600	2744000	11.8322	37.4166	5.1925	4.94164	7.14286	439.82	15393.8
141	19881	2803221	11.8743	37.5500	5.2048	4.94876	7.09220	442.96	1.5614.5
142	20164	2863288	11.9164	37.6829	5.2171	4.95583	7.04225	446.11	15836.8
143	20449	2924207	11.9583	37.8153	5.2293	4.96284	6.99301	449.25	16060.6
144	20736	2985984	12.0000	37.9473	5.2415	4.96981	6.94444	452.39	16286.0
145	21025	3048625	12.0416	38.0789	5.2536	4.97673	6.89655	455.53	16513.0
146	21316	3112136	12.0830	38.2099	5.2656	4.98361	6.84932	458.67	16741.5
147	21609	3176523	12.1244	38.3406	5.2776	4.99043	6.80272	461.81	16971.7
148	21904	3241792	12.1655	38.4708	5.2896	4.99721	6.75676	464.96	17203.4
149	22201	3307949	12.2066	38.6005	5.3015	5.00395	6.71141	468.10	17436.6

附录 常用数学表

（续）

n	n^2	n^3	$\sqrt{n}$	$\sqrt{10n}$	$\sqrt[3]{n}$	$\ln n$	$\dfrac{1000}{n}$	πn	$\dfrac{\pi n^2}{4}$
150	22500	3375000	12.2474	38.7298	5.3133	5.01064	6.66667	471.24	17671.5
151	22801	3442951	12.2882	38.8587	5.3251	5.01728	6.62252	474.38	17907.9
152	23104	3511808	12.3288	38.9872	5.3368	5.02388	6.57895	477.52	18145.8
153	23409	3581577	12.3693	39.1152	5.3485	5.03044	6.53595	480.66	18385.4
154	23716	3652264	12.4097	39.2428	5.3601	5.03695	6.49351	483.81	18626.5
155	24025	3723875	12.4499	39.3700	5.3717	5.04343	6.45161	486.95	18869.2
156	24336	3796416	12.4900	39.4968	5.3832	5.04986	6.41026	490.09	19113.4
157	24649	3869893	12.5300	39.6232	5.3947	5.05625	6.36943	493.23	19359.3
158	24964	3944312	12.5698	39.7492	5.4061	5.06260	6.32911	496.37	19606.7
159	25281	4019679	12.6095	39.8748	5.4175	5.06890	6.28931	499.51	19855.7
160	25600	4096000	12.6491	40.0000	5.4288	5.07517	6.25000	502.65	20106.2
161	25921	4173281	12.6886	40.1248	5.4401	5.08140	6.21118	505.80	20358.3
162	26244	4251528	12.7279	40.2492	5.4514	5.08760	6.17284	508.94	20612.0
163	26569	4330747	12.7671	40.3733	5.4626	5.09375	6.13497	512.08	20867.2
164	26896	4410944	12.8062	40.4969	5.4737	5.09987	6.09756	515.22	21124.1
165	27225	4492125	12.8452	40.6202	5.4848	5.10595	6.06061	518.36	21382.5
166	27556	4574296	12.8841	40.7431	5.4959	5.11199	6.02410	521.50	21642.4
167	27889	4657463	12.9228	40.8656	5.5069	5.11799	5.98802	524.65	21904.0
168	28224	4741632	12.9615	40.9878	5.5178	5.12396	5.95238	527.79	22167.1
169	28561	4826809	13.0000	41.1096	5.5288	5.12990	5.91716	530.93	22431.8
170	28900	4913000	13.0384	41.2311	5.5397	5.13580	5.88235	534.07	22698.0
171	29241	5000211	13.0767	41.3521	5.5505	5.14166	5.84795	537.21	22965.8
172	29584	5088448	13.1149	41.4729	5.5613	5.14749	5.81395	540.35	23235.2
173	29929	5177717	13.1529	41.5933	5.5721	5.15329	5.78035	543.50	23506.2
174	30276	5268024	13.1909	41.7133	5.5828	5.15906	5.74713	546.64	23778.7
175	30625	5359375	13.2288	41.8330	5.5934	5.16479	5.71429	549.78	24052.8
176	30976	5451776	13.2665	41.9524	5.6041	5.17048	5.68182	552.92	24328.5
177	31329	5545233	13.3041	42.0714	5.6147	5.17615	5.64972	556.06	24605.7
178	31684	5639752	13.3417	42.1900	5.6252	5.18178	5.61798	559.20	24884.6
179	32041	5735339	13.3791	42.3084	5.6357	5.18739	5.58659	562.35	25164.9
180	32400	5832000	13.4164	42.4264	5.6462	5.19296	5.55556	565.49	25446.9
181	32761	5929741	13.4536	42.5441	5.6567	5.19850	5.52486	568.63	25730.4
182	33124	6028568	13.4907	42.6615	5.6671	5.20401	5.49451	571.77	26015.5
183	33489	6128487	13.5277	42.7785	5.6774	5.20949	5.46448	574.91	26302.2
184	33856	6229504	13.5647	42.8952	5.6877	5.21494	5.43478	578.05	26590.4
185	34225	6331625	13.6015	43.0116	5.6980	5.22036	5.40541	581.19	26880.3
186	34596	6434856	13.6382	43.1277	5.7083	5.22575	5.37634	584.34	27171.6
187	34969	6539203	13.6748	43.2435	5.7185	5.23111	5.34759	587.48	27464.6
188	35344	6644672	13.7113	43.3590	5.7287	5.23644	5.31915	590.62	27759.1
189	35721	6751269	13.7477	43.4741	5.7388	5.24175	5.29101	593.76	28055.2
190	36100	6859000	13.7840	43.5890	5.7489	5.24702	5.26316	596.90	28352.9
191	36481	6967871	13.8203	43.7035	5.7590	5.25227	5.23560	660.04	28652.1
192	36864	7077888	13.8564	43.8178	5.7690	5.25750	5.20833	603.19	28952.9
193	37249	7189057	13.8924	43.9318	5.7790	5.26269	5.18135	606.33	29255.3
194	37636	7301384	13.9284	44.0455	5.7890	5.26786	5.15464	609.47	29559.2
195	38025	7414875	13.9642	44.1588	5.7989	5.27300	5.12821	612.61	29864.8
196	38416	7529536	14.0000	44.2719	5.8088	5.27811	5.10204	615.75	30171.9
197	38809	7645373	14.0357	44.3847	5.8186	5.28320	5.07614	618.89	30480.5
198	39204	7762392	14.0712	44.4972	5.8285	5.28827	5.05051	622.04	30790.7
199	39601	7880599	14.1067	44.6094	5.8383	5.29330	5.02513	625.18	31102.6

（续）

n	n^2	n^3	$\sqrt{n}$	$\sqrt{10n}$	$\sqrt[3]{n}$	$\ln n$	$\dfrac{1000}{n}$	πn	$\dfrac{\pi n^2}{4}$
200	40000	8000000	14.1421	44.7214	5.8480	5.29832	5.00000	628.32	31415.9
201	40401	8120601	14.1774	44.8330	5.8578	5.30330	4.97512	631.46	31730.9
202	40804	8242408	14.2127	44.9444	5.8675	5.30827	4.95050	634.60	32047.4
203	41209	8365427	14.2478	45.0555	5.8771	5.31321	4.92611	637.74	32365.5
204	41616	8489664	14.2829	45.1664	5.8868	5.31812	4.90196	640.88	32685.1
205	42025	8615125	14.3178	45.2769	5.8964	5.32301	4.87805	644.03	33006.4
206	42436	8741816	14.3527	45.3872	5.9059	5.32788	4.85437	647.17	33329.2
207	42849	8869743	14.3875	45.4973	5.9155	5.33272	4.83092	650.31	33653.5
208	43264	8998912	14.4222	45.6070	5.9250	5.33754	4.80769	653.45	33979.5
209	43681	9129329	14.4568	45.7165	5.9345	5.34233	4.78469	656.59	34307.0
210	44100	9261000	14.4914	45.8258	5.9439	5.34711	4.76190	659.73	34636.1
211	44521	9393931	14.5258	45.9347	5.9533	5.35186	4.73934	662.88	34966.7
212	44944	9528128	14.5602	46.0435	5.9627	5.35659	4.71698	666.02	35298.9
213	45369	9663597	14.5945	46.1519	5.9721	5.36129	4.69484	669.16	35632.7
214	45796	9800344	14.6287	46.2601	5.9814	5.36598	4.67290	672.30	35968.1
215	46225	9938375	14.6629	46.3681	5.9907	5.37064	4.65116	675.44	36305.0
216	46656	10077696	14.6969	46.4758	6.0000	5.37528	4.62963	678.58	36643.5
217	47089	10218313	14.7309	46.5833	6.0092	5.37990	4.60829	681.73	36983.6
218	47524	10360232	14.7648	46.6905	6.0185	5.33450	4.58716	684.87	37325.3
219	47961	10503459	14.7986	46.7974	6.0277	5.38907	4.56621	688.01	37668.5
220	48400	10648000	14.8324	46.9042	6.0368	5.39363	4.54545	691.15	38013.3
221	48841	10793861	14.8661	47.0106	6.0459	5.39816	4.52489	694.29	38359.6
222	49284	10941048	11.8997	47.1169	6.0550	5.40268	4.50450	697.43	38707.6
223	49729	11089567	14.9332	47.2229	6.0641	5.40717	4.48430	700.58	39057.1
224	50176	11239424	14.9666	47.3286	6.0732	5.41165	4.46429	703.72	39408.1
225	50625	11390625	15.0000	47.4342	6.0822	5.41610	4.44444	706.86	39760.8
226	51076	11543176	15.0333	47.5395	6.0912	5.42053	4.42478	710.00	40115.0
227	51529	11697083	15.0665	47.6445	6.1002	5.42495	4.40529	713.14	40470.8
228	51984	11852352	15.0997	47.7493	6.1091	5.42935	4.38596	716.28	40828.1
229	52441	12008989	15.1327	47.8539	6.1180	5.43372	4.36681	719.42	41187.1
230	52900	12167000	15.1658	47.9583	6.1269	5.43808	4.34783	722.57	41547.6
231	53361	12326391	15.1987	48.0625	6.1358	5.44242	4.32900	725.71	41909.6
232	53824	12487168	15.2315	48.1664	6.1446	5.44674	4.31034	728.85	42273.3
233	54289	12649337	15.2643	48.2701	6.1534	5.45104	4.29185	731.99	42638.5
234	54756	12812904	15.2971	48.3735	6.1622	5.45532	4.27350	735.13	43005.3
235	55225	12977875	15.3297	48.4768	6.1710	5.45959	4.25532	738.27	43373.6
236	55696	13144256	15.3623	48.5798	6.1797	5.46383	4.23729	741.42	43743.5
237	56169	13312053	15.3948	48.6826	6.1885	5.46806	4.21941	744.56	44115.0
238	56641	13481272	15.4272	48.7852	6.1972	5.47227	4.20168	747.70	44488.1
239	57121	13651919	15.4596	48.8876	6.2058	5.47646	4.18410	750.84	44862.7
240	57600	13824000	15.4919	48.9898	6.2145	5.48064	4.16667	753.98	45238.9
241	58081	13997521	15.5242	49.0918	6.2231	5.48480	4.14938	757.12	45616.7
242	58564	14172488	15.5563	49.1935	6.2317	5.48894	4.13223	760.27	45996.1
243	59049	14348907	15.5885	49.2950	6.2403	5.49306	4.11523	763.41	46377.0
244	59536	14526784	15.6205	49.3964	6.2488	5.49717	4.09836	766.55	46759.5
245	60025	14706125	15.6525	49.4975	6.2573	5.50126	4.08163	769.69	47143.5
246	60516	14886936	15.6844	49.5984	6.2658	5.50533	4.06504	772.83	47529.2
247	61009	15069223	15.7162	49.6991	6.2743	5.50939	4.04858	775.97	47916.4
248	61504	15252992	15.7480	49.7996	6.2828	5.51343	4.03226	779.11	48305.1
249	62001	15438249	15.7797	49.8999	6.2912	5.51745	4.01606	782.26	48695.5

附录　常用数学表

（续）

n	n^2	n^3	$\sqrt{n}$	$\sqrt{10n}$	$\sqrt[3]{n}$	$\ln n$	$\dfrac{1000}{n}$	πn	$\dfrac{\pi n^2}{4}$
250	62500	15625000	15.8114	50.0000	6.2996	5.52146	4.00000	785.40	49087.4
251	63001	15813251	15.8430	50.0999	6.3080	5.52545	3.98406	788.54	49480.9
252	63504	16003008	15.8745	50.1996	6.3164	5.52943	3.96825	791.68	49875.9
253	64009	16194277	15.9060	50.2991	6.3247	5.53339	3.95257	794.82	50272.6
254	64516	16387064	15.9374	50.3984	6.3330	5.53733	3.93701	797.96	50670.7
255	65025	16581375	15.9687	50.4975	6.3413	5.54126	3.92157	801.11	51070.5
256	65536	16777216	16.0000	50.5964	6.3496	5.54518	3.90625	804.25	51471.9
257	66049	16974593	16.0312	50.6952	6.3579	5.54908	3.89105	807.39	51874.8
258	66564	17173512	16.0624	50.7937	6.3661	5.55296	3.87597	810.53	52279.2
259	67081	17373979	16.0935	50.8920	6.3743	5.55683	3.86100	813.67	52685.3
260	67600	17576000	16.1245	50.9902	6.3825	5.56068	3.84615	816.31	53092.9
261	68121	17779581	16.1555	51.0882	6.3907	5.56452	3.83142	819.96	53602.1
262	68644	17984728	16.1864	51.1859	6.3988	5.56834	3.81679	823.10	53912.9
263	69169	18191447	16.2173	51.2835	6.4070	5.57215	3.80228	826.24	54325.2
264	69696	18399744	16.2481	51.3809	6.4151	5.57595	3.78788	829.38	54739.1
265	70225	18609625	16.2788	51.4782	6.4232	5.57973	3.77358	832.52	55154.6
266	70756	18821096	16.3095	51.5752	6.4312	5.58350	3.76940	835.66	55571.6
267	71289	19034163	16.3401	51.6720	6.4393	5.58725	3.74532	838.81	55990.2
268	71824	19248832	16.3707	51.7687	6.4473	5.59099	3.73134	841.95	56410.4
269	72361	19465109	16.4012	51.8652	6.4553	5.59471	3.71747	845.09	56832.2
270	72900	19683000	16.4317	51.9615	6.4633	5.59842	3.70370	848.23	57255.5
271	73441	19902511	16.4621	52.0577	6.4713	5.60212	3.69004	851.37	57680.4
272	73984	20123648	16.4924	52.1536	6.4792	5.60580	3.67647	854.51	58106.9
273	74529	20346417	16.5227	52.2494	6.4872	5.60947	3.66300	857.65	58534.9
274	75076	20570824	16.5529	52.3450	6.4951	5.61313	3.64964	860.80	58964.6
275	75625	20796875	16.5831	52.4404	6.5030	5.61677	3.63636	863.94	59395.7
276	76176	21024576	16.6132	52.5357	6.5108	5.62040	3.62319	867.08	59828.5
277	76729	21253933	16.6433	52.6308	6.5187	5.62402	3.61011	870.22	60262.8
278	77284	24484952	16.6733	52.7257	6.5265	5.62762	3.59712	873.36	60698.7
279	77841	21717639	16.7033	52.8205	6.5343	5.63121	3.58423	876.50	61136.2
280	78400	21952000	16.7332	52.9150	6.5421	5.63479	3.57143	879.65	61575.2
281	78961	22188041	16.7631	53.0094	6.5499	5.63835	3.55872	882.79	62015.8
282	79524	22425768	16.7929	53.1037	6.5577	5.64191	3.54610	885.93	62458.0
283	80089	22665187	16.8226	53.1977	6.5654	5.64545	3.53357	889.07	62901.8
284	80656	22906304	16.8523	53.2917	6.5731	5.64897	3.52113	892.21	63347.1
285	81225	23149125	16.8819	53.3854	6.5808	5.65249	3.50877	895.35	63794.0
286	81796	23393656	16.9115	53.4790	6.5885	5.65599	3.49650	898.50	64242.4
287	82369	23639903	16.9411	53.5724	6.5962	5.65948	3.48432	901.64	64692.5
288	82944	23887872	16.9706	53.6656	6.6039	5.66296	3.47222	904.78	65144.1
289	83521	24137569	17.0000	53.7587	6.6115	5.66643	3.46021	907.92	65597.2
290	84100	24389000	17.0294	53.8516	6.6191	5.66988	3.44828	911.06	66052.0
291	84681	24642171	17.0587	53.9444	6.6267	5.67332	3.43643	914.20	66508.3
292	85264	24897088	17.0880	54.0370	6.6343	5.67675	3.42466	917.35	66966.2
293	85849	25153757	17.1172	54.1295	6.6419	5.68017	3.41297	920.49	67425.6
294	86436	25412184	17.1464	54.2218	6.6494	5.68358	3.40136	923.63	67886.7
295	87025	25672375	17.1756	54.3139	6.6569	5.68698	3.38983	926.77	68349.3
296	87616	25934336	17.2047	54.4059	6.6644	5.69036	3.37838	929.91	68813.4
297	88209	26198073	17.2337	54.4977	6.6719	5.69373	3.36700	933.05	69279.2
298	88804	26463592	17.2627	54.5894	6.6794	5.69709	3.35570	936.19	69746.5
299	89401	26730899	17.2916	54.6809	6.6869	5.70044	3.34448	939.34	70215.4

（续）

n	n^2	n^3	$\sqrt{n}$	$\sqrt{10n}$	$\sqrt[3]{n}$	$\ln n$	$\dfrac{1000}{n}$	πn	$\dfrac{\pi n^2}{4}$
300	90000	27000000	17.3205	54.7723	6.6943	5.70378	3.33333	942.48	70685.8
301	90601	27270901	17.3494	54.8635	6.7018	5.70711	3.32226	945.62	71157.9
302	91204	27543608	17.3781	54.9545	6.7092	5.71043	3.31126	948.76	71631.5
303	91809	27818127	17.4069	55.0454	6.7166	5.71373	3.30033	951.90	72106.6
304	92416	28094464	17.4356	55.1362	6.7240	5.71703	3.28947	955.04	72583.4
305	93025	28372625	17.4642	55.2268	6.7313	5.72031	3.27869	958.19	73061.7
306	93636	28652616	17.4929	55.3173	6.7387	5.72359	3.26797	961.33	73541.5
307	94249	28934443	17.5214	55.4076	6.7460	5.72685	3.25733	964.47	74023.0
308	94864	29218112	17.5499	55.4977	6.7533	5.73010	3.24675	967.61	74506.0
309	95481	29503629	17.5784	55.5878	6.7606	5.73334	3.23625	970.75	74990.6
310	96100	29791000	17.6068	55.6776	6.7679	5.73657	3.22581	973.89	75476.8
311	96721	30080231	17.6352	55.7674	6.7752	5.73979	3.21543	977.04	75964.5
312	97344	30371328	17.6635	55.8570	6.7824	5.74300	3.20513	980.18	76453.8
313	97969	30664297	17.6918	55.9464	6.7897	5.74620	3.19489	983.32	76944.7
314	98596	30959144	17.7200	56.0357	6.7969	5.74939	3.18471	986.46	77437.1
315	99225	31255875	17.7482	56.1249	6.8041	5.75257	3.17460	989.60	77931.1
316	99856	31554496	17.7764	56.2139	6.8113	5.75574	3.16456	992.74	78426.7
317	100489	31855013	17.8045	56.3028	6.8185	5.75890	3.15457	995.88	78923.9
318	101124	32157432	17.8326	56.3915	6.8256	5.76205	3.14465	999.03	79422.6
319	101761	32461759	17.8606	56.4801	6.8328	5.76519	3.13480	1002.2	79922.9
320	102400	32768000	17.8885	56.5685	6.8399	5.76832	3.12500	1005.3	80424.8
321	103041	33076161	17.9165	56.6569	6.8470	5.77144	3.11526	1008.5	80928.2
322	103684	33386248	17.9444	56.7450	6.8541	6.77455	3.10559	1011.6	81433.2
323	104329	33698267	17.9722	56.8331	6.8612	5.77765	3.09598	1014.7	81939.8
324	104976	34012224	18.0000	56.9210	6.8683	5.78074	3.08642	1017.9	82448.0
325	105625	34328125	18.0278	57.0088	6.8753	5.78383	3.07692	1021.0	82957.7
326	106276	34645976	18.0555	57.0964	6.8824	5.78690	3.06748	1024.2	83469.0
327	106929	34965783	18.0831	57.1839	6.8894	5.78996	3.05810	1027.3	83981.8
328	107584	35287552	18.1108	57.2713	6.8964	5.79301	3.04878	1030.4	84496.3
329	108241	35611289	18.1384	57.3585	6.9034	5.79606	3.03951	1033.6	85012.3
330	108900	35937000	18.1659	57.4456	6.9104	5.79909	3.03030	1036.7	85529.9
331	109561	36264691	18.1934	57.5326	6.9174	5.80212	3.02115	1039.9	86049.0
332	110224	36594368	18.2209	57.6194	6.9244	5.80513	3.01205	1043.0	86569.7
333	110889	36926037	18.2483	57.7062	6.9313	5.80814	3.00300	1046.2	87092.0
334	111556	37259704	18.2757	57.7927	6.9382	5.81114	2.99401	1049.3	87615.9
335	112225	37595375	18.3030	57.8792	6.9451	5.81413	2.98507	1052.4	88141.3
336	112896	37933056	18.3303	57.9655	6.9521	5.81711	2.97619	1055.6	88668.3
337	113569	38272753	18.3576	58.0517	6.9589	5.82008	2.96736	1058.7	89196.9
338	114244	38614472	18.3848	58.1378	6.9658	5.82305	2.95858	1061.9	89727.0
339	114921	38958219	18.4120	58.2237	6.9727	5.82600	2.94985	1065.0	90258.7
340	115600	39304000	18.4391	58.3095	6.9795	5.82895	2.94118	1068.1	90792.0
341	116281	39651821	18.4662	58.3952	6.9864	5.83188	2.93255	1071.3	91326.9
342	116964	40001688	18.4932	58.4808	6.9932	5.83481	2.92398	1074.4	91863.3
343	117649	40353607	18.5203	58.5662	7.0000	5.83773	2.91545	1077.6	92401.3
344	118336	40707584	18.5472	58.6515	7.0068	5.84064	2.90698	1080.7	92940.9
345	119025	41063625	18.5742	58.7367	7.0136	5.84354	2.89855	1083.8	93482.0
346	119716	41421736	18.6011	58.8218	7.0203	5.84644	2.89017	1087.0	94024.7
347	120409	41781923	18.6279	58.9067	7.0271	5.84932	2.88184	1090.1	94569.0
348	121104	42144192	18.6548	58.9915	7.0338	5.85220	2.87356	1093.3	95114.9
349	121801	42508549	18.6815	59.0762	7.0406	5.85507	2.86533	1096.4	95662.3

附录　常用数学表

（续）

n	n^2	n^3	$\sqrt{n}$	$\sqrt{10n}$	$\sqrt[3]{n}$	$\ln n$	$\dfrac{1000}{n}$	πn	$\dfrac{\pi n^2}{4}$
350	122500	42875000	18.7083	59.1608	7.0473	5.85793	2.85714	1099.6	96211.3
351	123201	43243551	18.7350	59.2453	7.0540	5.86079	2.84900	1102.7	96761.8
352	123904	43614208	18.7617	59.3296	7.0607	5.86363	2.84091	1105.8	97314.0
353	124609	43986977	18.7883	59.4138	7.0674	5.88647	2.83286	1109.0	97867.7
354	125316	44361864	18.8149	59.4979	7.0740	5.86930	2.82486	1112.1	98423.0
355	126025	44738875	18.8414	59.5819	7.0807	5.87212	2.81690	1115.3	98979.8
356	126736	45118016	18.8680	59.6657	7.0873	5.87493	2.80899	1118.4	99538.2
357	127449	45499293	18.8944	59.7495	7.0940	5.87774	2.80112	1121.5	100098
358	128164	45882712	18.9209	59.8331	7.1006	5.88053	2.79330	1124.7	100660
359	128881	46268279	18.9473	59.9166	7.1072	5.88332	2.78552	1127.8	101223
360	129600	46656000	18.9737	60.0000	7.1138	5.88610	2.77778	1131.0	101788
361	130321	47045881	19.0000	60.0833	7.1204	5.88888	2.77008	1134.1	102354
362	131044	47437928	19.0263	60.1664	7.1269	5.89164	2.76243	1137.3	102922
363	131769	47832147	19.0526	60.2495	7.1335	5.89440	2.75482	1140.4	103491
364	132496	48228544	19.0788	60.3324	7.1400	5.89715	2.74725	1143.5	104062
365	133225	48627125	19.1050	60.4152	7.1466	5.89990	2.73973	1146.7	104635
366	133956	49027896	19.1311	60.4979	7.1531	5.90263	2.73224	1149.8	105209
367	134689	49430863	19.1572	60.5805	7.1596	5.90536	2.72480	1153.0	105785
368	135424	49836032	19.1833	60.6630	7.1661	5.90808	2.71739	1156.1	106362
369	136161	50243409	19.2094	60.7454	7.1726	5.91080	2.71003	1159.2	106941
370	136900	50653000	19.2354	60.8276	7.1791	5.91350	2.70270	1162.4	107521
371	137641	51064811	19.2614	60.9098	7.1855	5.91620	2.69542	1165.5	108103
372	138384	51478848	19.2873	60.9918	7.1920	5.91889	2.68817	1168.7	108687
373	139129	51895117	19.3132	61.0737	7.1984	5.92158	2.68097	1171.8	109272
374	139876	52313624	19.3391	61.1555	7.2048	5.92426	2.67380	1175.0	109858
375	140625	52734375	19.3649	61.2372	7.2112	5.92693	2.66667	1178.1	110447
376	141376	53157376	19.3907	61.3188	7.2177	5.92959	2.65957	1181.2	111036
377	142129	53582633	19.4165	61.4003	7.2240	5.93225	2.65252	1184.4	111628
378	142884	54010152	19.4422	61.4817	7.2304	5.93489	2.64550	1187.5	112221
379	143641	54439939	19.4679	61.5630	7.2368	5.93754	2.63852	1190.7	112815
380	144400	54872000	19.4936	61.6441	7.2432	5.94017	2.63158	1193.8	113411
381	145161	55306341	19.5192	61.7252	7.2495	5.94280	2.62467	1196.9	114009
382	145924	55742968	19.5448	61.8061	7.2558	5.94542	2.61780	1200.1	114608
383	146689	56181887	19.5704	61.8870	7.2622	5.94803	2.61097	1203.2	115209
384	147456	56623104	19.5959	61.9677	7.2685	5.95064	2.60417	1206.4	115812
385	148225	57066625	19.6214	62.0484	7.2748	5.95324	2.59740	1209.5	116416
386	148996	57512456	19.6469	62.1289	7.2811	5.95584	2.59067	1212.7	117021
387	149769	57960603	19.6723	62.2093	7.2874	5.95842	2.58398	1215.8	117628
388	150544	58411072	19.6977	62.2896	7.2936	5.96101	2.57732	1218.9	118237
389	151321	58863869	19.7231	62.3699	7.2999	5.96358	2.57069	1222.1	118847
390	152100	59319000	19.7484	62.4500	7.3061	5.96615	2.56410	1225.2	119459
391	152881	59776471	19.7737	62.5300	7.3124	5.96871	2.55754	1228.4	120072
392	153664	60236288	19.7990	62.6099	7.3186	5.97126	2.55102	1231.5	120687
393	154449	60698457	19.8242	62.6897	7.3248	5.97381	2.54453	1234.6	121304
394	155236	61162984	19.8494	62.7694	7.3310	5.97635	2.53807	1237.8	121922
395	156025	61629875	19.8746	62.8490	7.3372	5.97889	2.53165	1240.9	122542
396	156816	62099136	39.8997	62.9285	7.3434	5.98141	2.52525	1244.1	123163
397	157609	52570773	19.9249	63.0079	7.3496	5.98394	2.51889	1247.2	123786
398	158404	63044792	19.9499	63.0872	7.3558	5.98645	2.51256	1250.4	124410
399	159201	63521199	19.9750	63.1664	7.3619	5.98896	2.50627	1253.5	125036

附录　常用数学表

（续）

n	n^2	n^3	$\sqrt{n}$	$\sqrt{10n}$	$\sqrt[3]{n}$	$\ln n$	$\dfrac{1000}{n}$	πn	$\dfrac{\pi n^2}{4}$
400	160000	64000000	20.0000	63.2456	7.3681	5.99146	2.50000	1256.6	125664
401	160801	64481201	20.0250	63.3246	7.3742	5.99396	2.49377	1259.8	126293
402	161604	64964808	20.0499	63.4035	7.3803	5.99645	2.48756	1262.9	126923
403	162409	65450827	20.0749	63.4823	7.3864	5.99894	2.48139	1266.1	127556
404	163216	65939264	20.0998	63.5610	7.3925	6.00141	2.47525	1269.2	128190
405	164025	66430125	20.1246	63.6396	7.3986	6.00389	2.46914	1272.3	128825
406	164836	66923416	20.1494	63.7181	7.4047	6.00635	2.46305	1275.5	129462
407	165649	67419143	20.1742	63.7966	7.4108	6.00881	2.45700	1278.6	130100
408	166464	67917312	20.1990	63.8749	7.4169	6.01127	2.45098	1281.8	130741
409	167281	68417929	20.2237	63.9531	7.4229	6.01372	2.44499	1284.9	131382
410	168100	68921000	20.2485	64.0312	7.4290	6.01616	2.43902	1288.1	132025
411	168921	69426531	20.2731	64.1093	7.4350	6.01859	2.43309	1291.2	132670
412	169744	69934528	20.2978	64.1872	7.4410	6.02102	2.42718	1294.3	133317
413	170569	70444997	20.3224	64.2651	7.4470	6.02345	2.42131	1297.5	133965
414	171396	70957944	20.3470	64.3428	7.4530	6.02587	2.41546	1300.6	134614
415	172225	71473375	20.3715	64.4205	7.4590	6.02828	2.40964	1303.8	135265
416	173056	71991296	20.3961	64.4981	7.4650	6.03059	2.40385	1306.9	135918
417	173889	72511713	20.4206	64.5755	7.4710	6.03309	2.39808	1310.0	136572
418	174724	73034632	20.4450	64.6529	7.4770	6.03548	2.39234	131.3.2	137228
419	175561	73560059	20.4695	64.7302	7.4829	6.03787	2.38663	1316.3	137885
420	176400	74088000	20.4939	64.8074	7.4889	6.04025	2.38095	1319.5	138544
421	177241	74618461	20.5183	64.8845	7.4948	6.04263	2.37530	1322.6	139205
422	178084	75151448	20.5426	64.9615	7.5007	6.04501	2.36967	1325.8	139867
423	178929	75686967	20.5670	65.0385	7.5067	6.04737	2.36407	1328.9	140531
424	179776	76225024	20.5913	65.1153	7.5126	6.04973	2.35849	1332.0	141196
425	180625	76765625	20.6155	65.1920	7.5185	6.05209	2.35294	1335.2	141863
425	181476	77308776	20.6398	65.2687	7.5244	6.05444	2.34742	1338.3	142531
427	182329	77854483	20.6640	65.3452	7.5302	6.05678	2.34192	1341.5	143201
428	183184	78402752	20.6882	65.4217	7.5361	6.05912	2.33645	1344.6	143872
429	184041	78953589	20.7123	65.4981	7.5420	6.06146	2.33100	1347.7	144545
430	184900	79507000	20.7364	65.5744	7.5478	6.06379	2.32558	1350.9	145220
431	185761	80062991	20.7605	65.6506	7.5537	6.06611	2.32019	1354.0	145896
432	186624	80621568	20.7846	65.7267	7.5595	6.06843	2.31481	l357.2	146574
433	187489	81182737	20.8087	65.8027	7.5654	6.07074	2.30947	1360.3	147254
434	188356	81746504	20.8327	65.8787	7.5712	6.07304	2.30415	1363.5	147934
435	189225	82312875	20.8567	65.9545	7.5770	6.07535	2.29885	1366.6	148617
436	190096	82881856	20.8806	66.0303	7.5828	6.07764	2.29358	1369.7	149301
437	190969	83453453	20.9045	66.1060	7.5886	6.07993	2.28833	l372.9	149987
438	191844	84027672	20.9284	66.1816	7.5944	6.08222	2.28311	l376.0	150674
439	192721	84604519	20.9523	66.2571	7.6001	6.08450	2.27790	1379.2	151363
440	193600	85184000	20.9762	66.3325	7.6059	6.08677	2.27273	1382.3	152053
441	194481	85766121	21.0000	66.4078	7.6117	6.08904	2.26757	1385.4	152745
442	195364	86350888	21.0238	66.4831	7.6174	6.09131	2.26244	1388.6	153439
443	196249	86938307	21.0476	66.5582	7.6232	6.09357	2.25734	1391.7	154134
444	197136	87528384	21.0713	66.6333	7.6289	6.09582	2.25225	1394.9	154830
445	198025	88121125	21.0950	66.7083	7.6346	6.09807	2.24719	1398.0	155528
446	198916	88716536	21.1187	66.7832	7.6403	6.10032	2.24215	1401.2	156228
447	199809	89314623	21.1424	66.8581	7.6460	6.10256	2.23714	1404.3	156930
448	200704	89915392	21.1660	66.9328	7.6517	6.10479	2.23214	1407.4	157633
449	201601	90518849	21.1896	67.0075	7.6574	6.10702	2.22717	1410.6	158337

附录　常用数学表

（续）

n	n^2	n^3	$\sqrt{n}$	$\sqrt{10n}$	$\sqrt[3]{n}$	$\ln n$	$\dfrac{1000}{n}$	πn	$\dfrac{\pi n^2}{4}$
450	202500	91125000	21.2132	67.0820	7.6631	6.10925	2.22222	1413.7	159043
451	203401	91733851	21.2368	67.1565	7.6688	6.11147	2.21729	1416.9	159751
452	204304	92345408	21.2603	67.2309	7.6744	6.11368	2.21239	1420.0	160460
453	205209	92959677	21.2838	67.3053	7.6801	6.11589	2.20751	1423.1	161171
454	206116	93576664	21.3073	67.3795	7.6857	6.11810	2.20264	1426.3	161883
455	207025	94196375	21.3307	67.4537	7.6914	6.12030	2.19780	1429.4	162597
456	207936	94818816	21.3542	67.5278	7.6970	6.12249	2.19298	1432.6	163313
457	208849	95443993	21.3776	67.6018	7.7026	6.12468	2.18818	1435.7	164030
458	209764	96071912	21.4009	67.6757	7.7082	6.12687	2.18341	1438.8	164748
459	210681	96702579	21.4243	67.7495	7.7138	6.12905	2.17865	1442.0	165468
460	211660	97336000	21.4476	67.8233	7.7194	6.13123	2.17391	1445.1	166190
461	212521	97972181	21.4709	67.8970	7.7250	6.13340	2.16920	1448.3	166914
462	213444	98611128	21.4942	67.9706	7.7306	6.13556	2.16450	1451.4	167639
463	214369	99252847	21.5174	68.0441	7.7362	6.13773	2.15983	1454.6	168365
464	215296	99897344	21.5407	68.1175	7.7418	6.13988	2.15517	1457.7	169093
465	216225	100544625	21.5639	68.1909	7.7473	6.14204	2.15054	1460.8	169823
466	217156	101194696	21.5870	68.2642	7.7529	6.14419	2.14592	1464.0	170554
467	218089	101847563	21.6102	68.3374	7.7584	6.14633	2.14133	1467.1	171287
468	219024	102503232	21.6333	68.4105	7.7639	6.14847	2.13675	1470.3	172021
469	219961	103161709	21.6564	68.4836	7.7695	6.15060	2.13220	1473.4	172757
470	220900	103823000	21.6795	68.5565	7.7750	6.15273	2.12766	1476.5	173491
471	221841	104487111	21.7025	68.6294	7.7805	6.15486	2.12314	1479.7	174234
472	222784	105154048	21.7256	68.7023	7.7860	6.15698	2.11864	1482.8	174974
473	223729	105823817	21.7486	68.7750	7.7915	6.15910	2.11416	1486.0	175716
474	224676	106496424	21.7715	68.8477	7.7970	6.16121	2.10970	1489.1	176460
475	225625	107171875	21.7945	68.9202	7.8025	6.16331	2.10526	1492.3	177205
476	226576	107850176	21.8174	68.9928	7.8079	6.16542	2.10084	1495.4	177952
477	227529	108531333	21.8403	69.0652	7.8134	6.16752	2.09644	1498.5	178701
478	228484	109215352	21.8632	69.1375	7.8188	6.16961	2.09205	1501.7	179451
479	229441	109902239	21.8861	69.2098	7.8243	6.17170	2.08768	1504.8	180203
480	230400	110592060	21.9089	69.2820	7.8297	6.17379	2.08333	1508.0	180956
481	231361	111284641	21.9317	69.3542	7.8352	6.17587	2.07900	1511.1	181711
482	232324	111980168	21.9545	69.4262	7.8406	6.17794	2.07469	1514.2	182467
483	233289	112678587	21.9773	69.4982	7.8460	6.18002	2.07039	1517.4	183225
484	234256	113379904	22.0000	69.5701	7.8514	6.18208	2.06612	1520.5	183984
485	235225	114084125	22.0227	69.6419	7.8568	6.18415	2.06186	1523.7	184745
486	236196	114791256	22.0454	69.7137	7.8622	6.18621	2.05761	1526.8	185508
487	237169	115501303	22.0681	69.7854	7.8676	6.18826	2.05339	1530.0	186272
488	238144	116214272	22.0907	69.8570	7.8730	6.19032	2.04918	1533.1	187038
489	239121	116930169	21.1133	69.9285	7.8784	6.19236	2.04499	1536.2	187805
490	240100	117649000	22.1359	70.0000	7.8837	6.19441	2.04082	1539.4	188574
491	241081	118370771	22.1585	70.0714	7.8891	6.19644	2.03666	1542.5	189345
492	242064	119095488	22.1811	70.1427	7.8944	6.19848	2.03252	1545.7	190117
493	243049	119823157	22.2036	70.2140	7.8998	6.20051	2.02840	1548.8	190890
494	244036	120553784	22.2261	70.2851	7.9051	6.20254	2.02429	1551.9	191665
495	245025	121287375	22.2486	70.3562	7.9105	6.20456	2.02020	1555.1	192442
496	246016	122023936	22.2711	70.4273	7.9158	6.20658	2.01613	1558.2	193221
497	247009	122763473	22.2935	70.4982	7.9211	6.20859	2.01207	1561.4	194000
498	248004	123505992	22.3159	70.5691	7.9264	6.21060	2.00803	1564.5	194782
499	249001	124251499	22.3383	70.6399	7.9317	6.21261	2.00401	1567.7	195565

附录　常用数学表

（续）

n	n^2	n^3	$\sqrt{n}$	$\sqrt{10n}$	$\sqrt[3]{n}$	$\ln n$	$\dfrac{1000}{n}$	πn	$\dfrac{\pi n^2}{4}$
500	250000	125000000	22.3607	70.7107	7.9370	6.21461	2.00000	1570.8	196350
501	251001	125751501	22.3830	70.7814	7.9423	6.21661	1.99601	1573.9	197136
502	252004	126506008	22.4054	70.8520	7.9476	6.21860	1.99203	1577.1	197923
503	253009	127263527	22.4277	70.9225	7.9528	6.22059	1.98807	1580.2	198713
504	254016	128024064	22.4499	70.9930	7.9581	6.22258	1.98413	1583.4	199504
505	255025	128787625	22.4722	71.0634	7.9634	6.22456	1.98020	1586.5	200296
506	256036	129554216	22.4944	71.1337	7.9686	6.22654	1.97628	1589.6	201090
507	257049	130323843	22.5167	71.2039	7.9739	6.22851	1.97239	1592.8	201886
508	258064	131096512	22.5389	71.2741	7.9791	6.23048	1.96850	1595.9	202683
509	259081	131872229	22.5610	71.3442	7.9843	6.23245	1.96464	1599.1	203482
510	260100	132651000	22.5832	71.4143	7.9896	6.23441	1.96078	1602.2	204282
511	261121	133432831	22.6053	71.4843	7.9948	6.23637	1.95695	1605.4	205084
512	262144	134217728	22.6274	71.5542	8.0000	6.23832	1.95312	1608.5	205887
513	263169	135005697	22.6495	71.6240	8.0052	6.24028	1.94932	1611.6	206692
514	264196	135796744	22.6716	71.6938	8.0104	6.24222	1.94553	1614.8	207499
515	265225	136590875	22.6936	71.7635	8.0156	6.24417	1.94175	1617.9	208307
516	266256	137388096	22.7156	71.8331	8.0208	6.24611	1.93798	1621.1	209117
517	267289	138188413	22.7376	71.9027	8.0260	6.24804	1.93424	1624.2	209928
516	268324	138991832	22.7596	71.9722	8.0311	6.24998	1.93050	1627.3	210741
519	269361	139798359	22.7816	72.0417	8.0363	6.25190	1.92678	1630.5	211556
520	270400	140608000	22.8035	72.1110	8.0415	6.25383	1.92308	1633.6	212372
521	271441	141420761	22.8254	72.1803	8.0466	6.25575	1.91939	1636.8	213189
522	272484	142236648	22.8473	72.2496	8.0517	6.25767	1.91571	1639.9	214008
523	273529	143055667	22.8692	72.3187	8.0569	6.25958	1.91205	1643.1	214829
524	274576	143877824	22.8910	72.3878	8.0620	6.26149	1.90840	1646.2	215651
525	275625	144703125	22.9129	72.4569	8.0671	6.26340	1.90476	1649.3	216475
526	276676	145531576	22.9347	72.5259	8.0723	6.26530	1.90114	1652.5	217301
527	277729	146363183	22.9565	72.5948	8.0774	6.26720	1.89753	1655.6	218128
528	278784	147197952	22.9783	72.6636	8.0825	6.26910	1.89394	1658.8	218956
529	279841	148035889	23.0000	72.7324	8.0876	6.27099	1.89036	1661.9	219787
530	280900	148877000	23.0217	72.8011	8.0927	6.27288	1.88679	1665.0	220618
531	281961	149721291	23.0434	72.8697	8.0978	6.27476	1.88324	1668.2	221452
532	283024	150568768	23.0651	72.9383	8.1028	6.27664	1.87970	1671.3	222287
533	284089	151419437	23.0868	73.0068	8.1079	6.27852	1.87617	1674.5	223123
534	285156	152273304	23.1084	73.0753	8.1130	6.28040	1.87266	1677.6	223961
535	286225	153130375	23.1301	78.1437	8.1180	6.28227	1.86916	1680.8	224801
536	287296	153990656	23.1517	73.2120	8.1231	6.28413	1.86567	1683.9	225642
537	288369	154854153	23.1733	73.2803	8.1281	6.28600	1.86220	1687.0	226484
538	289444	155720872	23.1948	73.3485	8.1332	6.28786	1.85874	1690.2	227329
539	290521	156590819	23.2164	73.4166	8.1382	6.28972	1.85529	1693.3	228175
540	291600	157464000	23.2379	73.4847	8.1433	6.29157	1.85185	1696.5	229022
541	292681	158340421	23.2594	73.5527	8.1483	6.29342	1.84843	1699.6	229871
542	293764	159220088	23.2809	73.6206	8.1533	6.29527	1.84502	1702.7	230722
543	294849	160103007	23.3024	73.6885	8.1583	6.29711	1.84162	1705.9	231574
544	295936	160989184	23.3238	73.7564	8.1633	6.29895	1.83824	1709.0	232428
545	297025	161878625	23.3452	73.8241	8.1683	6.30079	1.83496	1712.2	233283
546	298116	162771336	23.3666	73.8918	8.1733	6.30262	1.83150	1715.3	234140
547	299209	163667323	23.3880	73.9594	8.1783	6.30445	1.82815	1718.5	234998
548	300304	164566592	23.4094	74.0270	8.1833	6.30628	1.82482	1721.6	235858
549	301401	165469149	23.4307	74.0945	8.1882	6.30810	1.82149	1724.7	236720

附录 常用数学表

(续)

n	n^2	n^3	$\sqrt{n}$	$\sqrt{10n}$	$\sqrt[3]{n}$	$\ln n$	$\dfrac{1000}{n}$	πn	$\dfrac{\pi n^2}{4}$
550	302500	166375000	23.4521	74.1620	8.1932	6.30992	1.81818	1727.9	237583
551	303601	167284151	23.4734	74.2294	8.1982	6.31173	1.81488	1731.0	238448
552	304704	168196608	23.4947	74.2967	8.2031	6.31355	1.81159	1734.2	239314
553	305809	169112377	23.5160	74.3640	8.2081	6.31536	1.80832	1737.3	240182
554	306916	170031464	23.5372	74.4312	8.2130	6.31716	1.80505	1740.4	241051
555	308025	170953875	23.5584	74.4983	8.2180	6.31897	1.80180	1743.6	241922
556	309136	171879616	23.5797	74.5654	8.2229	6.32077	1.79856	1746.7	242795
557	310249	172808693	23.6008	74.6324	8.2278	6.32257	1.79533	1749.9	243669
558	311364	173741112	23.6220	74.6994	8.2327	6.32436	1.79211	1753.0	244545
559	312481	174676879	23.6432	74.7663	8.2377	6.32615	1.78891	1756.2	245422
560	313600	175616000	23.6643	74.8331	8.2426	6.32794	1.78571	1759.3	246301
561	314721	176553481	23.6854	74.8999	8.2475	6.32972	1.78253	1762.4	247181
562	315844	177504328	23.7065	74.9667	8.2524	6.33150	1.77936	1765.6	248063
563	316969	178453547	23.7276	75.0333	8.2573	6.33328	1.77620	1768.7	248947
564	318096	179406144	23.7487	75.0999	8.2621	6.33505	1.77305	1771.9	249832
565	319225	180362125	23.7697	75.1665	8.2670	6.33683	1.76991	1775.0	250719
566	320356	181321496	23.7908	75.2330	8.2719	6.33859	1.76678	1778.1	251607
567	321489	182284263	23.8118	75.2994	8.2768	6.34036	1.76367	1781.3	252497
568	322624	183250432	23.8328	75.3658	8.2816	6.34212	1.76056	1784.5	253388
569	323761	184220009	23.8537	75.4321	8.2865	6.34388	1.75747	1787.6	254281
570	324900	185193000	23.8747	75.4983	8.2913	6.54564	1.75439	1790.7	255176
571	326041	186169411	23.8956	75.5645	8.2962	6.34739	1.75131	1793.8	256072
572	327184	187149248	23.9165	75.6307	8.3010	6.34914	1.74825	1797.0	256970
573	328329	188132517	23.9374	75.6968	8.3059	6.35089	1.74520	1800.1	257869
574	329476	189119224	23.9583	75.7628	8.3107	6.35263	1.74216	1803.3	258770
575	330625	190109375	23.9792	75.8288	8.3155	6.35437	1.73913	1806.4	259672
576	331776	191102976	24.0000	75.8947	8.3203	6.35611	1.73611	1809.6	260576
577	332929	192100033	24.0208	75.9605	8.3251	6.35784	1.73310	1812.7	261482
578	334084	193100552	24.0416	76.0263	8.3300	6.35957	1.73010	1815.8	262389
579	335241	194104539	24.0624	76.0021	8.3348	6.36130	1.72712	1819.0	263298
580	336400	195112000	24.0832	76.1577	8.3396	6.36303	1.72414	1822.1	264208
581	337561	196122941	24.1039	76.2234	8.3443	6.36475	1.72117	1825.3	265120
582	338724	197137368	24.1247	76.2889	8.3491	6.36647	1.71821	1828.4	266033
583	339889	198155287	24.1454	76.3544	8.3539	6.36819	1.71527	1831.6	266948
584	341056	199176704	24.1661	76.4199	8.3587	6.36990	1.71233	1834.7	267865
585	342225	200201625	24.1868	76.4853	8.3634	6.37161	1.70940	1837.8	268783
586	343396	201230056	24.2074	76.5506	8.3682	6.37332	1.70648	1841.0	269703
587	344569	202262003	24.2281	76.6159	8.3730	6.37502	1.70358	1844.1	270624
588	345744	203297472	24.2487	76.6812	8.3777	6.37673	1.70068	1847.3	271547
589	346921	204336469	24.2693	76.7463	8.3825	6.37843	1.69779	1850.4	272471
590	348100	205379000	24.2899	76.8115	8.3872	6.38012	1.69492	1853.5	273397
591	349281	206425071	24.3105	76.8765	8.3919	6.38182	1.69205	1856.7	274325
592	350464	207474688	24.3311	76.9415	8.3967	6.38351	1.68919	1859.8	275254
593	351649	208527857	24.3516	77.0065	8.4014	6.38519	1.68634	1863.0	276184
594	352836	209584584	24.3721	77.0714	8.4061	6.38688	1.68350	1866.1	277117
595	354025	210644875	24.3926	77.1362	8.4108	6.38856	1.68067	1869.2	278051
596	355216	211708736	24.4131	77.2010	8.4155	6.39024	1.67785	1872.4	278986
597	356409	212776173	24.4336	77.2658	8.4202	6.39192	1.67504	1875.5	279923
598	357604	213847192	24.4540	77.3305	8.4249	6.39359	1.67224	1878.7	280862
599	358801	214921799	24.4745	77.3951	8.4296	6.39526	1.66945	1881.8	281802

（续）

n	n^2	n^3	$\sqrt{n}$	$\sqrt{10n}$	$\sqrt[3]{n}$	$\ln n$	$\dfrac{1000}{n}$	πn	$\dfrac{\pi n^2}{4}$
600	360000	216600000	24.4949	77.4597	8.4343	6.39693	1.66667	1885.0	282743
601	361201	217081801	24.5153	77.5242	8.4390	6.39859	1.66389	1888.1	283687
602	362404	218167208	24.5357	77.5887	8.4437	6.40026	1.66113	1891.2	284631
603	363609	219256227	24.5561	77.6531	8.4484	6.40192	1.65837	1894.4	285578
604	364816	220348864	24.5764	77.7174	8.4530	6.40357	1.65563	1897.5	286526
605	366025	221445125	24.5967	77.7817	8.4577	6.40523	1.65289	1900.7	287475
696	367236	222545016	24.6171	77.8460	8.4623	6.40688	1.65017	1903.8	288426
607	368449	223648543	24.6374	77.9102	8.4670	6.40853	1.64745	1906.9	289379
608	369664	224755712	24.6577	77.9744	8.4716	6.41017	1.64474	1910.1	290333
609	370881	225866529	24.6779	78.0385	8.4763	6.41182	1.64204	1913.2	291289
610	372100	226981000	24.6982	78.1025	8.4809	6.41346	1.63934	191.6.4	292247
611	373321	228099131	24.7184	78.1665	8.4856	6.41510	1.63666	1919.5	293206
612	374544	229220928	24.7386	78.2304	8.4902	6.41673	1.63399	1922.7	294166
613	375769	230346397	24.7588	78.2943	8.4948	6.41836	1.63132	1925.8	295128
614	376996	231475544	24.7790	78.3582	8.4994	6.41999	1.62866	1928.9	296092
615	378225	232608375	24.7992	78.4219	8.5040	6.42162	1.62602	1932.1	297057
616	379456	233744896	24.8193	78.4857	8.5086	6.42325	1.62338	1935.2	298024
617	380689	234885113	24.8395	78.5493	8.5132	6.42487	1.62075	1938.4	298992
618	381924	236029032	24.8596	78.6130	8.5178	6.42649	1.61812	1941.5	299962
619	383161	237176659	24.8797	78.6766	8.5224	6.42811	1.61551	1944.6	300934
620	384400	238328000	24.8998	78.7401	8.5270	6.42972	1.61290	1947.8	301907
621	385641	239483061	24.9199	78.8036	8.5316	6.43133	1.61031	1950.9	302882
622	386884	240641848	24.9399	78.8670	8.5362	6.43294	1.60772	1954.1	303858
623	388129	241804367	24.9600	78.9303	8.5408	6.43455	1.60514	1957.2	304836
624	389376	242970624	24.9800	78.9937	8.5453	6.43615	1.60256	1960.4	305815
625	390625	244140625	25.0000	79.0569	8.5499	6.43775	1.60000	1963.5	306796
626	391876	245314376	25.0200	79.1202	8.5544	6.43935	1.59744	1966.6	307779
627	393129	246491883	25.0400	79.1833	8.5590	6.44095	1.59490	1969.8	308763
628	394384	247673152	25.0599	79.2465	8.5635	6.44254	1.59236	1972.9	309748
629	395641	248858189	25.0799	79.3095	8.5681	6.44413	1.58983	1976.1	310736
630	396900	250047000	25.0998	79.3725	8.5726	6.44572	1.58730	1979.2	311.725
631	398161	251239591	25.1197	79.4355	8.5772	6.44731	1.58479	1982.3	312715
632	399424	252435968	25.1396	79.4984	8.5817	6.44889	1.58228	1985.5	313707
633	400689	253636137	25.1595	79.5613	8.5862	6.45047	1.57978	1988.6	314700
634	401956	251840104	25.1794	79.6241	8.5907	6.45205	1.57729	1991.8	315696
635	403225	256047875	25.1992	79.6869	8.5952	6.45362	1.57480	1994.9	316692
636	404496	257259456	25.2190	79.7496	8.5997	6.45520	1.57233	1998.1	317690
637	405769	258474853	25.2389	79.8123	8.6043	6.45677	1.56986	2001.2	318690
638	407044	259694072	25.2587	79.8749	8.6088	6.45834	1.56740	2004.3	319692
639	408321	260917119	25.2784	79.9375	8.6132	6.45990	1.56495	2007.5	320695
640	409600	262144000	25.2982	80.0000	8.6177	6.46147	1.56250	2010.6	321699
641	410881	263374721	25.3180	80.0625	8.6222	6.46303	1.56006	2013.8	322705
642	412164	264609288	25.3377	80.1249	8.6267	6.46459	1.55763	2016.9	323713
643	413449	266847707	25.3574	80.1873	8.6312	6.46614	1.55521	2020.0	324722
644	414736	267089984	25.3772	80.2496	8.6357	6.46770	1.55280	2023.2	325733
645	416025	268336125	25.3969	80.3119	8.6401	6.46925	1.55039	2026.3	326745
646	417316	269586136	25.4165	80.3741	8.6446	6.47080	1.54799	2029.5	327759
647	418609	270840023	25.4362	80.4363	8.6490	6.47235	1.54560	2032.6	328775
648	419904	272097792	25.4558	80.4984	8.6535	6.47389	1.54321	2035.8	329792
649	421201	273359449	25.4755	80.5605	8.6579	6.47543	1.54083	2038.9	330810

（续）

n	n^2	n^3	$\sqrt{n}$	$\sqrt{10n}$	$\sqrt[3]{n}$	$\ln n$	$\dfrac{1000}{n}$	πn	$\dfrac{\pi n^2}{4}$
650	422500	274625000	25.4951	80.6226	8.6624	6.47697	1.53846	2042.0	331831
651	423801	275894451	25.5147	80.6846	8.6668	6.47851	1.53610	2045.2	332853
652	425104	277167808	25.5343	80.7465	8.6713	6.48004	1.53374	2048.3	333876
653	426409	278445077	25.5539	80.8084	8.6757	6.48158	1.53139	2051.5	334901
654	427716	279726264	25.5734	80.8703	8.6801	6.48311	1.52905	2054.6	335927
655	429025	281011375	25.5930	80.9321	8.6845	6.48464	1.52672	2057.7	336955
656	430336	282300416	25.6125	80.9938	8.6890	6.48616	1.52439	2060.9	337985
657	431649	283593393	25.6320	81.0555	8.6934	6.48768	1.52207	2064.0	339016
658	432964	284890312	25.6515	81.1172	8.6978	6.48920	1.51976	2067.2	340049
659	434281	286191179	25.6710	81.1788	8.7022	6.49072	1.51745	2070.3	341084
660	435600	287496000	25.6905	81.2404	8.7066	6.49224	1.51515	2073.5	342119
661	436921	288804781	25.7099	81.3019	8.7110	6.49375	1.51286	2076.6	343157
662	438244	290117528	25.7294	81.3634	8.7154	6.49527	1.51057	2079.7	344196
663	439569	291434247	25.7488	81.4248	8.7198	6.49677	1.50830	2082.9	345237
664	440896	292754944	25.7682	81.4862	8.7241	6.49828	1.50602	2086.0	346279
665	442225	294079625	25.7876	81.5475	8.7285	6.49979	1.50376	2089.2	347323
666	443556	295408296	25.8070	81.6088	8.7329	6.50129	1.50150	2092.3	348368
667	444889	296740963	25.8263	81.6701	8.7373	6.50279	1.49925	2095.4	349415
668	446224	298077632	25.8457	81.7313	8.7416	6.50429	1.49701	2098.6	350464
669	447561	299418309	25.8650	81.7924	87460	6.50578	1.49477	2101.7	351514
670	458900	300763000	25.8844	81.8535	8.7503	6.50728	1.49254	2104.9	352565
671	450241	302111711	25.9037	81.9146	8.7547	6.50877	1.49031	2108.0	353618
672	451584	303464448	25.9230	81.9756	8.7590	6.51026	1.48810	2111.2	354673
673	452929	304821217	25.9422	82.0366	8.7634	6.51175	1.48588	2114.3	355730
674	454276	306182024	25.9615	82.0975	8.7677	6.51323	1.48368	2117.4	356788
675	455625	307546875	25.9808	82.1584	8.7721	6.51471	1.48148	2120.6	357847
676	456976	308915776	26.0000	82.2192	8.7764	6.51619	1.47929	2123.7	358908
677	458329	310288733	26.0192	82.2800	8.7807	6.51767	1.47710	2126.9	359971
678	459684	311665752	26.0384	82.3408	8.7850	6.51915	1.47493	2130.0	361035
679	461041	313046839	26.0576	82.4015	8.7893	6.52062	1.47275	2133.1	362101
680	462400	314432000	26.0768	82.4621	8.7937	6.52209	1.47059	2136.3	363168
681	463761	315821241	26.0960	82.5227	8.7980	6.52356	1.46843	2139.4	364237
682	465124	317214568	26.1151	82.5833	8.8023	6.52503	1.46628	2142.6	365308
683	466489	318611987	26.1343	82.6438	8.8066	6.52649	1.46413	2145.7	366380
684	467856	320013504	26.1534	82.7043	8.8109	6.52796	1.46199	2148.8	367453
685	469225	321419125	26.1725	82.7647	8.8152	6.52942	1.45985	2152.0	368528
686	470596	322828856	26.1916	82.8251	8.8194	6.53088	1.45773	2155.1	369605
687	471969	324242703	26.2107	82.8855	8.8237	6.53233	1.45560	2158.3	370684
688	473344	325660672	26.2298	82.9458	8.8280	6.53379	1.45349	2161.4	371764
689	474721	327082769	26.2488	83.0060	8.8323	6.53524	1.45138	2164.6	372845
690	476100	328509000	26.2679	83.0662	8.8366	6.53669	1.44928	2167.7	373928
691	477481	329939371	26.2869	83.1264	8.8408	6.53814	1.44718	2170.8	375013
692	478864	331373888	26.3059	83.1865	8.8451	6.53959	1.44509	2174.0	376099
693	480249	332812557	26.3249	83.2466	8.8493	6.54103	1.44300	2177.1	377187
694	481636	334255384	26.3439	83.3067	8.8536	6.54247	1.44092	2180.3	378276
695	483025	335702375	26.3629	83.3667	8.8578	6.54391	1.43885	2183.4	379367
696	484416	337153536	26.3818	83.4266	8.8621	6.54535	1.43678	2186.5	380459
697	485809	338608873	26.4008	83.4865	8.8663	6.54679	1.43472	2189.7	381553
698	487204	340068392	26.4197	83.5464	8.8706	6.54822	1.43266	2192.8	382649
699	488601	341532099	26.4386	83.6062	8.8748	6.54965	1.43062	2196.0	383746

（续）

n	n^2	n^3	$\sqrt{n}$	$\sqrt{10n}$	$\sqrt[3]{n}$	$\ln n$	$\dfrac{1000}{n}$	πn	$\dfrac{\pi n^2}{4}$
700	490000	343000000	26.4575	83.6660	8.8790	6.55108	1.45857	2199.1	384845
701	491401	344472101	26.4764	83.7257	8.8833	6.55251	1.42653	2202.3	385945
702	492804	345948408	26.4953	83.7854	8.8875	6.55393	1.42450	2205.4	387047
703	494209	347428927	26.5141	83.8451	8.8917	6.55536	1.42248	2208.5	388151
704	495616	348913664	26.5330	83.9047	8.8959	6.55678	1.42045	2211.7	389256
705	497025	350402625	26.5518	83.9643	8.9001	6.55820	1.41844	2214.8	390363
706	498436	351895816	26.5707	84.0238	8.9043	6.55962	1.41643	2218.0	391471
707	499849	353393243	26.5895	84.0833	8.9085	6.56103	1.41443	2221.1	392580
708	501264	354894912	26.6083	84.1427	8.9127	6.56244	1.41243	2224.2	393692
709	502681	356400829	26.6271	84.2021	8.9169	6.56386	1.41044	2227.4	394805
710	504100	357911000	26.6458	84.2615	8.9211	6.56526	1.40845	2230.5	395919
711	505521	359425431	26.6646	84.3208	8.9253	6.56667	1.40647	2233.7	397035
712	506944	360944128	26.6833	84.3801	8.9295	6.56808	1.40449	2236.8	398153
713	508369	362467097	26.7021	84.4393	8.9337	6.56948	1.40252	2240.0	399272
714	509796	363994344	26.7208	84.4985	8.9378	6.57088	1.40056	2243.1	400393
715	511225	365525875	26.7395	84.5577	8.9420	6.57228	1.39860	2246.2	401515
716	512656	367061696	26.7582	84.6168	8.9462	6.57368	1.39665	2249.4	402639
717	514089	368601813	26.7769	84.6759	8.9503	6.57508	1.39470	2252.5	403765
718	515524	370146232	26.7955	84.7349	8.9545	6.57647	1.39276	2255.7	404892
719	516961	371694959	26.8142	84.7939	8.9587	6.57786	1.39082	2258.8	406020
720	518400	373248000	26.8328	84.8528	8.9628	6.57925	1.38889	2261.9	407150
721	519841	374805361	26.8514	84.91!7	8.9670	6.58064	1.38696	2265.1	408282
722	521284	376367048	26.8701	84.9706	8.9711	6.58203	1.38504	2268.2	409415
723	522729	377933067	26.8887	85.0294	8.9752	6.58341	1.38313	2271.4	410550
724	524176	379503424	26.9072	85.0882	8.9794	6.58479	1.38122	2274.5	411687
725	525625	381078125	26.9258	85.1469	8.9835	6.58617	1.37931	2277.7	412825
726	527076	382657176	26.9444	85.2056	8.9876	6.58755	1.37741	2280.8	413965
727	528529	384240583	26.9629	85.2643	8.9918	6.58893	1.37552	2283.9	415106
728	529984	385828352	26.9815	85.3229	8.9959	6.59030	1.37363	2287.1	416248
729	531441	387420489	27.0000	85.3815	9.0000	6.59167	1.37174	2290.2	417393
730	532400	389017000	27.0185	85.4400	9.0041	6.59304	1.36986	2293.4	418539
731	534361	390617891	27.0370	85.4985	9.0082	6.59441	1.36799	2296.5	419686
732	535824	392223168	27.0555	85.5570	9.0123	6.59578	1.36612	2299.6	420835
733	537289	393832837	27.0740	85.6154	9.0164	6.59715	1.36426	2302.8	421986
734	538756	395446904	27.0924	85.6738	9.0205	6.59851	1.36240	2305.9	423138
735	540225	397065375	27.1109	85.7321	9.0246	6.59987	1.36054	2309.1	422292
736	541696	398688256	27.1293	85.7904	9.0287	6.60123	1.35870	2312.2	425447
737	543169	400315553	27.1477	85.8487	9.0328	6.60259	1.35685	2315.4	426604
738	544644	401947272	27.1662	85.9069	9.0369	6.60394	1.35501	2318.5	427762
739	546121	403583419	27.1846	85.9651	9.0410	6.60530	1.35318	2321.6	428922
740	547600	405224000	27.2029	86.0233	9.0450	6.60665	1.35135	232.1.8	430084
741	549081	406869021	27.2213	86.0814	9.0491	6.60800	1.34953	2327.9	431247
742	550564	408518488	27.2397	86.1394	9.0532	6.60935	1.34771	2331.1	432412
743	552049	410172407	27.2580	86.1974	9.0572	6.61070	1.34590	2334.2	433578
744	553536	411830784	27.2764	86.2554	9.0613	6.61204	1.34409	2337.3	434746
745	555025	413493625	27.2947	86.3134	9.0654	6.61338	1.34228	2340.5	435917
746	556516	415160936	27.3130	86.3713	9.0694	6.61473	1.34048	2343.6	437087
747	558009	416832723	27.3313	86.4292	9.0735	6.61607	1.33869	2346.8	438259
748	559504	418508992	27.3496	86.4870	9.0775	6.61740	1.33690	2349.9	439433
749	561001	420189749	27.3679	86.5448	9.0816	6.61874	1.33511	2353.1	440609

附录　常用数学表

（续）

n	n^2	n^3	$\sqrt{n}$	$\sqrt{10n}$	$\sqrt[3]{n}$	$\ln n$	$\dfrac{1000}{n}$	πn	$\dfrac{\pi n^2}{4}$
750	562500	421875000	27.3861	86.6025	9.0856	6.62007	1.33333	2356.2	441.786
751	564001	423564751	27.4044	86.6603	9.0896	6.62141	1.33156	2359.3	442965
752	565504	425259008	27.4226	86.7179	9.0937	6.62274	1.32979	2362.5	444146
753	567009	426957777	27.4408	86.7756	9.0977	6.62407	1.32802	2365.6	445328
754	568516	428661064	27.4591	86.8332	9.1017	6.62539	1.32626	2368.8	446511
755	570025	430368875	27.4773	86.8907	9.1057	6.62672	1.32450	2371.9	447697
756	571536	432081216	27.4955	86.9483	9.1098	6.62804	1.32275	2375.0	448883
757	573049	433798093	27.5136	87.0057	9.1138	6.62936	1.32100	2378.2	450072
754	574564	435519512	27.5318	87.0632	9.1178	6.63068	1.31926	2381.3	451262
759	576081	437245479	27.5500	87.1206	9.1218	6.63200	1.31752	2384.5	452453
760	577600	438976900	27.5681	87.1780	9.1258	6.63332	1.31579	2387.6	453646
761	579121	440711081	27.5862	87.2353	9.1298	6.63463	1.31406	2390.8	454841
762	580644	442450728	27.6043	87.2926	9.1338	6.63595	1.31234	2393.9	456037
763	582169	444194947	27.6225	87.3499	9.1378	6.63726	1.31062	2397.0	457234
764	583696	445943744	27.6405	87.4071	9.1418	6.63857	1.30890	2400.2	458434
765	585226	447697125	27.6586	87.4643	9.1458	6.63983	1.30719	2403.3	459635
766	586756	449455096	27.6767	87.5214	9.1498	6.64118	1.30548	2406.5	460837
767	588289	451217663	27.6948	87.5785	9.1537	6.64249	1.30378	2409.6	462031
768	589824	452984832	27.7128	87.6356	9.1577	6.64379	1.30208	2412.7	463247
769	591361	454756609	27.7308	87.6926	9.1617	6.64509	1.30039	2415.9	464454
770	592900	456533000	27.7489	87.7496	9.1657	6.64639	1.29870	2419.0	465663
771	594441	458314011	27.7669	87.8066	9.1696	6.64769	1.29702	2422.2	466873
772	595984	460099648	27.7849	87.8635	9.1736	6.64898	1.29534	2425.3	466085
773	597529	461889917	27.8029	87.9204	9.1775	6.65028	1.29366	2428.5	469298
774	599076	463684824	27.8209	87.9773	9.1815	6.65157	1.29199	2431.6	470513
775	600625	465484375	27.8388	88.0341	9.1855	6.65286	1.29032	2434.7	471730
776	602176	467288576	27.8568	88.0909	9.1894	6.65415	1.28866	2437.9	472948
777	603729	469097433	27.8747	88.1476	9.1933	6.65544	1.28700	2441.0	474168
778	605284	476910952	27.8927	88.2043	9.1973	6.65673	1.28535	2444.2	475389
779	606841	472729139	27.9106	88.2610	9.2012	6.65801	1.28370	2447.3	476612
780	608400	474552000	27.9285	88.3176	9.2052	6.65929	1.28205	2450.4	477836
781	609961	476379541	27.9464	88.3742	9.2091	6.66058	1.28041	2453.6	479062
782	611524	478211768	27.9643	88.4308	9.2130	6.66185	1.27877	2456.7	480290
783	613089	480048687	27.9821	88.4873	9.2170	6.66313	1.27714	2459.9	481519
784	614656	481890304	28.0000	88.5438	9.2209	6.66441	1.27551	2463.0	482750
785	616225	483736625	28.0179	88.6002	9.2248	6.66568	1.27389	2466.2	483982
786	617796	485587656	28.0357	88.6566	9.2287	6.66696	1.27226	2469.3	485216
787	619369	487443403	28.0535	88.7130	9.2326	6.66823	1.27065	2472.4	486451
788	620944	489303872	28.0713	88.7694	9.2365	6.60950	1.26904	2475.6	487688
789	622521	491169069	28.0891	88.8257	9.2404	6.67077	1.26743	2478.7	488927
790	624100	493039000	28.1069	88.8819	9.2448	6.67203	1.26582	2481.9	490167
791	625681	494913671	28.1247	88.9382	9.2482	6.67330	1.26422	2485.0	491409
792	627264	496793088	28.1425	88.9944	9.2521	6.67456	1.26263	2488.1	492652
793	628849	498677257	28.1603	89.0505	9.2560	6.67582	1.26103	2491.3	493897
794	630436	500566184	28.1780	89.1067	9.2599	6.67708	1.25945	2494.4	495143
795	632025	502459875	28.1957	89.1628	9.2638	6.67834	1.25786	2497.6	496391
796	633616	504358336	28.2135	89.2188	9.2677	6.67960	1.25628	2500.7	497641
797	635209	506261573	28.2312	89.2749	9.2716	6.68085	1.25471	2503.8	498892
798	636804	508169592	28.2489	89.3308	9.2754	6.68211	1.25313	2507.0	500145
799	638401	510082399	28.2666	89.3868	9.2793	6.68336	1.25156	2510.1	501399

（续）

n	n^2	n^3	$\sqrt{n}$	$\sqrt{10n}$	$\sqrt[3]{n}$	$\ln n$	$\dfrac{1000}{n}$	πn	$\dfrac{\pi n^2}{4}$
800	640000	512000000	28.2843	89.4427	9.2832	6.68461	1.25000	2513.3	502655
801	641601	513922401	28.3019	89.4989	9.2870	6.68586	1.24844	2516.4	503912
802	643204	515849608	28.3196	89.5545	9.2909	6.68711	1.24688	2519.6	505171
803	644809	517781627	28.3373	89.6103	9.2948	6.68835	1.24533	2522.7	506432
804	646416	519718464	28.3549	89.6660	9.2986	6.68960	1.24378	2525.8	507694
805	648025	521660125	28.3725	89.7218	9.3025	6.69084	1.24224	2529.0	508958
806	649636	523606616	28.3901	89.7775	9.3063	6.69208	1.24069	2532.1	510223
807	651249	525557943	28.4077	89.8332	9.3102	6.69332	1.23916	2535.3	511490
808	652864	527514112	28.4253	89.8888	9.3140	6.69456	1.23762	2538.4	512758
809	654481	529475129	28.4429	89.9444	9.3179	6.69580	1.23609	2541.5	514028
810	656100	531441000	28.4605	90.0000	9.3217	6.69703	1.23457	2.544.7	515300
811	657721	533411731	28.4781	90.0555	9.3255	6.69827	1.23305	2547.8	516573
812	659344	535387328	28.4956	90.1110	9.3294	6.69950	1.23153	2551.0	517848
813	660969	537367797	28.5132	90.1665	9.3332	6.70073	1.23001	2554.1	519124
814	662596	539353144	28.5307	90.2219	9.3370	6.70196	1.22850	2557.3	520402
815	664225	541343375	28.5482	90.2774	9.3408	6.70319	1.22699	2560.4	521681
816	665856	543338496	28.5657	90.3327	9.3447	6.70441	1.22549	2563.5	522962
817	667489	545388513	28.5832	90.3881	9.3485	6.70564	1.22399	2566.7	524245
818	669124	547343432	28.6007	90.4434	9.3523	6.70686	1.22249	2569.8	525529
819	670761	549353259	28.6182	90.4986	9.3551	6.70808	1.22100	2573.0	526814
820	672400	551368000	28.6356	90.5539	9.3599	6.70930	1.21951	2576.1	528102
821	674041	553387661	28.6531	90.6091	9.3637	6.71052	1.21803	2579.2	529391
822	675684	555412248	28.6705	90.6642	9.3675	6.71174	1.21655	2582.4	530681
823	677329	557441767	28.6880	90.7193	9.3713	6.71296	1.21507	2585.5	531973
824	678976	559476224	28.7054	90.7744	9.3751	6.71417	1.21359	2588.7	533267
825	680625	561515625	28.7228	90.8295	9.3789	6.71538	1.21212	2591.8	534562
826	682276	563559976	28.7402	90.8845	9.3827	6.71059	1.21065	2595.0	535858
827	683929	565609283	28.7576	90.9395	9.3865	6.71780	1.20919	2598.1	537157
828	635584	567663552	28.7750	90.9945	9.3902	6.71901	1.20773	2601.2	538456
829	687241	569722789	28.7924	91.0494	9.3940	6.72022	1.20627	2604.4	539758
830	688900	571787000	28.8097	91.1043	9.3978	6.72143	1.20482	2607.5	541061
831	690561	573856191	28.8271	91.1592	9.4016	6.72263	1.20337	2610.7	542365
832	692224	575930368	28.8444	91.2140	9.4053	6.72383	1.20192	2613.8	543671
833	693889	578009537	28.8617	91.2688	9.4091	6.72503	1.20048	2616.9	544979
834	695556	580093704	28.8791	91.3236	9.4129	6.72623	1.19904	2620.1	546288
835	697225	582182875	28.8964	91.3783	9.4166	6.72743	1.19760	2623.2	547599
836	698896	584277056	28.9137	91.4330	9.4204	6.72863	1.19617	2626.4	548912
837	700569	586376253	28.9310	91.4877	9.4241	6.72982	1.19474	2629.5	550226
838	702244	588480472	28.9482	91.5423	9.4279	6.73102	1.19332	2632.7	551541
839	703921	590589719	28.9655	91.5969	9.4316	6.73221	1.19190	2635.8	552858
840	705600	592704000	28.9828	91.6515	9.4354	6.73340	1.19048	2638.9	554177
841	707281	594323321	29.0000	91.7061	9.4391	6.73459	1.18906	2642.1	555497
842	708964	596947688	29.0172	91.7606	9.4429	6.73578	1.18765	2645.2	556819
843	710649	599077107	29.0345	91.8150	9.4466	6.73697	1.18624	2648.4	558142
844	712336	601211584	29.0517	91.8695	9.4503	6.73815	1.18483	2651.5	559467
845	714025	603351125	29.0689	91.9239	9.4541	6.73934	1.18343	2654.6	560794
846	715716	605495736	29.0861	91.9783	9.4578	6.74052	1.18203	2657.8	562122
847	717409	607645423	29.1033	92.0326	9.4615	6.74170	1.18064	2660.9	563452
848	719104	609800192	29.1204	92.0869	9.4652	6.74288	1.17925	2664.1	564783
849	720801	611960049	29.1376	92.1412	9.4690	6.74406	1.17786	2667.2	566116

附录　常用数学表

（续）

n	n^2	n^3	$\sqrt{n}$	$\sqrt{10n}$	$\sqrt[3]{n}$	$\ln n$	$\dfrac{1000}{n}$	πn	$\dfrac{\pi n^2}{4}$
850	722500	614125000	29.1548	92.1954	9.4727	6.74524	1.17647	2670.4	567450
851	724201	616295051	29.1719	92.2497	9.4764	6.74641	1.17509	2673.5	568786
852	725904	618470208	29.1890	92.3038	9.4801	6.74759	1.17371	2676.6	570124
853	727609	620650477	29.2062	92.3580	9.4838	6.74876	1.17233	2679.8	571463
854	729316	622835864	29.2233	92.4121	9.4875	6.74993	1.17096	2682.9	572803
855	731025	625026375	29.2404	92.4662	9.4912	6.75110	1.16959	2686.1	574146
856	732736	627222016	29.2575	92.5203	9.4949	6.75227	1.16822	2689.2	575490
857	734449	629422793	29.2746	92.5743	9.4986	6.75344	1.16686	2692.3	576835
858	736164	631628712	29.2916	92.6283	9.5023	6.75460	1.16550	2695.5	578182
859	737881	633839779	29.3087	92.6823	9.5060	6.75577	1.16414	2698.6	579530
860	739600	636056000	29.3258	92.7362	9.5097	6.75693	1.16279	2701.8	580880
861	741321	638277381	29.3428	92.7901	9.5134	6.75809	1.16144	2704.9	582232
862	743044	640503928	29.3598	92.8440	9.5171	6.75926	1.16009	2708.1	583585
863	744769	642735647	29.3769	92.8978	9.5207	6.76041	1.15875	2711.2	584940
864	746496	644972544	29.3939	92.9516	9.5244	6.76157	1.15741	2714.3	586297
865	748225	647214625	29.4109	93.0054	9.5281	6.76273	1.15607	2717.5	587655
866	749956	649461896	29.4279	93.0591	9.5317	6.76388	1.15473	2720.6	589014
867	751689	651714363	29.4449	93.1128	9.5354	6.76504	1.15340	2723.8	590375
868	753424	653972032	29.4618	93.1665	9.5391	6.76619	1.15207	2726.9	591738
869	755161	656234909	29.4788	93.2202	9.5427	6.76734	1.15075	2730.0	593102
870	756900	658503000	29.4958	93.2738	9.5464	6.76849	1.14943	2733.2	594468
871	758641	660776311	29.5127	93.3274	9.5501	6.76964	1.14811	2736.3	595835
872	760384	663054848	29.5296	93.3809	9.5587	8.77079	1.14679	2739.5	597204
873	762129	665338617	29.5466	93.4345	9.5574	6.77194	1.14548	2742.6	598575
874	763876	667627624	29.5635	93.4880	9.5610	6.77308	1.14416	2745.8	599947
875	765625	669921875	29.5804	93.5414	9.5647	6.77422	1.14286	2748.9	601320
876	767376	672221376	29.5973	93.5949	9.5683	6.77537	1.14155	2752.0	602696
877	769129	674526133	29.6142	93.6483	9.5719	6.77651	1.14025	2755.2	604073
878	770884	676836152	29.6311	93.7017	9.5756	6.77765	1.13895	2758.3	605451
879	772641	679161439	29.6479	93.7550	9.5792	6.77878	1.13766	2761.5	606831
880	774400	681472000	29.6648	93.8083	9.5828	6.77992	1.13636	2764.6	608212
881	776161	683797841	29.6816	93.8616	9.5865	6.78106	1.13507	2767.7	609595
882	777924	686128968	29.6985	93.9149	9.5901	6.78219	1.13379	2770.9	610980
883	779689	688465387	29.7153	93.9681	9.5937	6.78333	1.13250	2774.0	612366
884	781456	690807104	29.7321	94.0213	9.5973	6.78446	1.13122	2777.2	613754
885	783225	693154125	29.7489	94.0744	9.6010	6.78559	1.12994	2780.3	615143
886	784996	695506456	29.7658	94.1276	9.6046	6.78672	1.12867	2783.5	616534
887	786769	697864103	29.7825	94.1807	9.6082	6.78784	1.12740	2786.6	617927
888	788544	700227072	29.7993	94.2338	9.6118	6.78897	1.12613	2789.7	619321
889	790321	702595369	29.8161	9.1.2868	9.6154	6.79010	1.12486	2792.9	620717
890	792100	704969000	29.8329	94.3398	9.6190	6.79122	1.12360	2796.0	622114
891	793881	707347971	29.8496	94.3928	9.6226	6.79234	1.12233	2799.2	623513
892	795664	709732288	29.8664	94.4458	9.6262	6.79347	1.12108	2802.3	624913
893	797449	712121957	29.8831	94.4987	9.6298	6.79459	1.11982	2805.4	626315
894	799236	714516984	29.8998	94.5516	9.6334	6.79571	1.11857	2808.6	627718
895	801025	716917375	29.9166	94.6044	9.6370	6.79682	1.11732	2811.7	629124
896	802816	719323136	29.9333	94.6573	9.6406	6.79794	1.11607	2814.9	630530
897	804609	721734273	29.9500	94.7101	9.6442	6.79906	1.11483	2818.0	631938
898	806404	724150792	29.9666	94.7629	9.6477	6.80017	1.11359	2821.2	633348
899	808201	726572699	29.9833	94.8156	9.6513	6.80128	1.11235	2824.3	634760

（续）

n	n^2	n^3	$\sqrt{n}$	$\sqrt{10n}$	$\sqrt[3]{n}$	$\ln n$	$\dfrac{1000}{n}$	πn	$\dfrac{\pi n^2}{4}$
900	810000	729000000	30.0000	94.8683	9.6549	6.80239	1.11111	2827.4	636173
901	811801	731432701	30.0167	94.9210	9.6585	6.80351	1.10988	2830.6	637587
902	613604	733870808	30.0333	94.9737	9.6620	6.80461	1.10865	2833.7	639003
903	815409	736314327	30.0500	95.0263	9.6656	6.80572	1.10742	2836.9	640421
904	817216	738763264	30.0666	95.0789	9.6692	6.80683	1.10619	2840.0	641840
905	819025	741217625	30.0832	95.1315	9.6727	6.80793	1.10497	2843.1	643261
906	826836	743677416	30.0998	95.1840	9.6763	6.80904	1.10375	2846.3	644683
907	822649	746142643	30.1164	95.2365	9.6799	6.81014	1.10254	2849.4	646107
908	824464	748613312	30.1330	95.2890	9.6834	6.81124	1.10132	2852.6	647533
909	826281	751089429	30.1496	95.3415	9.6870	6.81235	1.10011	2855.7	648960
910	828100	753571000	30.1662	95.3939	9.6905	6.81344	1.09890	2858.8	650388
911	829921	756058031	30.1828	95.4463	9.6941	6.81454	1.09769	2862.0	651818
912	831744	758550528	30.1993	95.4987	9.6976	6.81564	1.09649	2865.1	653250
913	833569	761048497	30.2159	95.5510	9.7012	6.81674	1.09529	2868.3	654684
914	835396	763551944	30.2324	95.6033	9.7047	6.81783	1.09409	2871.4	656118
915	837225	766060875	30.2490	95.6556	9.7082	6.81892	1.09290	2874.6	657555
916	839056	768575296	30.2655	95.7079	9.7118	6.82002	1.09170	2877.7	658993
917	840889	771095213	30.2820	95.7601	9.7153	6.82111	1.09051	2880.8	660433
918	842724	773620632	30.2985	95.8123	9.7188	6.82220	1.08932	2884.0	661874
919	844561	776151559	30.3150	95.8645	9.7224	6.82329	1.08814	2887.1	663317
920	846400	778688000	30.3315	95.9166	9.7259	6.82437	1.08696	2890.3	664761
921	848241	781229961	30.3480	95.9687	9.7294	6.82546	1.08578	2893.4	666207
922	850084	783777448	30.3645	96.0208	9.7329	6.82655	1.08460	2896.5	667654
923	851929	786330467	30.3809	96.0729	9.7364	6.82763	1.08342	2899.7	669103
924	853776	788889024	30.3974	96.1249	9.7400	6.82871	1.08225	2902.8	670554
925	855625	791453125	30.4138	96.1769	9.7435	6.82979	1.08108	2906.0	672006
926	857476	794022776	30.4302	96.2289	9.7470	6.83087	1.07991	2909.1	673460
927	859329	796597983	30.4467	96.2808	9.7505	6.83195	1.07875	2912.3	674915
928	861184	799178752	30.4631	96.3328	9.7540	6.83303	1.07759	2915.4	676372
929	863041	801765089	30.4795	96.3846	9.7575	6.83411	1.07643	2918.5	677831
930	864900	804357000	30.4959	96.4365	9.7610	6.83518	1.07527	2921.7	679291
931	866761	806954491	30.5123	96.4883	9.7645	6.83626	1.07411	2924.8	680752
932	868624	809557568	30.5287	96.5401	9.7680	6.83733	1.07296	2928.0	682216
933	870489	812166237	30.5450	96.5919	9.7715	6.83841	1.07181	2931.1	683680
934	872356	814780504	30.5614	96.6437	9.7750	6.83948	1.07066	2934.2	685147
935	874225	817400375	30.5778	96.6954	9.7785	6.84055	1.06952	2937.4	685615
936	876096	820025856	30.5941	96.7471	9.7819	6.84162	1.06838	2940.5	688084
937	877969	822656953	30.6105	96.7988	9.7854	6.84268	1.06724	2943.7	689555
938	879844	825293672	30.6268	96.8504	9.7889	6.84375	1.06610	2946.8	691028
939	881721	827936019	30.6431	96.9020	9.7924	6.84482	1.06496	2950.0	692502
940	883600	830584000	30.6594	96.9536	9.7959	6.84588	1.06383	2953.1	693978
941	885481	833237621	30.6757	97.0052	9.7993	6.84694	1.06270	2956.2	695455
942	887364	835896888	30.6920	97.0567	9.8028	6.84801	1.06157	2959.4	696934
943	889249	838561807	30.7083	97.1082	9.8063	6.84907	1.06045	2962.5	698415
944	891136	841232384	30.7246	97.1597	9.8097	6.85013	1.05932	2965.7	699897
945	893025	843908625	30.7409	97.2111	9.8132	6.85118	1.05820	2968.8	701380
946	894916	846590536	30.7571	97.2625	9.8167	6.85224	1.05708	2971.9	702865
947	896809	849278123	30.7734	97.3139	9.8201	6.85330	1.05597	2975.1	704352
948	898704	851971392	30.7896	97.3653	9.8236	6.85435	1.05485	2978.2	705840
949	900601	854670349	30.8058	97.4166	9.8270	6.85541	1.05374	2981.4	707330

附录 常用数学表

（续）

n	n^2	n^3	$\sqrt{n}$	$\sqrt{10n}$	$\sqrt[3]{n}$	$\ln n$	$\dfrac{1000}{n}$	πn	$\dfrac{\pi n^2}{4}$
950	902500	857375000	30.8221	97.4679	9.8305	6.85646	1.05263	2984.5	708822
951	904401	860085351	30.8383	97.5192	9.8339	6.85751	1.05152	2987.7	710315
952	906304	862801408	30.8545	97.5705	9.8374	6.85857	1.05042	2990.8	711809
953	908209	865523177	30.8707	97.6217	9.8408	6.85961	1.04932	2993.9	713306
954	910116	868250664	30.8869	97.6729	9.8443	6.86066	1.04822	2997.1	714803
955	912025	870983875	30.9031	97.7241	9.8477	6.86171	1.04712	3000.2	716303
956	913936	873722816	30.9192	97.7753	9.8511	6.86276	1.04603	3003.4	717804
957	915849	876467493	30.9354	97.8264	9.8546	6.86380	1.04493	3006.5	719306
958	917764	879217912	30.9516	97.8775	9.8580	6.86485	1.04384	3009.6	720810
959	919681	881974079	30.9677	97.9285	9.8614	6.86589	1.04275	3012.8	722316
960	921600	884736000	30.9839	97.9796	9.8648	6.86693	1.04167	3015.9	723823
961	923521	887503681	31.0000	98.0306	9.8683	6.86797	1.04058	3019.1	725332
962	925444	890277128	31.0161	98.0816	9.8717	6.86901	1.03950	3022.2	726842
963	927369	893056347	31.0322	98.1326	9.8751	6.87005	1.03842	3025.4	728354
964	929296	895841344	31.0483	98.1835	9.8785	6.87109	1.03734	3028.5	729867
965	931225	898632125	31.0644	98.2344	9.8819	6.87213	1.03627	3031.6	731382
966	933156	901428696	31.0805	98.2853	9.8854	6.87316	1.03520	3034.8	732899
967	935089	904231063	31.0966	98.3362	9.8888	6.87420	1.03413	3037.9	734417
968	937024	907039232	31.1127	98.3870	9.8922	6.87523	1.03306	3041.1	735937
969	938961	909853209	31.1288	98.4378	9.8956	6.87626	1.03199	3044.2	737458
970	940900	912673000	31.1448	98.4886	9.8990	6.87730	1.03093	3047.3	738981
971	942841	915498611	31.1609	98.5393	9.9024	6.87833	1.02987	3050.5	740506
972	944784	918330048	31.1769	98.5901	9.9058	6.87936	1.02881	3053.6	742032
973	946729	921167317	31.1929	98.6408	9.9092	6.88038	1.02775	3056.8	743559
974	948676	924010424	31.2090	98.6914	9.9126	6.88141	1.02669	3059.9	745088
975	950625	926859375	31.2250	98.7421	9.9160	6.88244	1.02564	3063.1	746619
976	952576	929714176	31.2410	98.7927	9.9194	6.88346	1.02459	3066.2	748151
977	954529	932574833	31.2570	98.8433	9.9227	6.88449	1.02354	3069.3	749685
978	956484	935441352	31.2730	98.8939	9.9261	6.88551	1.02249	3072.5	751221
979	958441	938313739	31.2890	98.9444	9.9295	6.88653	1.02145	3075.6	752758
980	960400	941192000	31.3050	98.9949	9.9329	6.88755	1.02041	3078.8	754296
981	962361	944076141	31.3209	99.0454	9.9363	6.88857	1.01937	3081.9	755837
982	964324	946966168	31.3369	99.0959	9.9396	6.88959	1.01833	3085.0	757378
983	966289	949862087	31.3528	99.1464	9.9430	6.89061	1.01729	3088.2	758922
984	968256	952763904	31.3688	99.1968	9.9464	6.89163	1.01626	3091.3	760466
985	970225	955671625	31.3847	99.2472	9.9497	6.89264	1.01523	3094.5	762013
986	972196	958585256	31.4006	99.2975	9.9531	6.89366	1.01420	3097.6	763561
987	974169	961504803	31.4166	99.3479	9.9565	6.89467	1.01317	3100.8	765111
988	976144	964430272	31.4325	99.3982	9.9598	6.89568	1.01215	3103.9	766662
989	978121	967361669	31.4484	99.4485	9.9632	6.89669	1.01112	3107.0	768214
990	980100	970299000	31.4643	99.4987	9.9666	6.89770	1.01010	3110.2	769769
991	982081	973242271	31.4802	99.5490	9.9699	6.89871	1.00908	3113.3	771325
992	984064	976191488	31.4960	99.5992	9.9733	6.89972	1.00806	3116.5	772882
993	986049	979146657	31.5119	99.6494	9.9766	6.90073	1.00705	3119.6	774441
994	988036	982107784	31.5278	99.6995	9.9800	6.90174	1.00604	3122.7	776002
995	990025	985074875	31.5436	99.7497	9.9833	6.90274	1.00503	3125.9	777564
996	992016	988047936	31.5595	99.7998	9.9866	6.90375	1.00402	3129.0	779128
997	994009	991026973	31.5753	99.8499	9.9900	6.90475	1.00301	3132.2	780693
998	996004	994011992	31.5911	99.8999	9.9933	6.90575	1.00200	3135.3	782260
999	998001	997002999	31.6070	99.9500	9.9967	6.90675	1.00100	3138.5	783828
1000	1000000	1000000000	31.6228	100.0000	10.0000	6.90776	1.00000	3141.6	785398

三角函数（0°～90°）

	sin							
度	0′	10′	20′	30′	40′	50′	60′	
0	0.00000	0.00291	0.00582	0.00873	0.01164	0.01454	0.01745	89
1	0.01745	0.02036	0.02327	0.02618	0.02908	0.03199	0.03490	88
2	0.03490	0.03781	0.04071	0.04362	0.04653	0.04943	0.05234	87
3	0.05234	0.05524	0.05814	0.06105	0.06395	0.06685	0.06976	86
4	0.06976	0.07266	0.07556	0.07846	0.08136	0.08426	0.08716	85
5	0.08716	0.09005	0.09295	0.09585	0.09874	0.10164	0.10453	84
6	0.10453	0.10742	0.11031	0.11320	0.11609	0.11898	0.12187	83
7	0.12187	0.12476	0.12764	0.13053	0.13341	0.13629	0.13917	82
8	0.13917	0.14205	0.14493	0.14781	0.15069	0.15356	0.15643	81
9	0.15643	0.15931	0.16218	0.16505	0.16792	0.17078	0.17365	80
10	0.17365	0.17651	0.17937	0.18224	0.18509	0.18795	0.19081	79
11	0.19081	0.19366	0.19652	0.19937	0.20222	0.20507	0.20791	78
12	0.20791	0.21076	0.21360	0.21644	0.21928	0.22212	0.22495	77
13	0.22495	0.22778	0.23062	0.23345	0.23627	0.23910	0.24192	76
14	0.24192	0.24474	0.24756	0.25038	0.25320	0.25601	0.25882	75
15	0.25882	0.26163	0.26443	0.26724	0.27004	0.27284	0.27564	74
16	0.27564	0.27843	0.28123	0.28402	0.28680	0.28959	0.29237	73
17	0.29237	0.29515	0.29793	0.30071	0.30348	0.30625	0.30902	72
18	0.30902	0.31178	0.31454	0.31730	0.32006	0.32282	0.32557	71
19	0.32557	0.32832	0.33106	0.33381	0.33655	0.33929	0.34202	70
20	0.34202	0.34475	0.34748	0.35021	0.35293	0.35565	0.35837	69
21	0.35837	0.36108	0.36379	0.36650	0.36921	0.37191	0.37461	68
22	0.37461	0.37730	0.37999	0.38268	0.38537	0.38805	0.39073	67
23	0.39073	0.39341	0.39608	0.39875	0.40141	0.40408	0.40674	66
24	0.40674	0.40939	0.41204	0.41469	0.41734	0.41998	0.42262	65
25	0.42262	0.42525	0.42788	0.43051	0.43313	0.43575	0.43837	64
26	0.43837	0.44098	0.44359	0.44620	0.44880	0.45140	0.45399	63
27	0.45399	0.45658	0.45917	0.46175	0.46433	0.46690	0.46947	62
28	0.46947	0.47204	0.47460	0.47716	0.47971	0.48226	0.48481	61
29	0.48481	0.48735	0.48989	0.49242	0.49495	0.49748	0.50000	60
30	0.50000	0.50252	0.50503	0.50754	0.51004	0.51254	0.51504	59
31	0.51504	0.51753	0.52002	0.52250	0.52498	0.52745	0.52992	58
32	0.52992	0.53238	0.53484	0.53730	0.53975	0.54220	0.54464	57
33	0.54464	0.54708	0.54951	0.55194	0.55436	0.55678	0.55919	56
34	0.55919	0.56160	0.56401	0.56641	0.56880	0.57119	0.57358	55
35	0.57358	0.57596	0.57833	0.58070	0.58307	0.58543	0.58779	54
36	0.58779	0.59014	0.59248	0.59482	0.59716	0.59949	0.60182	53
37	0.60182	0.60414	0.60645	0.60876	0.61107	0.61337	0.61566	52
38	0.61566	0.61795	0.62024	0.62251	0.62479	0.62706	0.62932	51
39	0.62932	0.63158	0.63383	0.63608	0.63832	0.64056	0.64279	50
40	0.64279	0.64501	0.64723	0.64945	0.65166	0.65386	0.65606	49
41	0.65606	0.65825	0.66044	0.66262	0.66480	0.66697	0.66913	48
42	0.66913	0.67129	0.67344	0.67559	0.67773	0.67987	0.68200	47
43	0.68200	0.68412	0.68624	0.68835	0.69046	0.69256	0.69466	46
44	0.69466	0.69675	0.69883	0.70091	0.70298	0.70505	0.70711	45
	60′	50′	40′	30′	20′	10′	0′	度
	cos							

附录　常用数学表

（续）

度	\multicolumn{7}{c	}{cos}	
	0'	10'	20'	30'	40'	50'	60'	
0	1.00000	1.00000	0.99998	0.99996	0.99993	0.99989	0.99985	89
1	0.99985	0.99979	0.99973	0.99966	0.99958	0.99949	0.99939	88
2	0.99939	0.99929	0.99917	0.99905	0.99892	0.99878	0.99863	87
3	0.99863	0.99847	0.99831	0.99813	0.99795	0.99476	0.99756	86
4	0.99756	0.99736	0.99714	0.99692	0.99668	0.99644	0.99619	85
5	0.99619	0.99594	0.99567	0.99540	0.99511	0.99482	0.99452	84
6	0.99452	0.99421	0.99390	0.99357	0.99324	0.99290	0.99255	83
7	0.99255	0.99219	0.99182	0.99144	0.99106	0.99067	0.99027	82
8	0.99027	0.98986	0.98944	0.98902	0.98858	0.98814	0.98769	81
9	0.98769	0.98723	0.98676	0.98629	0.98580	0.98531	0.98481	80
10	0.98481	0.98430	0.98378	0.98325	0.98272	0.98218	0.98163	79
11	0.98163	0.98107	0.98050	0.97992	0.97934	0.97875	0.97815	78
12	0.97815	0.97754	0.97692	0.97630	0.97566	0.97502	0.97437	77
13	0.97437	0.97371	0.97304	0.97237	0.97169	0.97100	0.97030	76
14	0.97030	0.96959	0.96887	0.96815	0.96742	0.96667	0.96593	75
15	0.96593	0.96517	0.96440	0.96363	0.96285	0.96206	0.96126	74
16	0.96126	0.96046	0.95964	0.95882	0.95799	0.95715	0.95630	73
17	0.95630	0.95545	0.95459	0.95372	0.95284	0.95195	0.95106	72
18	0.95106	0.95015	0.94924	0.94832	0.94740	0.94646	0.94552	71
19	0.94552	0.94457	0.94361	0.94264	0.94167	0.94068	0.93969	70
20	0.93969	0.93869	0.93769	0.93667	0.93565	0.93462	0.93358	69
21	0.93358	0.93253	0.93148	0.93042	0.92935	0.92827	0.92718	68
22	0.92718	0.92609	0.92499	0.92388	0.92276	0.92164	0.92050	67
23	0.92050	0.91936	0.91822	0.91706	0.91590	0.91472	0.91355	66
24	0.91355	0.91236	0.91116	0.90996	0.90875	0.90753	0.90631	65
25	0.90631	0.90507	0.90383	0.90259	0.90133	0.90007	0.89879	64
26	0.89879	0.89752	0.89623	0.89493	0.89363	0.89232	0.89101	63
27	0.89101	0.88968	0.88835	0.88701	0.88566	0.88431	0.88295	62
28	0.88295	0.88158	0.88020	0.87882	0.87743	0.87603	0.87462	61
29	0.87462	0.87321	0.87178	0.87036	0.86892	0.86748	0.86603	60
30	0.86603	0.86457	0.86310	0.86163	0.86015	0.85866	0.85717	59
31	0.85717	0.85567	0.85416	0.85264	0.85112	0.84959	0.84805	58
32	0.84805	0.84650	0.84495	0.84339	0.84182	0.84025	0.83867	57
33	0.83867	0.83708	0.83549	0.83389	0.83228	0.83066	0.82904	56
34	0.82904	0.82741	0.82577	0.82413	0.82248	0.82082	0.81915	55
35	0.81915	0.81748	0.81580	0.81412	0.81242	0.81072	0.80902	54
36	0.80902	0.80730	0.80558	0.80386	0.80212	0.80038	0.79864	53
37	0.79864	0.79688	0.79512	0.79335	0.79158	0.78980	0.78801	52
38	0.78801	0.78622	0.78442	0.78261	0.78079	0.77897	0.77715	51
39	0.77715	0.77531	0.77347	0.77162	0.76977	0.76791	0.76604	50
40	0.76604	0.76417	0.76229	0.76041	0.75851	0.75661	0.75471	49
41	0.75471	0.75280	0.75088	0.74896	0.74703	0.74509	0.74314	48
42	0.74314	0.74120	0.73924	0.73728	0.73531	0.73333	0.73135	47
43	0.73135	0.72937	0.72737	0.72537	0.72337	0.72136	0.71934	46
44	0.71934	0.71732	0.71529	0.71325	0.71121	0.70916	0.70711	45
	60'	50'	40'	30'	20'	10'	0'	度
\multicolumn{9}{c	}{sin}

附录　常用数学表

（续）

度	tan							
	0′	10′	20′	30′	40′	50′	60′	
0	0.00000	0.00291	0.00582	0.00873	0.01164	0.01455	0.01746	89
1	0.01746	0.02036	0.02328	0.02619	0.02910	0.03201	0.03492	88
2	0.03492	0.03783	0.04075	0.04366	0.04658	0.04949	0.05241	87
3	0.05241	0.05533	0.05824	0.06116	0.06408	0.06700	0.06993	86
4	0.06993	0.07285	0.07578	0.07870	0.08163	0.08456	0.08749	85
5	0.08749	0.09042	0.09335	0.09629	0.09923	0.10216	0.10510	84
6	0.10510	0.10805	0.11099	0.11394	0.11688	0.11983	0.12278	83
7	0.12278	0.12574	0.12869	0.13165	0.13461	0.13758	0.14054	82
8	0.14054	0.14351	0.14648	0.14945	0.15243	0.15540	0.15838	81
9	0.15838	0.16137	0.16435	0.16734	0.17033	0.17333	0.17633	80
10	0.17633	0.17933	0.18233	0.18534	0.18835	0.19136	0.19438	79
11	0.19438	0.19740	0.20042	0.20345	0.20648	0.20952	0.21256	78
12	0.21256	0.21560	0.21864	0.22169	0.22475	0.22781	0.23087	77
13	0.23087	0.23393	0.23700	0.24008	0.24316	0.24624	0.24933	76
14	0.24933	0.25242	0.25552	0.25862	0.26172	0.26483	0.26795	75
15	0.26795	0.27107	0.27419	0.27732	0.28046	0.28360	0.28675	74
16	0.28675	0.28990	0.29305	0.29621	0.29938	0.30255	0.30573	73
17	0.30573	0.30891	0.31210	0.31530	0.31850	0.32171	0.32492	72
18	0.32492	0.32814	0.33136	0.33460	0.33783	0.34108	0.34433	71
19	0.34433	0.34758	0.35085	0.35412	0.35740	0.36068	0.36397	70
20	0.36397	0.36727	0.37057	0.37388	0.37720	0.38053	0.38386	69
21	0.38386	0.38721	0.39055	0.39391	0.39727	0.40065	0.40403	68
22	0.40403	0.40741	0.41081	0.41421	0.41763	0.42105	0.42447	67
23	0.42447	0.42791	0.43136	0.43481	0.43828	0.44175	0.44523	66
24	0.44523	0.44872	0.45222	0.45573	0.45924	0.46277	0.46631	65
25	0.46631	0.46985	0.47341	0.47698	0.48055	0.48414	0.48773	64
26	0.48773	0.49134	0.49495	0.49858	0.50222	0.50587	0.50953	63
27	0.50953	0.51319	0.51688	0.52057	0.52427	0.52798	0.53171	62
28	0.53171	0.53545	0.53920	0.54296	0.54673	0.55051	0.55431	61
29	0.55431	0.55812	0.56194	0.56577	0.56962	0.57348	0.57735	60
30	0.57735	0.58124	0.58513	0.58905	0.59297	0.59691	0.60086	59
31	0.60086	0.60483	0.60881	0.61280	0.61681	0.62083	0.62487	58
32	0.62487	0.62892	0.63299	0.63707	0.64117	0.64528	0.64941	57
33	0.64941	0.65355	0.65771	0.66189	0.66608	0.67028	0.67451	56
34	0.67451	0.67875	0.68301	0.68728	0.69157	0.69588	0.70021	55
35	0.70021	0.70455	0.70891	0.71329	0.71769	0.72211	0.72654	54
36	0.72654	0.73100	0.73547	0.73996	0.74447	0.74900	0.75355	53
37	0.75355	0.75812	0.76272	0.76733	0.77196	0.77661	0.78129	52
38	0.78129	0.78598	0.79070	0.79544	0.80020	0.80498	0.80978	51
39	0.80978	0.81461	0.81946	0.82434	0.82923	0.83415	0.83910	50
40	0.83910	0.84407	0.84906	0.85408	0.85912	0.86419	0.86929	49
41	0.86929	0.87441	0.87955	0.88473	0.88992	0.89515	0.90040	48
42	0.90040	0.90569	0.91099	0.91633	0.92170	0.92709	0.93252	47
43	0.93252	0.93797	0.94345	0.94896	0.95451	0.96008	0.96569	46
44	0.96569	0.97133	0.97700	0.98270	0.98843	0.99420	1.00000	45
	60′	50′	40′	30′	20′	10′	0′	度
	ctg							

附录 常用数学表

（续）

度	\multicolumn{7}{c}{cot}	
	0′	10′	20′	30′	40′	50′	60′	
0	∞	343.77371	171.88540	114.58865	85.93979	68.75009	57.28996	89
1	57.28996	49.10388	42.96408	38.18846	34.36777	31.24158	28.63625	88
2	28.63625	26.43160	24.54176	22.90377	21.47040	20.20555	19.08114	87
3	19.08114	18.07498	17.16934	16.34986	15.60478	14.92442	14.30067	86
4	14.30067	13.72674	13.19688	12.70621	12.25051	11.82617	11.43005	85
5	11.43005	11.05943	10.71191	10.38540	10.07803	9.78817	9.51436	84
6	9.51436	9.25530	9.00983	8.77689	8.55555	8.34496	8.14435	83
7	8.14435	7.95302	7.77035	7.59575	7.42871	7.26873	7.11537	82
8	7.11537	6.96823	6.82694	6.69116	6.56055	6.43484	6.31375	81
9	6.31375	6.19703	6.08444	5.97576	5.87080	5.76937	5.67128	80
10	5.67128	5.57638	5.48451	5.39552	5.30928	5.22566	5.14455	79
11	5.14455	5.06584	4.98910	4.91516	4.84300	4.77286	4.70463	78
12	4.70463	4.63825	4.57363	4.51071	4.44942	4.38969	4.33148	77
13	4.33148	4.27471	4.21933	4.16530	4.11256	4.06107	4.01078	76
14	4.01078	3.96165	3.91364	3.86671	3.82083	3.77595	3.73205	75
15	3.73205	3.68909	3.64705	3.60588	3.56557	3.52609	3.48741	74
16	3.48741	3.44951	3.41236	3.37594	3.34023	3.30521	3.27085	73
17	3.27085	3.23714	3.20406	3.17159	3.13972	3.10842	3.07768	72
18	3.07768	3.04749	3.01783	2.98869	2.96004	2.93189	2.90421	71
19	2.90421	2.87700	2.85023	2.82391	2.79802	2.77254	2.74748	70
20	2.74748	2.72281	2.69853	2.67462	2.65109	2.62791	2.60509	69
21	2.60509	2.58261	2.56046	2.53865	2.51715	2.49597	2.47509	68
22	2.47509	2.45451	2.43422	2.41421	2.39449	2.37504	2.35585	67
23	2.35585	2.33693	2.31826	2.29984	2.28167	2.26374	2.24604	66
24	2.24604	2.22857	2.21132	2.19430	2.17749	2.16090	2.14451	65
25	2.14451	2.12832	2.11233	2.09654	2.08094	2.06553	2.05030	64
26	2.05030	2.03526	2.02039	2.00569	1.99116	1.97680	1.96261	63
27	1.96261	1.94858	1.93470	1.92098	1.90741	1.89400	1.88073	62
28	1.88073	1.86760	1.85462	1.84177	1.82906	1.81649	1.80405	61
29	1.80405	1.79174	1.77955	1.76749	1.75556	1.74375	1.73205	60
30	1.73205	1.72047	1.70901	1.69766	1.68643	1.67530	1.66428	59
31	1.66428	1.65337	1.64256	1.63185	1.62125	1.61074	1.60033	58
32	1.60033	1.59002	1.57981	1.56969	1.55966	1.54972	1.53987	57
33	1.53987	1.53010	1.52043	1.51084	1.50133	1.49190	1.48256	56
34	1.48256	1.47330	1.46411	1.45501	1.44598	1.43703	1.42815	55
35	1.42815	1.41934	1.41061	1.40195	1.39336	1.38484	1.37638	54
36	1.37638	1.36800	1.35968	1.35142	1.34323	1.33511	1.32704	53
37	1.32704	1.31904	1.31110	1.30323	1.29541	1.28764	1.27994	52
38	1.27994	1.27230	1.26471	1.25717	1.24969	1.24227	1.23490	51
39	1.23490	1.22758	1.22031	1.21310	1.20593	1.19882	1.19175	50
40	1.19175	1.18474	1.17777	1.17085	1.16398	1.15715	1.15037	49
41	1.15037	1.14363	1.13694	1.13029	1.12369	1.11713	1.11061	48
42	1.11061	1.10414	1.09770	1.09131	1.08496	1.07864	1.07237	47
43	1.07237	1.06613	1.05994	1.05378	1.04766	1.04158	1.03553	46
44	1.03553	1.02952	1.02355	1.01761	1.01170	1.00583	1.00000	45
	60′	50′	40′	30′	20′	10′	0′	度
	\multicolumn{7}{c}{tan}	

平面图形计算公式

图形	计算公式	图形	计算公式
直角三角形	$A = \dfrac{ab}{2}$ $c = \sqrt{a^2 + b^2}$ $a = \sqrt{c^2 - b^2}$ $b = \sqrt{c^2 - a^2}$ A——面积	菱形	$A = \dfrac{Dd}{2}$ $D^2 + d^2 = 4a^2$
锐角三角形	$A = \dfrac{bh}{2}$ $= \dfrac{b}{2}\sqrt{a^2 - \left(\dfrac{a^2+b^2-c^2}{2b}\right)^2}$ 设 $S = \dfrac{1}{2}(a+b+c)$ 则 $A = \sqrt{S(S-a)(S-b)(S-c)}$ S——周长	梯形	$A = \dfrac{(a+b)h}{2}$
钝角三角形	$A = \dfrac{bh}{2}$ $= \dfrac{b}{2}\sqrt{a^2 - \left(\dfrac{c^2-a^2-b^2}{2b}\right)^2}$ 设 $S = \dfrac{1}{2}(a+b+c)$ 则 $A = \sqrt{S(S-a)(S-b)(S-c)}$	任意四边形	$A = \dfrac{(H+h)a + bh + cH}{2}$ 也可将任意四边形分成两个三角形，两个三角形的面积之和便为任意四边形的面积
正方形	$A = a^2$ $A = \dfrac{1}{2}d^2$ $a = 0.7071d$ $d = 1.414a$	正六角形	$A = 2.598a^2 = 2.598R^2$ $r = 0.866a = 0.866R$ $a = R = 1.155r$
矩形	$A = ab$ $A = a\sqrt{d^2 - a^2} = b\sqrt{d^2 - b^2}$ $d = \sqrt{a^2 + b^2}$ $a = \sqrt{d^2 - b^2}$ $b = \sqrt{d^2 - a^2}$	正多角形	$n = $ 边数 $A = \dfrac{nar}{2} = \dfrac{na}{2}\sqrt{R^2 - \dfrac{a^2}{4}}$ $R = \sqrt{r^2 + \dfrac{a^2}{4}}$ $r = \sqrt{R^2 - \dfrac{a^2}{4}}$ $a = 2\sqrt{h^2 - r^2}$
平行四边形	$A = bh$	圆	$A = \pi r^2 = 3.1416 r^2 = 0.7854 d^2$ $C = 2\pi r = 6.2832 r = 3.1416 d$ C——圆周长

附录　常用数学表

（续）

图形	计算公式	图形	计算公式
扇形 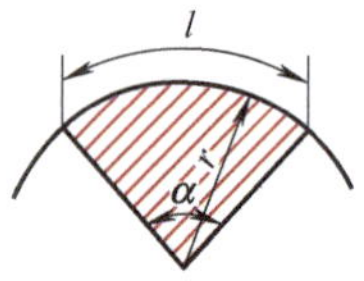	$A=\dfrac{1}{2}rl=0.008727\alpha r^2$ $l=\dfrac{3.1416r\alpha}{180}$ $=0.01745r\alpha$	双曲线 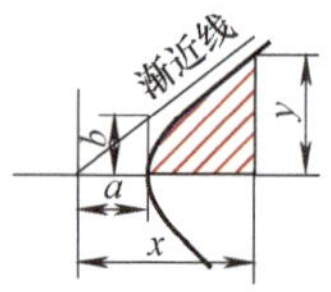	$A=\dfrac{xy}{2}-\dfrac{ab}{2}\ln\left(\dfrac{x}{a}+\dfrac{y}{b}\right)$
环形 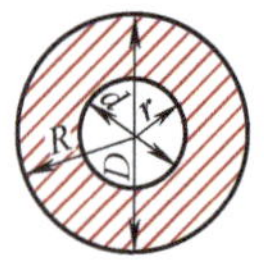	$A=\pi(R^2-r^2)$ $=3.1416(R^2-r^2)$ $=3.1416(R+r)(R-r)$ $=0.7854(D^2-d^2)$ $=0.7854(D+d)(D-d)$	抛物线 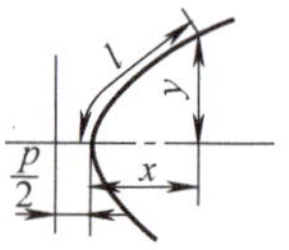	$l=\dfrac{p}{2}\left[\sqrt{\dfrac{2x}{p}\left(1+\dfrac{2x}{p}\right)}\right.$ $\left.+\ln\left(\sqrt{\dfrac{2x}{p}}+\sqrt{1+\dfrac{2x}{p}}\right)\right]$ $l\approx y\left[1+\dfrac{2}{3}\left(\dfrac{x}{y}\right)^2-\dfrac{2}{5}\left(\dfrac{x}{y}\right)^4\right]$ 或 $l\approx\sqrt{y^2+\dfrac{4}{3}x^2}$
环式扇形 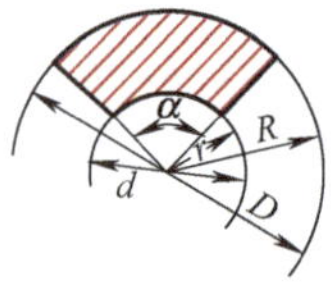	$A=\dfrac{\alpha\pi}{360}(R^2-r^2)$ $=0.00873\alpha(R^2-r^2)$ $=\dfrac{\alpha\pi}{4\times360}(D^2-d^2)$ $=0.00218\alpha(D^2-d^2)$	抛物线 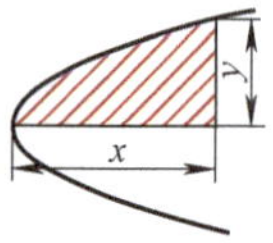	$A=\dfrac{2}{3}xy$
角椽 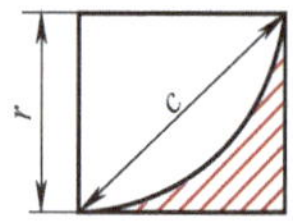	$A=r^2-\dfrac{\pi r^2}{4}=0.2146r^2$ $=0.1073c^2$	抛物线弓形 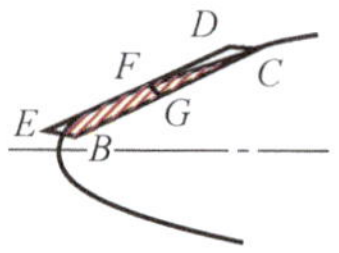	设 FG 是弓形的高，$FG\perp BC$ 则 $A=\dfrac{2}{3}\overline{BC}\times\overline{FG}$
椭圆 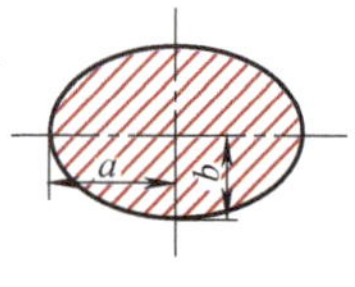	$A=\pi ab=3.1416ab$ $P=\pi(a+b)\left[1+\dfrac{1}{4}\left(\dfrac{a-b}{a+b}\right)^2\right.$ $\left.+\dfrac{1}{64}\left(\dfrac{a-b}{a+b}\right)^4+\cdots\cdots\right]$ 或 $P\approx3.1416\sqrt{2(a^2+b^2)}$ （当 a 与 b 相差很小时可用此公式）P—椭圆周长	摆线 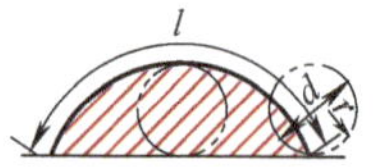	$A=3\pi r^2=9.4248r^2$ $=2.3562d^2$ $l=8r=4d$
正方体 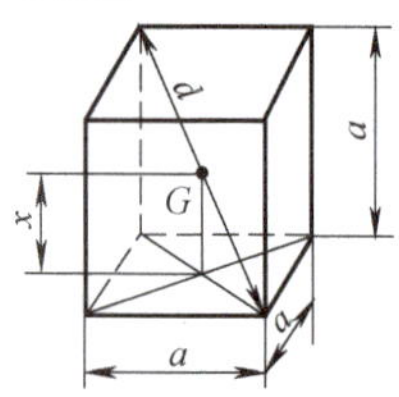	$V=a^3$ $A_n=6a^2$ $A_0=4a^2$ $A=A_s=a^2$ $x=a/2$ $d=\sqrt{3}\,a=1.7321a$ V—体积；A_n—全面积；A_0—侧面积；A_s—底面积；A—顶面积 图中 G 为重心	平截正角锥体 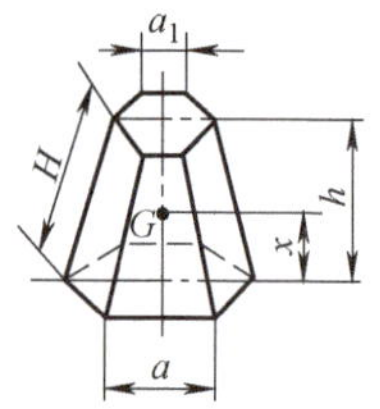	$V=\dfrac{h}{3}(A+\sqrt{AA_s}+A_s)$（此公式也适用于底面积为任意多边形的平截角锥体） $A_0=\dfrac{1}{2}H(na_1+na)$ $x=\dfrac{h}{4}\dfrac{A_s+2\sqrt{AA_s}+3A}{A_s+\sqrt{AA_s}+A}$ n—侧面的面数

图形	计算公式	图形	计算公式
长方体	$V=abh$ $A_n=2(ab+ah+bh)$ $A_0=2h(a+b)$ $x=\dfrac{h}{2}$ $d=\sqrt{a^2+b^2+h^2}$	楔形体	$V=\dfrac{bh}{6}(2a+a_1)$ $A_n=$ 两个梯形面积 + 两个三角形面积 + 底面积 $x=\dfrac{h(a+a_1)}{2(2a+a_1)}$ 底为矩形
正六角体	$V=2.598a^2h$ $A_n=5.1963a^2+6ah$ $A_0=6ah$ $x=\dfrac{h}{2}$ $d=\sqrt{h^2+4a^2}$	四面体	$V=\dfrac{1}{6}abh$ $A_n=$ 四个三角形面积之和 $x=\dfrac{1}{4}h$ $a \perp b$
平截四角锥体	$V=\dfrac{h}{6}(2ab+ab_1+a_1b+2a_1b_1)$ $x=\dfrac{h(ab+ab_1+a_1b+3a_1b_1)}{2(2ab+ab_1+a_1b+2a_1b_1)}$ 底为矩形	矩形棱锥体	$V=\dfrac{1}{3}abh$ $A_n=$ 四个三角形面积 + 底面积 $x=\dfrac{1}{4}h$ 底为矩形
正角锥体	$V=\dfrac{hA_s}{3}$（此公式也适用于底面积为任意多边形的角锥体） $A_0=\dfrac{1}{2}pH=\dfrac{1}{2}naH$ $x=\dfrac{h}{4}$ p—底面周长 n—侧面的面数	圆柱体	$V=\dfrac{\pi}{4}D^2h=0.785D^2h=\pi r^2h$ $A_0=\pi Dh=2\pi rh$ $x=\dfrac{h}{2}$ $A_n=2\pi r(r+h)$

(续)

图形	计算公式	图形	计算公式
斜截圆柱	$V = \pi R^2 \dfrac{h_1 + h_2}{2}$ $A_0 = \pi R(h_1 + h_2)$ $D = \sqrt{4R^2 + (h_2 - h_1)^2}$ $x = \dfrac{h_2 + h_1}{4} + \dfrac{(h_2 - h_1)^2}{16(h_2 + h_1)}$ $y = \dfrac{R(h_2 - h_1)}{4(h_2 + h_1)}$	平截空心圆锥体	$V = \dfrac{\pi h}{12}(D_2^2 - D_1^2 + D_2 d_2$ $\qquad - D_1 d_1 + d_2^2 - d_1^2)$ $A_0 = \dfrac{\pi}{2}[L_2(D_2 + d_2)$ $\qquad + L_1(D_1 + d_1)]$ $x = \dfrac{h}{4}\left(\dfrac{D_2^2 - D_1^2 + 2(D_2 d_2 - D_1 d_1)^2 + 3(d_2^2 - d_1^2)}{D_2^2 - D_1^2 + D_2 d_2 - D_1 d_1 + d_2^2 - d_1^2}\right)$
空心圆柱	$V = \dfrac{\pi}{4} h(D^2 - d^2)$ $A_0 = \pi h(D + d) = 2\pi h(R + r)$ $x = \dfrac{h}{2}$	圆球	$V = \dfrac{4}{3}\pi r^3 = \dfrac{\pi d^3}{6} = 0.5236 d^3$ $A_n = 4\pi r^2 = \pi d^2$
圆锥体	$V = \dfrac{\pi R^2 h}{3}$ $A_0 = \pi R L = \pi R \sqrt{R^2 + h^2}$ $x = \dfrac{h}{4}$ $L = \sqrt{R^2 + h^2}$	半圆球体	$V = \dfrac{2}{3}\pi r^3$ $A_n = 3\pi r^2$ $x = \dfrac{3}{8} r$
平截圆锥体	$V = \dfrac{\pi}{12} h(D^2 + Dd + d^2)$ $\quad = \dfrac{\pi}{3} h(R^2 + r^2 + Rr)$ $A_0 = \dfrac{\pi}{2} L(D + d) = \pi L(R + r)$ $L = \sqrt{\left(\dfrac{D - d}{2}\right)^2 + h^2}$ $x = \dfrac{h(D^2 + 2Dd + 3d^2)}{4(D^2 + Dd + d^2)}$	球楔体	$V = \dfrac{2\pi r^2 h}{3}$ $A_n = \pi r(a + 2h)$ $x = \dfrac{3}{8}(2r - h)$

（续）

图形	计算公式	图形	计算公式
缺球体	$V = \dfrac{\pi h}{6}(3a^2 + h^2)$ $\quad = \dfrac{\pi h^2}{3}(3r - h)$ $A_n = \pi(2a^2 + h^2) = \pi(2rh + a^2)$ $x = \dfrac{h(2a^2 + h^2)}{2(3a^2 + h^2)}$ 或 $x = \dfrac{h(4r - h)}{4(3r - h)}$ $A_0 = 2\pi rh = \pi(a^2 + h^2)$	半椭圆球体	$V = \dfrac{2}{3}\pi h R^2$ $A_0 = \pi R^2 + \dfrac{\pi h R}{e} - \arcsin e$ $\quad \approx \pi R\left(h + R + \dfrac{h^2 - R^2}{6h}\right)$ $e = \sqrt{\dfrac{h^2 - R^2}{h}}$ $x = \dfrac{3}{8}h$ h—长半轴；R—短半轴；e—离心率
平截球台体	$V = \dfrac{\pi h}{6}(3a^2 + 3b^2 + h^2)$ $A_0 = 2\pi Rh$ $R^2 = b^2 + \left(\dfrac{b^2 - a^2 - h^2}{2h}\right)^2$ $x = \dfrac{3(b^4 - a^4)}{2h(3a^2 + 3b^2 + h^2)}$ $\quad \pm \dfrac{b^2 - a^2 - h^2}{2h}$ 其中：取"+"时表示球心在球台体之内；取"-"时表示球心在球台体之外	圆环体	$V = 2\pi^2 R r^2 = \dfrac{1}{4}\pi^2 D d^2$ $\quad = 2.4674 D d^2$ $A_n = 4\pi^2 R r = \pi^2 D d$
抛物线体	$V = \dfrac{\pi R^2 h}{2}$ $A_0 = \dfrac{2\pi}{3P}\left[\sqrt{(R^2 + P^2)^3} - P^3\right]$ 其中：$P = \dfrac{R^2}{2h}$ $x = \dfrac{1}{3}h$	椭圆体	$V = \dfrac{4}{3}\pi abc$
平截抛物线体	$V = \dfrac{\pi}{2}(R^2 + r^2)h$ $A_n = \dfrac{2\pi}{3P}\left[\sqrt{(R^2 + P^2)^3} - \sqrt{(r^2 + P^2)^3}\right]$ $P = \dfrac{R^2 - r^2}{2h}$ $x = \dfrac{h(R^2 + 2r^2)}{3(R^2 + r^2)}$	桶形体	对于抛物线形桶： $V = \dfrac{\pi h}{15}\left(2D^2 + Dd + \dfrac{3}{4}d^2\right)$ 对于圆形桶： $V = \dfrac{1}{12}\pi h(2D^2 + d^2)$

参 考 文 献

[1] 王金荣. 机械工人必备常识 [M]. 北京：机械工业出版社，2011.
[2] 郑文虎. 机械加工常用计算 [M]. 北京：机械工业出版社，2010.